JN217145

トヨタ物語

強さとは「自分で考え、動く現場」を育てることだ

野地秩嘉

日経BP

「楽しんでやらなきゃ、なにごとも身につきはしません」

（『じゃじゃ馬ならし』ウィリアム・シェークスピア）

目次

装幀　岡　孝治
写真　村田和聡

トヨタ物語

プロローグ　ケンタッキーの名物

ルート75

ダウンタウンから離れて、車は幹線道路のルート75を北上していた。向かっていたのはケンタッキー州北部にあるトヨタのカー・プラントである。

工場までの間、車窓から見える風景は一面、緑の畑だった。高さ1メートルくらいの葉タバコがうちわのような葉っぱを広げて、風に揺れていた。最盛期は「州全体の土地が葉タバコの畑だった」と言われるほどの主要作物だったけれど、禁煙運動の高まりで栽培農家は激減した。輸出用としてある程度の需要はあるが、「葉タバコを植えている」こと自体が環境団体に目をつけられる。そのため、道路のそばには植わっていたけれど、葉タバコの畑はどんどん減っているという。

車窓から見える植物は葉タバコだけではない。ケンタッキー州はかつて農業で知られる土地だったから、とうもろこしや小麦畑もある。牛、馬のための牧草地も広がっている。

しかし、現在、ケンタッキー州が全米に誇るべきものと言えばそれは自動車だ。デトロイトのあるミシガン州に次いで、トヨタ、フォードの工場があるケンタッキー州はアメリカにおける自動車生産の一大基地になっているのである。

そして同州最大の規模を誇るトヨタのカー・プラントまで、最寄りの町ジョージタウンからは約20分かかる。

工場に出発する前、わたしはダウンタウンにある老舗レストランでランチを食べた。西部劇に出てくるような木造、ペンキ塗りの店で、すすめられたのは名物のホットブラウンである。

ホットブラウンとはトーストにベーコン、七面鳥、トマトが載り、モルネーソースをかけたオープンサンドのようなものである。モルネーソースはベシャメルソースにすりおろしたチーズとバターを追加したもの。おいしいけれど、高カロリーである。中年以降の人間は食べない方がいい。

だが、周りの客を見ると、ケンタッキーの人々はホットブラウンと一緒にコーラやスプライトをラージカップで飲んでいた。ケンタッキー工場に赴任したトヨタの人たちは全員、体重を増やして帰国すると聞いて、わたしは妙に納得した。

フォークを手に取ってホットブラウンに立ち向かおうとしたら、「これも食べて」と熟年のウェイトレスがもう一皿、持ってきた。「キャットフィッシュ（ナマズ）のフライなの」

彼女はわたしが食べて、「おいしい」と言うのを期待して、テーブルの横に立った。

そこで訊ねた。

「ケンタッキーの名物は何ですか？」

彼女はにやりとして答えた。

「フライドチキンじゃないわよ。いまは車が名物。

あなた、トヨタへ行くんでしょう。あそこは広いのよ。たくさん食べていってね。お腹がすくから。

そうそう、この店にはプレジデントだったミスター張（富士夫・元名誉会長）が何度も食べに来ているの。ナゴヤに帰ったらよろしく言ってね」

わたしはウェイトレスの監視の下、ふたつの皿をきれいに平らげてからカー・プラントへ向かった。

ウェイトレスが「広い」と言ったことは正しかった。トヨタは全世界に52の工場を持っているが、ケンタッキー工場はもっとも規模が大きい。敷地面積は160万坪。東京ディズニーランドの10倍以上で、従業員は7000人。完成車を50万台、エンジンを60万基、製造している。

地元の人々はこの工場をKing of Car Plantと呼んでいる。Plantとはfactoryがいくつも集まった複合工場のことで、そこにはエンジン工場、足回り部品を作る機械工場、組み立て工場の他に、プレス、溶接の工場もあり、全体で一貫生産をしている。

生産している車種はカムリ、アバロン、ヴェンザ、レクサスである。

出迎えてくれた広報の男性の胸には、リックと名札が付いていた。マイケル・ダグラスに似た中年の男性である。

「似てますね」とお世辞のつもりで言ったら、苦笑して、「あの人の方がずっと年上だ」と、ちょっとむっとしていた。

「さあ、すぐに見学に行こう。EVに乗ってくれ」

同工場には年間4万人を超える見学者が全世界からやってくる。構内はディズニーランドよりも広いのだから、歩いて見学したら時間がかかるし、効率もよくない。見学者は誰もが4人乗りのゴルフカートのような電気自動車に乗って工場内を見て回る。構内の様子は変化に富み、出会うのはアメリカ人がほとんど。本場のディズニーランドでライドに乗る気分だ。

ケンタッキー工場の見学は2時間ほどのものだった。自動車のプレス工程、溶接工程、組み立て工程を見て回る。そのうち、プレスと溶接工程は離れた場所から眺めるだけ。素人が近くに寄っていくと危ないからだろう。

見ていて飽きないのは組み立て工程である。ラインを流れてくるボデー（車体）にエンジン、トランスミッションといった部品をはめ込み、車内に電気系統をつかさどるワイヤーハーネスを張り巡らす。1台の車には約3万点の部品が集まっている。それを一気に車に仕上げていくのが組み立ての工程だ。何かひとつの部品が足りないだけでも、車は動かない。もしくは故障する。組み立て方次第で車の乗り心地は良くもなるし、悪くもなる。クルマ作りのノーハウがもっとも集まっている工程が組み立てだ。

じっと見ていたら、ひとりの黒人女性がしなやかな動きでドアをはめ込み、パワーウィンドウの調節をしていた。ひらりひらりと舞を舞っているような姿だった。そんなことをふと思っていたら、見透かしたように、広報のリックが声をかけてきた。

「どう？　あのゆっくりとした動きは、まるでダンスのようじゃないか。踊るような動きのチームメンバー（作業者。一般にはアソシエイトと言われるが、トヨタではこう呼称する）は熟練工なんだ」


自動車工場の内部とはどこの工場であれ、ほとんど変わらない。ベルトコンベアがあり、プレス機や溶接機がある。天井にはモノレールがしつらえてあり、吊り下げ式チェーンはドアやモジュール部品を運んでくる。

また、組み立て工場における騒音は大きいとは言えない。ワーカーが手に持ったインパクトレンチがボルトを締めつけるウィーンという音がするだけだ。

一方、プレス工場、溶接工場は違う。轟音がとどろく。プレス工程は巨大な自動車用鋼板を押しつぶして自動車のボデーに成型するところだ。がっしゃーんと大きな音が出る。そして溶接工程は火花を散らしながら鋼板を溶接していく。これもまた大きな音がして、しかも火花が飛ぶ。どちらの工程も素人が近寄っていって、見るところではない。

自動車会社は世界中どこの会社であっても使っている工作機械、原材料の鉄などはほぼ同じだ。日本でもアメリカでも中国でも、また老舗メーカーでも新興メーカーでも同じような質の自動車用鋼板を使い、部品も大差はない。工作機械の能力だってそれほどの違いはない。

ところが、できあがってきた自動車の性能はまったく違うものになっている。値段にも差ができる。では、製品の違いを生むものは何かといえば、それは生産方式だ。

フォードの場合は大量生産、流れ作業方式を採用している。フォード・システムと名付けられたもので、かつては世界中のメーカーは従順にフォード・システムを採用していた。

ところがトヨタの場合は独自のトヨタ生産方式（ＴＰＳ）を開発し、その方式にのっとって車を作っている。

ＴＰＳを通じてカイゼンを行い、結果として他社より生産性を上げている。生産性が上がった結果、製造原価が下がる。そのため製品の販売価格も下げることが可能になる。価格が下がらないまでも、同じ価格帯の自動車ならばトヨタ製は他社よりもほんの少し性能がいいか、あるいは何かしら付加価値がある。人は同じ質の商品なら少しでも安い方を買う。トヨタ製の車が売れるのは他社製と比較してお得だからだろう。

現在、同社は着々と世界ナンバーワンの座を固めている。それはプリウス、ＭＩＲＡＩといった独自の製品を持っているためと、もうひとつはトヨタ生産方式が徹底されているからだ。トヨタの競争力の根源は生産方式にあると言っていい。

これまで同方式は中間在庫をなくすシステム、ムダを削減するシステム、生産ラインに必要な部品を必要な時に必要なだけ届けるシステムと説明されてきた。その説明が間違っているとは言わない。しかし、足りない部分があった。

説明に足りない部分があるから、素人は簡単には同方式を理解できなかった。

足りない部分とは何だったのか。

それは現場の労働者から見た同方式の評価だ。これまでの説明は方式を開発した人が語ったもの、あるいは担当者がインタビュー取材に答えたものが大半だった。

「わたしたちはこうやってトヨタ生産方式を作り上げ、そして体系化していった」

「その結果、生産性はこれだけ向上した」

「この方式は世界の工場でも採用されている」

いずれも間違っているわけではない。それはその通りなのである。

ただし、生産性が向上したということを体感するのは開発者たちではない。毎日、現場で働く作業者である。

それならば、現場の人に聞こう。わたしはそうすることにした。もっともいいのは、長く現場で働いていた人がトヨタ生産方式の導入前と後で、何が変わったのかを語ってくれることだ。そうすれば、方式の意義がわかる。

トヨタ生産方式は何を変えたのか。どうして長く続いているのか。もっと言えば、それほど優れた方式ならば自分の仕事にも取り入れたい。原稿を書くのと自動車を作ることは違う。けれども、どちらも同じモノ作りである。何かしら取り入れる点はあるはずだ。

これまで現場の労働者が同方式を評価した言葉が世の中に出たことはほとんどない。

同方式を体系化した元副社長の大野耐一がラインにそれを導入したのは昭和20年代だ。

導入前後を知るトヨタの作業者はすでに退職してから長い期間が経っている。

いま現場で働いている作業者は同方式それ自体については語ることはできるだろう。だが、導入による変化を語ることはできない。それに、現にトヨタに勤めている人はなかなか同方式について本音を言いにくいだろう。

もうひとつ、同方式の全容が理解できにくい、大きなポイントがある。

実は、導入されてから10数年間、同方式は門外不出で、外部には洩らさないようにしていた。当初、トヨタ生産方式という名前で発表せずに、かんばん方式としたのも、内容がわからないような名前にしておけば、方式の秘密を知られないで済むと大野は考えたのだ。

内容を洩らさなかったことについて、大野自身はこう語っている。

「(当初、同期化方式とかシンクロナイズ方式と名付けようと思った)でも、わけのわからない(名前の)方がいいということで、かんばん(方式)に落ち着いた。

(まねされたら、困るからですか)

はい。米国が同じことをしたらわけなく追い越される。当時は米国人がこんなこと分からないはずがないと思っていたので」(日経産業新聞1989年11月8日)

大野は「アメリカ人に真似されたら、トヨタはつぶれる」という危機感を抱いていた。しかし、実際にはアメリカのビッグ3は当時、トヨタをはじめ日本の自動車会社など相手にしていなかった。自分たちがやっていた大量生産方式がナンバーワンだと思っていたから、トヨタ生産方式のことなど眼中になかったのである。

しかし、いまは違う。アメリカに進出した日本の自動車会社だけでなく、世界中の自動車会社、関連メーカー、その他のメーカーは同方式を採用しているか、もしくはアレンジしている。フォード・システムに代わって世界を席巻している。直接、トヨタが同方式を移植した企業だけでもキヤノン、ソニー、ロッテ、帝人、ダイキン工業をはじめとして１００社以上。中国でもファーウェイをはじめとして数十社はある。トヨタ生産方式を指導する経営コンサルタント会社だけでもいくつもある。彼らが支援した企業を含めると世界中で数百社は同方式で製品を生産している。

話は戻る。取材を始めて4年が経った頃、思いついた。

「そうだ。アメリカのケンタッキー工場へ行けばいい。そこには生産方式の変化を体験した現役のチームメンバーがいる」

同工場ができたのは１９８８年。その頃から30年が過ぎたが、20代、30代初めで入社したチームメンバーならばまだ勤務している。もっともいいのは他の自動車会社に勤めていた人間だ。転職してきた人間ならば他の生産方式も体験している。そういう人に会って、話を聞けばいい。

長い話になったけれど、わたしがケンタッキー工場に出かけていったのは変化を体験した人間に会うためだった。ケンタッキー名物のホットブラウンが目当てではない。

Dojoへ

組み立て工場をひと通り見学した後、では、次はチームメンバーにインタビューしようと思っていた。すると、広報のリックは「さあＤｏｊｏへ行こう」と促した。

「あなたはトヨタ生産方式を理解するために来たのでしょう。それなら絶対にＤｏｊｏを見なくてはならない」

リックはひとりの男を呼んだ。ヒッピーのように髪の毛を長く伸ばした担当者である。彼は「私はオーノさん（大野耐一）の信奉者です」と言った。

そのまま先頭に立って歩きながら、敷地内にある「Ｄｏｊｏ（道場）」の建物へわたしを案内した。そこは大学の体育館くらいの建物だった。自動車の組み立て工場よりも小さい。しかし、天井は高かった。なかにボール盤、フライス盤、旋盤などの工作機械がぽつんぽつんと置いてある。それぞれの機械の前で、作業着姿のアメリカ人が熱心に話をしていた。

長髪の担当者によれば、Ｄｏｊｏはトヨタ生産方式を実地研修するための施設で、ＮＡＰＳＣ（ナプサックと発音していた）のなかにある。正式名称はNorth American Production Support Center。北米および南米から選りすぐりの現場の人間がやってきて、トヨタ生産方式について深く学ぶ場だという。学んだことはそれぞれの自動車工場に持ち帰って、現場の部下に伝える。つまり、工場現場の研修センターである。

ヒッピー担当者は雄弁だった。

「ここでは生産方式の研修をするだけではありません。監督者の育成も目的です。しかも、お金をかけてカイゼンするのではなく、それぞれが自分で考えた『からくり』を使うのです。カネをかけるな、がオーノさんのポリシーです」

Ｄｏｊｏの一角では車のドアの仕上げ磨きを教えていた。現場に来たばかりの新人チームメンバーにどうやって教えるかという教育法の伝授である。

講師はＤｏｊｏのＳｈｉｈａｎ（師範）。年輩のアメリカ人男性である。生徒は年齢も国籍も性別も異なる。南米各地のトヨタ工場からやってきた現場リーダーたちだった。

師範は家庭で使われている食品用のキッチンスケールをデスクの上に置いた。右手にはドアを磨く自動研磨機を持っている。

自動車のドアの仕上げ磨きを教えるのに使う道具は家庭用の秤（はかり）なのである。

師範は話を始めた。

「いいですか。新人にドア磨き作業を教える時はまずは実地です。本人にやらせてみてください。その後で、大切なことを指導してください。それはドアに研磨機を押しつける時の圧力です。どのくらいの圧力で押しつければいいかは家庭用の秤を使います」

新人がドアに押しつける圧力を体験したら、その感覚を忘れないうちに、研磨機を家庭用秤に載せる。すると、手が覚えた圧力はキッチンスケールの数字になる。

「いいですか。目で見てわかるように教えるのです。現場の技術を数値化して、いつでも再現できるようにする。トヨタではそのために専用の機械を開発したりはしません。そうして、お金を節約するのです。世界中、どこでも安く売っているキッチンスケールを用いることが重要なのです。これがムダの追放であり、カイゼンなのです」

師範はそこまで説明してからつけ加えた。「オーノさんは新しい機械を導入さえすれば効率がよくなるという考え方がとても嫌いでした」

その後、説明を続けた。

「専用の機械を使うことは、他人にものを考えてもらうことです。それではいけません。現場のチームメンバーが自分で考えることが大切なんです。ですからキッチンスケールを使う。専門の機械と専門の人間だけがカイゼンを担当するのではありません。わたしたちひとりひとりが自分の頭で考えるのです。オーノさんはそれをしつこく張さんに教えました」

張さんとはトヨタ自動車元名誉会長、張富士夫のことだ。張は1988年、ケンタッキー法人の社長として赴任し、トヨタのモノ作り精神を現地に根づかせた。張の役目はそれだけではなかった。チームメンバーや現地の人々と付き合うこともまた仕事だった。

毎週、金曜日には自宅を開放してカラオケパーティをやった。海外の任地で、任期のうちに一度か二度、カラオケパーティを開催した日本人社長は多い。しかし、駐在していた8年間、毎週金曜日に必ず現地の社員を自宅に招いたのは彼ひとりだろう。付いていった家族にとっては災難かもしれないが、彼はそこまでやった。だから、ジョージタウンのレストランのウェイトレスも張のことを覚えている。

毎週、金曜日になると数人から10数人のチームメンバーがジョージタウンにある張の家にやってきた。張が出張でいない時は妻と子どもが接待する。チームメンバーはなごやかにフライドチキンを食べ、バーボンを飲み、ビートルズの歌をカラオケで熱唱して帰っていった。張がいた時は彼もまた同じ歌をうたった。ただ、「張さんは歌が上手だった」というアメリカ人社員にはついぞ会えなかった。きっと、そうではなかったのだろう。

赴任した当時のことを張自身は次のように語った。

「私は1960年に入社し、広報などを経験して8年後に大野さんの部下になりました。大野さん、鈴村（喜久男）さんという優しいけれど、鬼のように怖い方々に叱られながらトヨタ生産方式を学びました。そして、後年、ケンタッキーに赴任したわけです。

当時、業界の人、マスコミの人からはアメリカの労働者がトヨタ生産方式を受け入れるはずがないと言われたことを思い出します。アメリカにはフォード・システムがある。アメリカのワーカーが日本のシステムに従うはずがない…。

しかし、私たちはトヨタ生産方式しかできない。それを根づかせるしかなかった。

ケンタッキーに来てチームメンバーを募集したら3000人のところに何万人かの応募がありました。ほとんどが未経験者です。学校の先生とかハンバーガーチェーンで働いていたとか…。しかし、未経験の人たちにトヨタ生産方式を説明したら、みなさん合理的な生産方式だと納得してくれました。

彼らがもっとも喜んだのはカイゼンという手法でした。

『カイゼンはみんなでやることだ。現場のチームメンバーがアイデアを出すことだ』

そう言ったらみなさん、考えてくれました。自分のうちのガレージで自作したという道具を持ち込んできて、『ミスター張、この道具を使ってくれ。作業が楽になる』と言ってくる。

考えることが喜びだというんです。しかし、こうしたすべては私自身が考えたことではありません。すべて大野さんから叩き込まれたことです」

Ｄｏｊｏでやっていることは張が言ったように、ケンタッキー工場のチームメンバーが考えた知恵を集めて、現場で活用することだ。学者が考えたことでもなければトヨタ本社から指示された事例の研究でもない。現場から上がってきた最新の知恵がそこにある。

ポールの言葉

さて、Ｄｏｊｏで様子を見ていたら、後ろから肩を叩かれた。今度は銀髪の背の高いアメリカ人だった。

「あなたが日本から来たジャーナリストですね。私はポール・ブリッジです」

ポールは60歳と言っていた。メガネをかけた静かな男だった。

彼はケンタッキー工場が操業を始めた１９８８年から働いている。それまではフォルクスワーゲンの工場で現場リーダーをまかされていたと言っていた。わたしは工場の受付まで戻り、個室のなかで話を聞いた。

ポールはおだやかに話を始めた。

「前に勤めていた会社では現場のリーダーをやっていました。しかし、日常の作業を決めるのは現場ではありません。事務の管理職です。これはアメリカの自動車会社ならどこでも同じでしょう。現場の人間は言われたことをやるだけ。発言権もなかったけれど、責任もなかったので、楽といえば楽でした。ただし、何か不具合があってラインを止めたりしたら大変です。管理職が怒鳴りまくり、ラインを止めた作業者はその場でクビになります。工場のラインを止めてはいけないのがアメリカの作業者なのです」

わかってもらえましたかと確認したうえで、ポールは話を続けた。

「トヨタのケンタッキー工場に転職して、現場のリーダーから事務の管理職になりました。よし、やるぞと思いました。日本の自動車はアメリカで売れていましたからね。

初めての年のこと、部品に不具合があって、私が担当していたラインが止まりました。ベルトコンベアが止まり、作業者の仕事がなくなりました。みんな不安そうな顔をしていましたが、じっと待つしかありません。

私はすぐに動かそうと言いましたが、日本からやってきた直属の上司は原因がつかめるまではダメだと、およそ15時間もラインを止めたのです。

それほど長い時間、現場のラインが止まったのは私の人生で初めてのことでした。しかし、日本からやってきた上司は私に怒鳴ることなく、『ポールさん、原因がわかるまではやることはありません』と笑っていました。

私はクビになるのが恐ろしかった。何度も言いました。応急処置をして、とにかくラインを動かそう…。上司は黙って首を振るばかりです。いてもたってもいられませんでした。私だけではありません。作業者はみんなクビになるものと覚悟しました。

やっとラインが動き出してから、日本人の上司に呼ばれました。

『ポールさん、明日の朝9時にミスター張のところに行ってください。話があるそうです』

もうおしまいなんだな…。せっかく転職してサラリーも増えたのに、半年で終わりかとがっくりしました。子どもはまだ小さかった。うちに帰ってベッドに入っても明け方まで眠れませんでした。妻にも本当のことは言えなかった。

翌朝、ミスター張のオフィスに行きました。部屋の入り口で立ちすくんでいたら、彼は『ポールさん、どうぞソファに座ってください』と言うのです。

ラインが止まったこと、私がした処置について、いろいろ聞かれました。

話が終わり、いよいよ解雇を宣告されるのだなと思った時、彼は私の手を強く握って、そうして、頭を下げるのです。

『ポールさん、うちの工場はできたばかりで大変な時期です。15時間、つらかったでしょうね。おかげさまで復旧しました。ありがとう。これからもあなたにはずっと助けてもらわなくてはなりません』

私は思わず泣いてしまいました。

トヨタでは徹底的にやるのです。それはオーノさんが決めたことなのです。不具合がある間は絶対にラインを動かしません。完成車を出すことはありません。お客様には不良品を届けないのがトヨタ生産方式です」

ポール・ブリッジの話し方は淡々としたものだった。トヨタ生産方式を称賛して、上層部にアピールしたい魂胆があったわけではなかった。なんといっても彼は60歳である。もうすぐ定年だから、あとはゆっくりしたいと言っていた。ポール・ブリッジは「トヨタ生産方式とは考える人間を作るシステムです」と付け足した。

「考えることを楽しいと思う作業者には向いている。現場でカイゼンできることはアメリカの作業者にはなかった経験だから。ただし、時間を切り売りするだけの作業者には適応できないだろう。これまでの生産方式は、人間に考えなくともいい、手や身体を動かしておけばいいというシステムでした。しかし、オーノさんは考えて仕事をしろと言ったわけです。それがこのシステムの特徴です」

そういった後、「最後にひとつ」と言った。

「いま、うちの工場から出ていく車はどこよりも品質がいい。ここにレクサスのラインが新設されたのも世界でいちばんいいものを作っているからです。

ケンタッキー工場の車に不良品は1台もありません。日本の本社工場や元町工場もそうです。世界のどの工場からも不良品は出ていきません。私たちは自分たちでラインをコントロールしています。ラインのなかで不良品を直します。ミスター張はそう言っていました。

考える作業者を育てることがオーノさんの夢だったのでしょう。そして、ケンタッキーでは管理職として私はそれを達成しました。アメリカで初めて考える作業者を育てたことを誇りにしています」

トヨタ生産方式に初めて出会ったポールがそれをどう思ったかといえば、ラインを止めてもクビにならないシステムと受け止めた。作業者が権限を手にしたことになる。だが、権限と引き換えに作業者は考えなくてはならない。

ラインを止めて何をするかといえば、それは不具合を直すことだ。ボルト、ナットの締め忘れは一切、あってはならない。不具合のある部品を取り付けることもあってはならない。検査の工程が要らない車を作ることが目標なのだろう。

その後、わたしは工場を出て、ジョージタウンのホテルへ戻った。

ホテルまでの道をルート75を走りながら考えることはたくさんあった。道の両側には背の高いタバコの葉っぱが風に揺れていた。

トヨタ生産方式の基本的な考え方は戦前、トヨタ自動車の創業者、豊田喜一郎が描いた。彼はアメリカに負けない国産車を作ることを志したが、戦争によって中断を余儀なくされる。しかし、喜一郎は挫けず、戦後、「3年でアメリカに追いつけ」と取締役の豊田英二に命じた。英二は機械工場長の大野耐一を呼び、新しい生産システムの開発に取り組んだ。

彼らは必死だった。アメリカの自動車会社が日本に進出してきたら、ちっぽけなトヨタなど粉砕されてしまうと考えていたからだ。彼らはアメリカに追いつくために生産性を向上しなくてはならなかった。そのためにフォード・システムではなく、トヨタ生産方式を作り上げ、社内の現場、協力会社に導入した。

当初、大野は同業者、とくにアメリカの自動車会社を恐れていた。「かんばん方式」「アンドン」といった名称にしたのは、名称から内容を推察されることが怖かったからだ。それほど大野はゼネラル・モーターズ（GM）、フォード、クライスラーに危機感を抱いていた。なんといっても、終戦直後はアメリカの自動車会社が一日に千台つくるところをトヨタはひと月かかって、やっとその台数を作っていたのだから。自動車会社と名乗ってはいても、彼らのライバルではなかった。

そういった状態からスタートして、トヨタはいまや世界ナンバーワンの生産実績をあげるようになった。その背後にあるのがトヨタ生産方式で、いまでは世界中の工場、協力会社で採用されている。

見てきたように、ケンタッキー工場ではトヨタ生産方式を信奉する人々がＤｏｊｏを設けるまでになり、喜一郎や大野のポートレートが飾られている。

クルマそれ自体はどんな新型車でも時間が経てば古くなる。しかし、人間が考えたシステムは国境も時間も超える。

モノ作りの元祖

豊田喜一郎は国産乗用車の生産を決意し、トヨタ自動車を作った。本来ならばもっと称賛されてもいいのだろうけれど、父親で発明家、豊田佐吉に比べると過小評価されている。おそらくは晩年、労働争議の責任を取って社長を辞任したこと、働き盛りの57歳で亡くなったことが彼の業績を忘れさせてしまったのだろう。

しかし、彼がいなければトヨタ自動車はなかった。日本の自動車産業はここまで成長しなかった。戦前、喜一郎は周囲の反対を押し切って、三井三菱という大財閥も二の足を踏んだ乗用車の生産を実行に移している。

「機織(はたお)りのこせがれ」「地方財閥の息子」とバカにされていた喜一郎は最初こそ、アメリカ製の部品を使って自動車を組み上げたが、エンジンは自社開発した。さらには鋼板を作る製鉄所、電気部品、足回り部品を内製する工場を作った。

同業の日産自動車は創業当初は横浜、後に東京に本社を構えた。官公庁とも近く、また経営者で日産コンツェルンの総帥、鮎川義介(よしすけ)は政府に対して働きかける力を持っていた。そのため、国からの援助を引き出すこともできた。一方、喜一郎は本体である豊田自動織機から資金を引き出して、自動車という金食い虫につぎ込んだ。

いまの日本のモノ作りの元祖は喜一郎だ。

もうひとりの革命家、大野耐一もまた世間には知られていない。喜一郎が考え出した「ジャスト・イン・タイム」と佐吉が考え出した「自働化」の思想をトヨタ生産方式として体系化して、社内だけでなく、世界のモノ作りの現場に影響を与えた。

それなのに彼もまた忘れられた存在だ。

それどころか自動車の専門家、ジャーナリスト、国会議員などからは「トヨタ生産システムは労働者を目いっぱい働かせる労働強化のシステム」とののしられ、問題にされた。他社からも「トヨタのような田舎会社だからできること」と丸っきり相手にされなかった。

ようやく大野耐一を認識したのは海外の研究者だった。

全世界で1000万部を売ったビジネス書『ザ・ゴール』の著者でイスラエル生まれの物理学者エリヤフ・M・ゴールドラットは大野をマイ・ヒーローと呼んで、こう言った。

「大野が作り上げたトヨタ生産方式は20世紀における一大発明だ」

けれども、日本での評価と言えば、ある時までは労働強化のシステムだ、下請けいじめのシステムだと攻撃する人間がほとんどだったのである。

「標準作業を決めると言って、労働者の現場作業をストップウォッチで計測するとは何事か?」

「トヨタはジャスト・イン・タイムと称して在庫を持たない。そのために下請けから部品を一日に何度も運ばせている。トヨタは天下の公道を倉庫代わりに使っているじゃないか?」

こういった非難に対して、大野はまったく反論せず無視した。その態度が相手を怒らせてさらに攻撃された。トヨタ自動車の副社長ならば大人の態度を取って、見当違いの攻撃に対して静かに説得すればよかった。しかし、大野は「わからないやつには何を言ってもムダだ」と取り合わなかったのである。

彼の著書『トヨタ生産方式』のまえがきには悔しさといきどおりをにじませた一文がある。

「なお、一部の人たちのこの方式を曲解しての批判に対しては、弁明・釈明は一切いたしておりません。世の中のことはすべて歴史が立証すると確信するからです」

攻撃する側はこの部分を読んで、いっそう、いきりたった。なぜなら、この本がベストセラーになったからだ。大野という人物が世の中に知られていないのは、本人が自身に対する攻撃に辟易していたから身を隠したのであり、また、「自分が出ていくとトヨタが悪く言われる」とわかっていたから表に出なかった。

ただ、労働強化だという批判に対して、大野は専門誌や講演では次のように反論している。

「私はムダな時間がもったいないと思っている。働くときは働いて、あとはうちに帰ればいい。ずっと工場にいなくていい。勤勉をよそおうことはない。私は日本人が勤勉というのは正しくないと思っている。日本人がやっている現場労働はムダでいっぱいだ。日本人労働者は自分がいかに勤勉かというアピールをする。しかし、働いているように見せかけるくらいならば、楽しみながら働けばいいではないか」

技術者の集まりで彼はこんなことをしゃべっている。

「昭和31年頃、はじめてアメリカをみせてもらった。やはり働きぶりというのが日本人とアメリカ人ではぜんぜんちがっている。たとえば、私がアメリカの工場に行ってそこで働いている作業者と視線が合うと、向こうの作業者はかならず『やあ』と手をあげたり、タバコに火をつけたりする。

同じような日本の工場で作業者と視線が合うと、なにかゴソゴソとやりはじめる。ひどいのになると、エンジンラッパをもって油をさしはじめる。あるいはボロでもってあっちこっちを拭いたりする。日本人は勤勉だ、よく動くというのが国民性になっておるのか、視線が合うとすぐ、俺は一生懸命やっているのだということを見せたがる」

大野は「働いているフリ」が大嫌いだった。そういう時間をゼロにして生産性を上げようじゃないかと主張したのである。作業者は考えて仕事をして、早く終わらせる。管理職のことなど考えずに、一日の予定が終わったら、あとは早く帰ればいいと繰り返し語っていた。

ところが、彼を嫌う進歩的な学者、ジャーナリスト、政治家はそういう側面を見ていなかった。大野は本音で生きる男だったけれど、学者、ジャーナリスト、政治家は建前が好きだ。彼らは建前が通じない大野を嫌ったのである。

大野には、こういったエピソードも残っている。

昭和40年代の初めのころだった。ある労働者がタバコをくわえて仕事をしていた。

「親父（大野）が見に来るから、やめろ」

そう管理職が叱ったとたん、背後に大野がいた。管理職はびっくりしたが、何も言えない。大野はにやにやしながら言った。

「いいじゃないか。一本くらい、吸わせてやれよ」

笑いながら、こう続けた。

「製品を汚しちゃいかん。しかし、タバコを吸いながら悠々と仕事ができるのがオレたちの理想じゃないか。なあ、そうだろう。それでいいじゃないか」

大野がジャーナリストや社内の反対派に嫌われたのはつねに本音で、しかも率直に語ったからだろう。

彼はトヨタ生産方式を通じて、本音の労働、楽しい仕事をめざしていた。仕事は苦しいことばかりじゃないよと言いたかった。

一部の人々からの無理解はいまも続いている。しかし、喜一郎が創り、大野がくふうを凝らしたトヨタ生産方式、もしくはそれをアレンジしたリーン生産方式は世界の工場で採用されるようになった。

世界のモノ作りの現場ではフォード・システムからTPS、リーン生産方式への置き換えが進んでいる。それはフォード・システムはひとつの品種を大量に生産するには向いているが、多品種少量生産には向かないからだ。

わたし自身、驚いたことがある。小学校5年生が勉強する社会科の教材を見た時だ。こう書いてあった。

「自動車工場では、使う部品を必要な分だけ、すぐに関連工場から運ぶしくみをとっています。これをジャストインタイム方式（かんばん方式）といい、部品の保管やむだな時間を減らすことができます」

喜一郎や大野たちが始めたシステムを子どもたちは「受験に出るから」と必死になって暗記しているのである。小学生の方が一部の専門家やジャーナリストよりも、トヨタ生産方式を理解しようという態度でのぞんでいる。

ファーストリテイリングの創業者、柳井正は「トヨタ生産方式を理解することはトヨタの本質を知ること」と言う。

「トヨタはつねに本気です。トヨタの人に会うと、自分たちの今の成功が明日の失敗になるとちゃんとわかっている。だからこそ、昨日と同じことをやっていてはいけないと肝に銘じたのでしょう。徹底した認識と実行こそが企業の未来を作る。私は豊田喜一郎さん、大野耐一さんを厳しい経営者だと思う。おふたりに比べれば自分は甘い。自分はもっと頑張らなくてはいけないと思う」


このように、トヨタ生産方式に対する見方は両極端だ。しかし、わたしの理解はこうだ。

「今日やっている仕事を疑い、明日のためにくふうを凝らすシステム」

働く者は自分で考えながら作業のムダをなくす。そうして他社より品質がよくて安いものを作る。すると消費者が買ってくれる。会社が儲かって賃金が上がる。

「なんだ、そんなこと、どこでもやってるじゃないか」

そうだろうか。世の中の多くの現場の労働者は何も考えずに、昨日と同じことを今日もまたやっている。事務でも工業現場の労働者でもそれは変わらない。

朝、会社に来て、「よし、昨日やっていたことをまず分析しよう。ムダをなくして能率よくしよう」。毎日、そうやり続けている人間はどれほどいるだろうか。

それをシステムとして職場に定着させるには並々ならぬ努力とくふうがいる。大野はそれをやった。

繊維、軽工業、造船、家電、自動車とこれまで世界に出て行ったメイド・イン・ジャパンの製品はいくつもある。だが、生産方式で世界に認められたのはトヨタ生産方式だけだ。

第1章　自動車会社ができるまで

豊田家の歴史

トヨタ自動車を創業した豊田喜一郎は遠州に生まれている。生まれた場所は静岡県敷知郡吉津村山口。いまは湖西市となっている。湖西とは、うなぎで知られる浜名湖の西のこと。愛知県との境界だ。父親は自動織機を発明した豊田佐吉で、戦前は「日本の発明王」として教科書にも載っていた明治の傑物である。

豊田親子が大きな資産を得るのに成功したのは遠州木綿の産地に生まれたからだろう。佐吉は綿布を織る自動織機を発明、販売し、また、自らそれを使って紡織業に進出した。佐吉が作った会社は木綿という地元の産物を活用した。

息子の喜一郎は木綿から得た利益で国産自動車を開発し、トヨタ自動車の礎を築いた。もし、ふたりが静岡、愛知以外の出身だったら、もし、ふたりが木綿と出会っていなかったら、ひょっとすると日本に自動車産業は生まれていなかったかもしれない。国産自動車を作ったのは豊田親子と木綿だったと言っていい。

木綿とは綿の種からできた繊維のことだ。種のまわりにあるふわふわした形の繊維である。短い繊維だから、糸にするには、撚(よ)り合わせて伸ばすことが必要だ。一般に、紡(つむ)ぐと呼ばれるのが撚り合わせること、績(う)むが引き伸ばす作業で、合わせて紡績となる。つまり、木綿の糸を作ることは紡績という。一方、絹の糸を作る作業は製糸である。絹の糸は蚕の繭から出た一本の繊維だ。引き伸ばすと1キロにもなる。そして、長い繊維はそのまま撚って糸にする。

同じ糸を作る作業でも木綿の場合は紡績、絹の場合は製糸。このことは知っているようで知らない人が多い。しかし、豊田佐吉と織機製造および紡織業について理解するには基礎的な知識として理解しておかなくてはならない。また、豊田佐吉など豊田家の名字は「トヨダ」と読む。自動車の方はむろん、トヨタだ。

さて、木綿の話は続く。戦国時代にさかのぼるが、尾張から出て天下を統一した織田信長は木綿を活用したことで知られる。それは軍資金、軍需物資として使ったのが隣国である遠州、三河産の木綿だったからだ。

木綿の栽培が日本に広まったのは天文年間（1532〜55年）後期だ。それまでは中国の明からの輸入に頼っていて、しかも大半が密貿易だった。それが遠州、三河を中心に栽培されるようになる。日常の衣類に使用されるようになると木綿はたちまち人気となった。それまで庶民が着ていた麻、樹皮、動物の皮で作った服と比べると、加工しやすく、しかも、あたたかくて丈夫だったから、誰もが欲しがるものになったのだ。

信長は木綿を重要視した。三河商人が産地から運んできた綿糸、綿布を買いつけ、堺に運ぶ。自由都市だった堺で金に換えることで、信長は莫大な利益を手にして、それを軍資金にした。また、軍需物資としても欠かせないものだった。船の帆として使えば筵(むしろ)で作ったそれよりも船足が速くなる。鉄砲の火縄に使えば麻製よりも火が消えにくくなる。合戦に使う軍旗や幔幕、軍団の制服も綿布を原材料とした。

三河、遠州地方は木綿の栽培と綿糸、綿布の生産を続けたことで、裕福な土地になっていったのである。

江戸時代を過ぎ、明治になると愛知県、静岡県西部では紡績、綿布生産が重要な産業となる。合成繊維ナイロンが誕生する1935年まで、木綿とそれをとりまく産業は日本を支えるナンバーワン産業だった。

豊田佐吉が活躍したのはいまで言えば自動車、ITに匹敵する重要産業の業界だったのである。

佐吉が生まれたのは1867年（慶応3年）、江戸時代の終わり間際で、明治に改元される前年だった。亡くなったのは1930年（昭和5年）。明治、大正、昭和を駆け抜けた発明家であり企業家だった。

佐吉の父親は大工仕事を請け負うこともあったが、主には畑を耕す農家の当主だった。佐吉は小学校を出ると、父の手伝いをして大工仕事と畑仕事をしていた。17歳の頃から、佐吉は手織り織機の改良に夢中になる。遠州の農家がやる内職といえば綿糸を作るか綿布を織ることしかない。織機は身近なものだった。

「娘っ子を追いかけるより、おばあの機織り仕事をよく見ている」と噂された佐吉は長じてから手織りの織機の改良に取りかかったのである。

また、彼が育った湖西には「からくり」と呼ばれる機械仕掛けに詳しい人間がいた。尾張地方を中心に中京圏では戦国時代から、からくり職人が多く住んでいたのである。彼らは祭りのために、からくりを使った山車をくふうしたり、人形を作ったりした。佐吉がからくり仕掛けを人に見せると、意見を言ったり、教えてくれる先輩が何人もいたのである。佐吉は中京圏で生まれ育ったために、木綿とからくりというふたつの財産を得た。

トヨタの第5代社長、会長を務めた豊田英二は佐吉の八つ下の弟、平吉の次男だ。英二にとってみれば佐吉は伯父さんにあたる。

英二は佐吉と豊田家について、こう記している。

「おじいさんの伊吉（佐吉の父親）は大工だった。大工はしょっちゅうは仕事がないから農業もやる。大工の仕事があるとそれをやって現金収入を得ていたのだろう。

佐吉も見よう見まねで大工仕事をやっていた。初めは親が教えていたのだろうが、親ではなかなか教えにくい。だから豊橋の大工の棟梁に弟子入りさせた。佐吉が最初に作った『かせくり機』にしても要は大工仕事の延長であったわけだ」

大工仕事で覚えた工作の技術と、からくりを追求する想像力で24歳の時には織機製造で特許を取得している。

当時、佐吉が完成させたのは動力織機ではない。人力による織機だったが、それまでの同種の機械よりも生産性を4割から5割アップさせた。小学校しか出ていないにもかかわらず、機械の構造をつかみ、改良する能力は抜群だったわけだ。

佐吉は織機の「発明」で特許を持っているけれど、それは必ずしもゼロからの発明ではない。改良を積み重ねた結果のものだ。彼のやり方は自ら機械を動かして問題点を見つけ、くふうして問題点をなくすことにあった。そして、問題点をなくして能力をアップさせる。もしくは新しい機構をつけ加えることにあった。

後年、大野耐一はトヨタ生産方式を体系化するわけだが、システムを確立する方法は佐吉のやり方に似ている。

机上でプランを策定するわけではない。工場現場でおかしいなと思ったところを少しずつ手直ししてカイゼンを図っていくのが大野のやり方だった。現場が新型車のラインに変われば、カイゼンのやり方も変わる。新人が配属されれば、現場のシステムは変わる。大野は「トヨタ生産方式は前提条件で変わる。だから、この方式は完成することはない」と言い切った。永遠にカイゼンを続けろというのが彼の主張だったのである。

さて、佐吉は私生活を顧みずに織機の改良に打ち込んだ。仕事をせずに織機にへばりついていたため、父親から呆れられ、家を飛び出すことになった。最初に結婚した妻たみには愛想を尽かされた。佐吉は残された長男、喜一郎を実家の母親に預けて、30歳で再婚するまで織機の改良にそれこそ全精力を傾けたのである。

1894年、日清戦争が始まった年、佐吉は名古屋市朝日町（現・中区錦付近）に織機製造の会社、豊田商店を作り、一国一城の主となった。6月11日には長男、喜一郎が生まれている。その後、豊田商店の近くに工場を増設していく。

2年後の1896年、日清戦争が終わった翌年のことだ。富国強兵政策は進み、この頃から第一次世界大戦までの20年間に日本の資本主義は発達していく。人口は増え、綿布衣料の需要は伸びるばかりだった。日本経済が成長していくなか、佐吉の豊田商店も売り上げを伸ばしていった。

同じ年、佐吉は日本で初めての動力織機「豊田式汽力織機」を完成させた。動力源はスチームエンジン、つまり蒸気機関である。しかし、スチームエンジンだけでは動力が足りなかったので、補助的に石油を原料とする電気式発動機も用いられていた。スチームエンジンの出力は300kw発電用1台で400馬力。一方、石油発動機1台の出力は3・5馬力。1馬力あれば汽力織機を20台、動かすことができた。

わたしたちにとって「蒸気機関」は蒸気機関車の形でしか想像がつかないが、その頃はまだ工場のなかでは、蒸気が発する湯気や音のなかで作業をするのが一般的な風景だったのである。

英二は子ども時代のことだけれどと断りながらも、スチームエンジンに愛着を示している。

「（大正時代の初め、）工場ができあがった当時はまだ電気がなく、スチームエンジンを据え、石炭をたいて工場を動かしていた。夜になると、このエンジンで発電機を回して電灯をつけた。いわゆる自家発電である。湖西のおじいさん（伊吉　佐吉の父親）の家へ行っても、電灯は家中に1個ぐらいしかなかった時代である。むろん近所でも電灯のある家は珍しかった。

私はこのスチームエンジンに触りたくてしょうがなかった。本当は触るだけではなく、実際にエンジンを動かしてみたいと思っていた。毎日見ているのだから手順はわかっている。それを『やらせろ』とせがんだわけだが、大人は誰も相手にしてくれなかった。小学校前半のころである。

（スチームエンジンの）ボイラーは一年に一回大掃除する。昔はふんどしひとつで、まだ余熱のある釜の中に入り、水アカをガリガリこすって取った。私も大人の邪魔になりながら何回か入った。それでボイラーの中がどうなっているかがよくわかった」

明治時代から大正時代の工場における動力はほとんどスチームエンジンだったことがわかる。家庭の明かりは電気ではなく、ランプに頼っていた。佐吉の工場が本格的に電化され始めたのは１９１４年頃とされていて、それまではスチームエンジンが動力だった。

佐吉が織機を発明した頃、紡績、綿布はイギリスが世界一の生産高を誇っていた。それ以前は綿花の大産地だったインドが手織りの綿布をイギリスに輸出していたのだけれど、産業革命（18世紀半ばから19世紀の前半）が起こり、イギリスは紡績、織布に関して世界の工場となった。綿花の主な生産もアメリカに移り、インドは細々と家内工業として綿糸、綿布を作るようになっていった。

佐吉の自動織機

イギリスで綿業が発達する端緒は1733年、ジョン・ケイが飛び杼（フライングシャトル）を発明したところからだ。それまで綿布を織っていたのは手織りの織機だった。糸巻きの入った杼をふたりが受け渡すようにしてヨコ糸とタテ糸を織っていく方式だったのである。飛び杼の発明により、織り手はひとりで操作できるようになり、生産性は3倍に向上した。

綿布の生産性は上がったが、今度は糸が足りなくなった。そこで次々と新しい紡績機が開発されていった。産業革命の一端を支えたのは蒸気機関の発明と紡績機械、織機の改良だった。

1764年にはジェームズ・ハーグリーブスがジェニー紡績機を発明。これは複数の糸を紡ぐことのできる紡績機で、ひとりの労働者が複数の機械を受け持つことができるものだった。1767年にはリチャード・アークライトが水車を使った水力紡績機、水紡機を発明。1779年にはサミュエル・クロンプトンがジェニー紡績機と水紡機の両者を組み合わせてミュール紡績機を作った。これにより綿糸は大量生産時代に入る。

1785年、エドモンド・カートライトが蒸気機関を使った汽力織機（自動織機）を発明する。手織り織機よりもむろん生産性が高いものだったが、この織機には1台にひとりの労働者が付いている必要があった。自動織機はこの後も改良版が続々と登場していく。いずれも発明したのはイギリス人である。

佐吉はイギリスで普及していた自動織機をもとにして改良をすすめた。しかし、イギリス人が狙った機械の大型化や出力アップだけでなく、機械の使いやすさと不良品が出ないことを追求した。

たとえば、彼が自動織機に組み入れた機構とは不良品をなくすためのものだった。

手織り織機の場合はスピードは遅いけれど、人間が自分の目で見ながら織っていく。織りムラができたら、その時点で作業をやめて、直すことができた。ところが佐吉以前の自動機械は、織りムラができようが、糸が切れようが、そのまま動作を続け、たちまち不良品の山ができあがってしまう。彼はそれが嫌だった。それで作ったのが自動停止装置であり、その機構は機械を止めることが目的ではなく、不良品を出さないためのくふうだった。

織るという作業はタテ（経）糸を何百本も揃えたところにヨコ（緯）糸を1本ずつ通していき、ヨコ糸を密着させることによって布を作る。この時、ヨコ糸は杼（シャトル型のマガジン）という紡錘形の筒に糸巻きの形で納められていて、そこからタテ糸の間を飛ぶように往復する。

人間が機械に付きっきりでいるならば、不具合が起こったら止めればいい。しかし、それでは自動織機の役目を果たさない。ひとりの人間が1台の機械をずっと監視していなくてはならないから、効率は手動織機と変わらない。また、人間がひとり付いていても、糸が切れてからでは遅い。ほんの少しの間でも、糸のムダができてしまう。

そこで、糸が切れたり、なくなったりした瞬間に機械が止まる方法を考えたのが佐吉だった。不良品になる寸前に機械が止まれば、機械を監視していなくともいい。ひとりで複数の機械を受け持つことができる。その結果、生産性は飛躍的に上昇する。

佐吉がやったことは汽力織機に自動停止機構を組み込んだことだ。まずは杼に納められたヨコ糸が消費されてなくなるか、また切れてしまった時に自動的に運転が停止するようにした。次に、この織機を改良し、タテ糸が切れても機械が瞬時に停止するようにした。最終的にはタテ糸が切断しないように糸の張力を一定に保つ装置も付け加えたのである。すべてからくりの応用だった。

佐吉は自動織機に関して発明王と言われている。しかし、彼の真髄は織機のスピードを上げたことではなく、不具合が起こった瞬間に機械を止める装置を考えたことだった。

人間が監視していなくとも機械自体が不具合を感知して運転を停止すれば不良品はできない。佐吉は性能の向上よりも、不良品が出ることを防ぎたかった。こういった視点で機械を見つめた発明家はいない。たいていの人間はスピードと出力のアップが能力の向上と思い込む。しかし、彼は結果として数量が増えることが生産性を上げることだと考えた。不良品は廃棄しなくてはならないし、せっかく働いた労働者も徒労感に襲われる。不良品が知らないうちに販売され、マーケットに出て行ったら、消費者は怒るし、会社の信用も落ちる。

佐吉は能力の向上よりも機械が人間並みに不良品を感知することを求めたのである。

トヨタ生産方式の考え方もそうだ。労働者に「早く手を動かせ」などと言ったことは一度もない。ラインを止めてもいいから、その分、不良品を出すなと言っている。

佐吉にせよ、喜一郎にせよ、大野にせよ、機械だけを見ていたのではない。工場にいる労働者と商品を買う消費者を頭に置いていた。消費者がほしいモノとは第一に故障しない車だとわかっていた。

そしてトヨタ生産方式の2本柱のうちのひとつ「自働化」は佐吉の考え方に由来している。

実際、大野は不良品を出さないために機械が止まる重要性を佐吉の発明から学んでいる。自著『トヨタ生産方式』のなかでこう説明している。

「(動に、にんべんのついた) 自働化とは機械に人間の知恵を付与することである。自働化の発想はトヨタの社祖である豊田佐吉の自動織機から生まれた。豊田式自動織機は、経糸が切れたり横糸がなくなったりすると、機械は直ちに停止する仕組みになっている。すなわち機械に善し悪しの判断をさせる装置がビルト・インされているのである。トヨタではこの考えを機械だけでなく作業者のいるラインにも拡大している」

佐吉の発明は自動織機の改良では大きなステップアップだった。織機の能力アップに関しては、イギリス人発明家がほぼすべてを担っていた。ところが、佐吉は視点を変えて織機の改良をし、以後、世界の織機は彼の考えを採り入れる方向に動いていく。

佐吉の新しい動力織機を使った綿布は品質が均一で不良品が少ないことから人気商品となり、大手の三井物産との取引が始まる。以後、佐吉を応援し続ける同社大阪支店長の藤野亀之助との交友も商品の質が高かったからこそ生まれたものだった。

また、佐吉がやった仕事のなかで、何にもまして働く者の健康を守ったカイゼンがある。当時の織布工場は綿ぼこりが舞い、しかも、織機が動く時の騒音に包まれていた職場だった。これは日本に限らず、世界中の織布工場が同じ状態で、何より問題になっていたのが結核の流行だった。織布工場の従業員は杼に横糸を巻いたものを詰め替える仕事がある。その時、綿糸を杼のなかにある小さな穴に通さなくてはならない。従業員は糸を穴の入り口に押し込むと、反対側から糸を吸い取って、穴を通していた。

しかし、これが大きな問題だった。ひとりでも結核の保菌者がいたら、杼に口をつけるたびに菌に感染してしまう。佐吉は不衛生な作業をやめさせるために、杼に開けた穴を吸わずに済む仕掛けとして、切れ込みを作った。たったそれだけのカイゼンだったが、従業員は杼に口をつけることなく、糸を杼におさめることができるようになった。このカイゼンは瞬く間に世界中の織布工場で採用されていく。彼は従業員の労働環境をカイゼンしたのである。

1907年、佐吉は関西、中京圏の紡績会社からの後援を得て豊田式織機株式会社を設立するが社長にはならなかった。技師長で常務取締役となって、織機の改良に励むことにした。3年の間、彼は技師長の仕事にのめり込んだが、織機のことしか考えていない佐吉に対して会社側の評価は高くなかった。
社長は佐吉を呼び出し、「発明や試験ばかりやっているから社員の士気が上がらない。豊田君、辞職してくれたまえ」と迫る。それならばと辞職した佐吉はすぐには就職しなかったし、独立もしなかった。三井物産と藤野亀之助の好意でアメリカ、ヨーロッパの視察旅行に出かけ、帰国後に三井物産の融資を受けて豊田自動紡織工場を作った。

１９１４年、第一次世界大戦が始まる。イギリスを筆頭にフランス、ドイツなど戦争に突入していた国は自国の産業を軍需に傾斜させた。綿業だって軍服の製造があるから、軍需産業には違いなかったけれど、鉄鋼、造船、銃器、砲弾などのジャンルに比べればランクは落ちる。特に、それまで世界の綿業を担っていたイギリスの生産が滞った。また、船舶は戦争に動員されたため、せっかく作った木綿製品を輸出することができない。綿業王国イギリスの製品が払底した。

必然的に日本の紡績業、織布業の地位が高まる。日本はイギリスに代わってアジアのマーケットへ進出し、ヨーロッパ、アメリカにも綿布の販路を広げたのである。

そのため、日本の紡績業、織布業、織機製造業は空前の好景気となった。すべてにかかわっていた佐吉にとっては我が世の春とも言える。豊田自動紡織工場は大戦景気に乗り、工場を増設。１９１７年には紡機3万錘、織機１０００台の大企業になり、従業員数も１０００人に増えた。大戦後の１９１８年には工場を株式会社にして豊田紡織株式会社を設立する。社長は佐吉本人で、取締役は一族と三井物産の藤野亀之助他である。その頃の豊田紡織は綿業の世界では誰もが知る大企業になったのである。

これまで佐吉の評価は「小学校しか出ていないのに、多くの織機を発明した男」というものだった。だが、事績を見ると、発明家というよりも、むしろ時流に乗ったベンチャー経営者と言える。発明だけに情熱を傾けたわけではなく、しかも織機の製造会社を作っただけではなく、紡績業、織布業にも進出している。さらに、上海にも会社を設立し、そこに移り住むこともしている。息子の喜一郎が「自動車をやりたい」と言ってきた時にも、綿業が伸びたのと同じ可能性を見出しただろう。ベンチャーに理解のある経営者だった。

喜一郎、豊田紡織へ

1894年、喜一郎は父親と同じ静岡の湖西で生まれた。生みの親である母たみは実家に帰ってしまったので、喜一郎は幼い頃は祖父母に預けられて育った。地元の中学から仙台の旧制第二高等学校に進み、大学は東京帝国大学工学部の機械工学科を卒業する。

自動車産業へつながるエピソードとしては大学3年の時に行った神戸製鋼所での実習が挙げられる。2か月間の実習で工作機械、旋盤を実際に動かすという体験だったが、同じ時期に他の製鉄所、造船工場、紡績工場、大阪砲兵工廠を見学している。大阪砲兵工廠では軍用トラックの製造をしており、喜一郎は生まれて初めて自動車工場をその目で見た。ただし、それが彼の自動車製造の進出にかかわっているかどうかははっきりとはしていない。

喜一郎が大学を卒業したのは1920年。彼は、その翌年に父の会社、豊田紡織に入社する。すでに第一次大戦は終わっていて、綿業の好景気時代は去っていた。その後も1923年の関東大震災から金融恐慌、世界恐慌もあって、日本の産業界全体が不況に突入しており、豊田紡織も沈滞していた。

喜一郎は御曹司だけに入社早々、出張としてアメリカ、イギリスへ視察旅行に出かけることができた。イギリスでは世界の織機製造で実力ナンバーワンと言われていたプラット・ブラザース社に通い、半月の間、綿密に調査をした。

いまでこそ自動車会社は産業界ナンバーワンの業種だが、当時の織機製造会社のイメージはちょうどそういったものだった。織機とはつまり工作機械だ。織機を使って、織った綿布は世界中の誰もが着るものである。そのなかでも一流メーカーが複数、存在していたのがイギリスで、プラット・ブラザース社は名実ともにトップに君臨していた。

喜一郎はプラット社見学では織機に使われている部品の形や精密さを調べ、労働者の勤務実態も調査している。喜一郎は佐吉からは後継者となることを期待されていたけれど、彼自身は織機にかかわることだけでなく新しいことをやりたいと思っていた。

帰国後は自動織機の研究開発に取り組んだ。そして佐吉と喜一郎たちの手によって、自動的に杼を交換する装置を実用化することができた。

1924年に完成し、翌年に特許を取ったG型自動織機である。この織機は杼のなかの糸がなくなったら自動的に杼が交換される機構など24の自働化、保護、安全装置が付いたもので、運転中にスピードを落とすことなく横糸を供給することができた。そのため、工員はひとりでいくつもの織機を受け持つことができた。

G型織機は性能と経済性で世界ナンバーワン機と評価され、喜一郎が教えを受けたプラット・ブラザース社から「特許を譲ってほしい」と頼まれるほどの優秀な機械だった。

同社との交渉が始まり、1929年にはプラット・ブラザース社にG型自動織機の特許を譲渡する契約が締結される。豊田自動織機製作所は8万5000ポンドの譲渡料を受け取った。第一次大戦後、英貨1ポンドは約2・4万円とされている。戦前の1万円は現在価値にすると、おおよそ2700万円だ。大ざっぱな計算ではあるけれど、8万5000ポンドは5・5億円にはなる。

それからすると、佐吉と喜一郎らが改良したG型自動織機は非常に価値のあるもので、しかも、世界的に認められたものだ。

なお、豊田自動織機はそれより前（1926年）に豊田紡織が設立した会社で織機の製造、販売の会社だった。喜一郎は豊田紡織から移り、同社の常務となっていた。

特許権を譲渡した翌年、佐吉は脳溢血からの急性肺炎で亡くなった。63歳だった。

翌年の1931年には満州事変が起こる。満州事変の背景は世界的な不況から脱するために植民地を必要とした日本の政策がある。だが、中国人はむろん、植民地化されたくはない。そこで衝突が起こり、戦争へと進んでいく。日中15年戦争の始まりだった。

自動車の起源

佐吉が亡くなった後、喜一郎は豊田自動織機内に自動車製作部門を設け、ガソリンエンジンを自分たちで開発することを宣言する。彼は外国車の生産装置や部品を基にするのでなく、最初から自分たちの自動車を作ろうとした。それがトヨタ自動車の始まりだ。

現在はEVや燃料電池車があるため、ガソリンエンジンを積んでいない自動車もある。しかし、自動車の歴史とはイコール、ガソリンエンジンの歴史だった。

1769年（明和6年　江戸時代）、フランス陸軍の技師、ニコラ・キュニョーは自動車を発明したとされる。動力源は蒸気機関で、前輪は1、後輪は2。前輪の前にボイラーがあり、水と燃料だけで1トンもあった。時速は3・6キロ。大砲をけん引するための装置だった。時速が3・6キロならばみんなで大砲を押せばいいじゃないかと誰もが思う。まさしくその通りで、キュニョーの自動車がその後、軍隊で使われたという記録はない。だが、多くの資料には、これが最初の自動車と記録されている。しかし、どう考えても人が歩くより遅いスピードで走るものを自動車と考えるには無理がある。

いまの自動車にとって本当のマザーモデルがあるとしたら、それは4ストロークのエンジンだろう。作ったのはドイツの発明家、ニコラウス・オットーである。1876年（明治9年）、彼は苦労を重ねて4ストロークの内燃機関を作り上げた。4ストロークの内燃機関とは現在、使われているガソリンエンジンと同じ構造のものだ。自動車を「ガソリンエンジンで走る機械」と考えれば、オットーのエンジンがなければその後のものはできていない。

ただし、オットーが発明した内燃機関は巨大だった。高さだけで2・1メートルもあるもので、そのままでは車体に載らなかった。

それを改良したのがドイツ人技術者のゴットリープ・ダイムラーである。ダイムラーはオットーの内燃機関を小型化し、自転車に取り付けた。オートバイの誕生である。さらに彼は駅馬車とボートにもガソリンエンジンを据え付けている。乗り合いバス、動力付きボートの誕生とも言える。

ダイムラーが自転車に取り付けたガソリンエンジンの特許を取ったのは1885年のこと。世界の自動車はそこから進歩していった。

けれども、乗用車についてはヘンリー・フォードがT型フォードを開発する（1908年）まではアメリカと一部のヨーロッパの富裕層が買う高価なおもちゃに過ぎなかった。大半の庶民にとっての陸上輸送機関とは馬車と汽車だったのである。そして、T型フォードだって、本格的に普及したのは第一次大戦後とされている。ダイムラーから始まり、T型フォードの普及に至るまでは30年以上の年月が必要だった。

もっとも、T型フォードの発売が自動車の普及に結びついたわけではないという説もある。出た当時のT型フォードという「乗用車」を買うことができたのは富裕層だけだった。庶民は手に入れるどころか乗ったこともなかった。

普及のきっかけは戦争である。第一次世界大戦の時に、トラックが必要と判断したアメリカの陸軍がトラックの生産者と一体になって大キャンペーンを繰り広げ、その結果、トラックの必要性が大衆に支持された。わたしはこちらの説の方が理にかなっていると思う。

喜一郎が自動車開発に手を染めた1930年、アメリカではモータリゼーションが始まっており、国土にはすでに2000万台の自動車が走っていた。一方、日本国内に走っていた車の数は約8万台（1923年）。庶民は車を持つどころか、知らない人間の方が多数派だったろう。

アメリカでは自動車産業は一定の地位を確保していた。しかし、日本は少数の先行する事業家がいる程度だった。

日本での自動車開発の歴史を見てみると、佐吉が織機の改良に励んでいた時期に重なる。

1907年、東京自動車製作所の技師、内山駒之助が国産の第一号自動車、タクリー号を完成している。1914年には麻布の快進社の創業社長、橋本増治郎が乗用車ダットを作った。ダットはその後、ダットサンとなり、日産自動車が製造を引き継ぐ。他にも豊川順弥がアレス号（1921年）、オートモ号（1924年）を開発している。だが、日産をのぞいて大きく成長した会社はない。

それは自動車製造とは総合的な産業であり、部品、電機、ガラス、燃料、タイヤなどの各産業が育っていなければ製造できない性質のものだからだ。加えて、道路が舗装されていなければ車はすぐに故障するし、遠出するためには各地にガソリンスタンドがなくてはならない。各種工業が発達し、しかも、インフラが整備されていない国はいくら個人が自動車を作りたいと思っても不可能だったのである。

当時、すでに財閥として産業界に君臨していた三井、三菱、住友でさえ、自動車産業に乗り出さなかったのは日本には自動車を支えるすそ野の企業が育っていなかったからだ。

喜一郎が自動車製造を志した頃、第一次大戦中の欧米では軍需産業に革新技術が誕生した。戦後、それが波及し、日本の各種工業も発達したのである。また、アメリカではすでに年間200万台以上も製造しているわけだから、資金があればアメリカから機械設備をすべて導入することも可能だった。

しかし、彼はそれをやっていない。喜一郎はエンジン、足回り部品すべてを自社で作ろうという強固な意志を持っていた。

いまでこそ、それは壮挙と言える。しかし、周囲から見たら大バカとも言える行為だった。自動車をゼロから国産で作るには、鉄、銅などの金属、木製部品、樹脂製品、塗料、ガラス、ゴム、電気製品などの会社が日本になければできない。当時はすべてが揃っていたとはいえず、特殊な鋼材を作るためには製鋼所を興す必要があった。単なるベンチャー企業を立ち上げたわけではなかったのである。妹の夫で社長の豊田利三郎や部下が猛反対したのも当然といえば当然のことだった。

喜一郎自身はのちにこう語っている。

「先づ自動車工業を完成するには莫大な資本を要し、至難な各部分品の製作技術を克服しなければならないし、練達な組み立て技術をも掌中に納めなければならない。その原料のみから見ても鋼鉄、鋳鉄、ゴム、硝子、塗料等の広範な工業品に亘り、従って此等工業品がすべて或程度以上に発達していなければ、到底、自動車工業への着手が覚束ないのです」

こうした認識をちゃんと持っていたのだが、それでも彼は自動車の開発に突っ込んでいった。

喜一郎は織機の改良から手を引いて、自動車の試作を始めた。しかし、それは簡単にできることではない。

いとこの英二は、喜一郎が自動車開発を始めた頃は東京帝国大学工学部の学生だったが、工場を見学して、技術者たちの苦闘をよく観察していた。

「喜一郎に言わすと、鋳物の塊みたいな自動織機を作っておったから鋳物はいけると思っていたんですね。ところが、さあやってみると、なかなかうまくいかない。第一、自動織機はもともとが自分たちのオリジナルデザインでしたから、むしろ鋳物がやりやすいように始めからデザインしてしまっている。
ところが、（自動車の）エンジンとなるとそうはいかない。いくらやりいいようにやろうと思ったって、エンジンのシリンダーブロックなどの場合には、中子（なかご）のない鋳物ですむ織機みたいなわけにはいかない。なかなかいいものができないわけです。まず、すのない鋳物を作ることから始まるわけですが、それがなかなかうまくいかない。やってみても不良ばかりできる。そういうことでだいぶ苦労したり、費用をかけたりしました」

木綿の布を織る機械を作っていた会社が自動車産業に乗り出すと聞くと、無謀な試みではないかというイメージがつきまとう。これが飛行機の製造会社（富士重工、三菱自動車）なら、いかにもすぐにできそうだと直感する。また、農機具の製造会社（ランボルギーニ）であっても、動く乗り物を作っていたのだから、進出するのも不自然とは思えない。

だが、動かない機械でしかも繊維産業の技術者しかいないのに、なぜ、自動車に進出したのかは、誰もが持つ疑問ではないか。

調べてみると前身が織機製造なのはトヨタだけではなかった。軽自動車の雄、スズキも元は織機製造だった。また、日産自動車の前身会社のひとつ富士精密工業は絹織物の織機製造で知られる会社だった。織機製造会社は鋳物技術を持っていたので、いずれも「エンジンを作る技術はある」との手応えを得て、自動車開発を始めたのだろう。

では、なぜ喜一郎は自動車を製造することを仕事にしようと思ったのか。「欧米に出張（１９２９〜

30年）に行った時に自動車という乗り物のマーケットに将来性を見出した」というのが通説だ。

それまでの彼は父、佐吉を乗り越えるために発明に力を入れたエンジニアだった。佐吉は高等教育を受けていない。一方、喜一郎は東京帝国大学の工学部と法学部に学んでいる。当時の最高の教育を受け、しかも、彼が働いた豊田自動織機は世界トップレベルの織機会社だった。頭はよくてプライドもあった。「自動車を量産する会社を作るとすれば三井三菱ではない。自分しかいない」と確信したのだろう。当時の帝大を出ているのだから、高級官僚や財閥会社に入ることも不可能ではなかったろう。それをせずに名古屋の田舎に戻り、織機会社のエンジニアになった。「織機では終わりたくない」という負けじ魂が彼を自動車という新時代の機械製造へ向かわせたのだろう。

彼は「自動車とは組み立て産業だ」とも思っていた。進出を決意するとシボレーを買ってきて、分解し、すべての部品を原寸大でスケッチしている。本を読むだけでなく、現物から学んだ。分解する時は自分自身でやり、スケッチも自らやった。自分の手でやったことで、自動車部品の性能、機能をそらんじることができた。

エンジニアとしては誰かが必ず自動車製造を始めるのだから、自分がやってもおかしくはない。三井三菱が出てきたとしても、おそるるには足らないと考えていた。世間は織機屋と思っていたけれど、喜一郎は組み立て産業のエンジニアとしては知識も経験も豊富だと自負していた。

息子の豊田章一郎（現・トヨタ自動車名誉会長）は父親の起業家としての着眼点、現場を大切にするやさしさを指摘している。

「良品廉価の追求だ。父は、トヨタ自動車設立前、『価格は市場で決まる』という考え方のもと、原価低減目標やそのための施策を進めている。ゼネラルモーターズ（ＧＭ）やフォードの日本国内での販売価格から詳細に原価を割り出し、市場で戦える必要な生産台数を計算していたのだ。

しかし、量産効果ひとつとっても、当時は欧米メーカーと大きな差があった。そこで、『必要なものを、必要なときに、必要なだけ』、すなわち『ジャスト・イン・タイム』という考え方を、新たにつくった挙母(ころも)工場（現・本社工場）で試行したのだ。これは、中間在庫を持たない新しい生産方式であり、コストカットの発想によるものではない。市場が求める価格になるまで皆で知恵を絞って取り組む『原価との闘い』だ」

コストカットの発想ではないとは、部品の質を下げたり、関連会社をいじめて値段を下げるわけではないという意味だろう。アメリカの車と闘うにはトヨタ車は安くするしかない。だが、車を買う消費者の数はアメリカほど多くはない。量産して安くすることはできない。少ない生産台数でも原価を下げることのできる方式がジャスト・イン・タイムをつきつめることだった。

章一郎の話は続く。

「父は、自動車事業を立ち上げた当初より、お客さまのところに出向いては故障車の修理をしていた。この経験から、刈谷時代の工場に監査改良部をつくり、唯一の部員だった豊田英二さんに、クレームがあったすべての車両の問題点を洗い出させ、対策を打つ仕事をさせていた。挙母工場では、製造担当の工長の他に検査工長をおき、不良品が見つかった工程の改善や技能員の教育を推進している。（略）最後は、現場の重視である。『論より実行』がモットーだった父は、『大卒は理屈ばっかり言って役に立たない』とよく言っていた」

喜一郎は自分が始めた自動車製造という仕事がベンチャーだと、よく理解していた。ベンチャー企業に就職しようという人間は多くない。現場の人間を大切にしなければ会社は続かないのである。

また、戦前の工場労働者と言えばテレビや映画では過酷な労働に終始している姿で描かれる。なかにはそういう職場もあっただろうが、当時と今では事情が違う。戦前の工場労働は徒弟修業に近い。工場に就職したら一生、勤めるわけではなく、技術を覚えたら他に移ったり独立したりするのが一般的だった。そして、女性は結婚したら仕事をやめたし、男性でも工場労働が嫌になったら農村に戻っていくことも少なくなかった。農村はいつでも人手を欲しがっていた。

話は戦争直後のことになる。勤労動員で軍需工場に集められた人々は敗戦後、次々と離職していった。彼らが戻った先は出身地の農村である。日本の基幹産業は昭和30年代まで農業であり、農村は都市から戻ってきた人間を吸収する力を持っていたのだった。

喜一郎が現場の人間を大切にしたのは、自動車という乗り物やトヨタという会社を人々が知らなかったせいもある。だが、元来、人にやさしい性格でもあったのだろう。

章一郎の話に戻るが、こんな述懐もある。「(父は) 工長が病気になると、必ずといっていいくらい家に見舞いに行った。私も父についていったり、どうしても父の都合がつかないときには代わりに行ったりした」

喜一郎の口癖は「ナッパ服精神」だった。

「エンジニアだ、工場長だといって、きれいな作業服できれいな手でいたのでは人はついてこない。現場で手を汚せ」

喜一郎はカラフルなエピソードを持つ人ではない。高血圧だったため、療養していたことも多い。酒が好きだったという証言もあるが、身体が悪かったから、大酒を飲んだわけでもなかったろう。57年の生涯で彼が望んだことは日本製の乗用車を日本の道路に走らせることであり、それだけが彼の夢だった。

油中子の苦心

喜一郎が自動車製作部門を作ったのは１９３３年。試作車の第一号Ａ１型試作乗用車が完成したのが１９３５年。結局、内製できたのは鋳物部品、鋳鉄部品などで、その他はアメリカのシボレーの純正部品を使うしかなかった。それでもエンジンの基幹部品を作ることができたのは大したものと言える。

同年11月にはＡ１型をもとにしたＧ１型トラックが発表され、その年のうちに14台が売れた。乗用車よりも業務用トラックを買う人の方がはるかに多かったため、以後、第二次大戦が終わるまで、喜一郎は不本意だったろうけれど、世間はトヨタ車とはトラックだと思っていた。

自動車製造に打って出る時、豊田自動織機の役員たちは乗り気ではなかった。だが、なんといっても創業者・豊田佐吉の息子である。しかも、織機の改良、発明では実績を残している。プラット・ブラザース社から得た特許料もある。

勇躍、自動車の開発、製造にかじを切ったのだが、喜一郎が「年産20万台をめざす」と言った時は誰もがあきれ果てたという。

「アメリカの年平均生産台数は２３６万台だから、その１割としても日本では年に20万台が売れる」

１９３３年に日本で走っていた自動車は約13万５０００台。うち乗用車はその半分ほど。ほぼ全部がＧＭとフォードの日本支社が組み立て生産した車だった。それくらいしかマーケットがなかったのに、喜一郎が「年間20万台を作る」と豪語したものだから、役員たちは言葉が出なかった。この辺の喜一郎の感覚は強気なベンチャー企業家だ。

開発には海外、主にアメリカから自動車用鋼材のための製鋼、鋳造、鍛造の設備、工作機械などを輸入して揃えたが、それでもすべての部品を製造することは不可能だった。

開発中、もっとも時間がかかったのは鋳物でできているエンジン内部のシリンダーブロック、シリンダーヘッドの製造だった。

英二の言葉にもあったように、喜一郎は織機の製造で鋳物を扱っていたけれど、エンジンの鋳物は薄物と呼ばれる精密な形をしており、さらには中空(ちゅうくう)の部分が多かった。

最初は織機でも使う、川砂で作った砂型を中子に使った。溶けた鉄を流し込むと中子の部分だけ空間ができる。しかし、鉄のなかに気泡が入ってしまったり、砂が崩れて成型に失敗したりと寸法通りの形にならないという失敗が続いた。

結局、フォードの工場でシリンダーブロックを作るために使用していた油中子(あぶらなかご)という素材に変え、なんとか成型に成功したのである。

油中子とは天然銀砂を主体に亜麻仁油、荏胡麻油、シナ桐油を混合したもので、鋳型に入れても砂こぼれがなく、寸法通りの中空を作るのに向いていたのである。ただし、油中子の配合を間違えると、型に注がれた千数百度の溶けた鉄と反応して爆発する。爆発まではいかなかったけれど、開発中は何度も工場内で溶けた鉄がふきあがった。

結局、いままで自動車を作ったことのない人間が直面したのは作り方がわからないことではなかった。どうやれば自動車が動くかはわかっていた。製造工程もわかっていた。

喜一郎たちが苦労したのは原料、材料を知らないことで、また、どこからそれを調達してくるかにあった。いまのように精密なものを作る部品会社があったわけではない。手に入らない部品は内製しなければならなかった。

ほとんどは鉄製品だが、鉄といっても純粋なＦｅは存在しない。それぞれ炭素を混ぜたりして、自社の自動車部品に合う鉄を作る。油中子の話にしても、鉄との格闘である。鉄の成分を知り、エンジンにはどういう鉄が必要なのか、足回り部品にはどういう性質の鉄が向くのかを試験して、開発して、さらに試験を繰り返して、実用化しなければならなかった。結局、この時、自動車のボディ用鋼板は内製することができず、アメリカのＵＳスチールから輸入している。厚さ2ミリもない鋼板を職人がハンマーで叩き出して自動車の形にしたのである。

そうして開発されたＡ１型試作車は3台で開発中止となった。喜一郎は売れると見込んだＧ１型トラックをなんとか月産１５０台にしようと目標を決めたが、実際にはせいぜい70台がいいところだった。

Ａ１型試作乗用車、Ｇ１型トラックが完成した後、喜一郎は両車を日本の道路で走らせる走行テストに出してみることにした。ルートはいずれも愛知県の刈谷を出発して、豊橋、清水、三島と東海道を走り、その後、箱根を越え、小田原から東京へ。東京からは所沢、熊谷、高崎を経て、碓氷峠、和田峠、塩尻峠を越えて、甲府、篭坂峠、御殿場から熱海へ。そして、刈谷まで戻るという過酷なルートだ。

Ａ１型試作車は5日間で１４３３キロを踏破し、Ｇ１型トラックは6日間で１２６０キロを走った。戦後、トヨタが初めて作った本格的乗用車クラウンがロンドンから東京まで砂漠地帯を走り抜け、新聞は「壮挙」と称えたけれど、すでに戦前、トヨタの車は中東の砂漠地帯よりも過酷な未舗装の峠を故障はしながらも走り抜けていたのである。

走行テストの時、どちらの車にも頻繁に故障が起こった。一応、販売するまでにはその個所はすべて改良している。ただし、それであってもＧ１型トラックは故障が多かった。時には喜一郎自ら、現場に駆けつけて修理を手伝ったこともあった。故障と修理が必要だった個所を合わせると、８００件以上もあったというから、悪路には強いけれど、到底、完成した車とは言えなかった。

自動織機時代の車作り

自動車事業に乗り出した喜一郎が、ひと月になんとか50台の車を作っていたのは豊田自動織機刈谷工場の一角にあった試作工場である。そこに自動で動くベルトコンベアはなかった。工場に線路のようなラインがひいてあり、その上にシャシーを載せ、人が押して移動させていた。

目標では1936年には月に乗用車を200台、トラックを300台は生産すると決めている。そのためには工場を広げなくてはならない。そこで試作工場から1キロほど離れた場所に、ボディ組み立て工場、塗装工場、フレーム組み立て工場、シャシー組み立て工場、内張り準備工場、部品置き場などを含む工場を完成させた。この刈谷組立工場にはベルトコンベアは敷設されていた。しかし、どれもが有機的につながっているとは言えない状態だった。工場レイアウトにしてもアメリカの工場を真似をするしかなかったのである。

なにしろ製造する台数が少なかった。エンジンやミッションのような部品製造の場面ではベルトコンベアを使う意味はあったが、車体にドア、エンジン、タイヤ、部品などを組み付ける組み立て工程ではコンベア方式というよりも据え置き組み立てに近かった。シャシーの移動は台車もしくは線路のようなラインで行った。量産体制が軌道にのるまでは、据え置き組み立てをアレンジした方式が用いられたのである。もっとも、その方が少量生産には向いていたとも言える。

さて、生産工場といえばいまやベルトコンベアがあるのが常識だ。では、ベルトコンベアがない組み立ての現場とはいったい、どういった様子なのか。

それを知ろうとするならばいまもコンベアを使わず手作りしている車の製造現場を見に行けばいい。たとえば、それはスーパーカーだ。フェラーリ、ランボルギーニといった生産台数がごく少ない超高級車の場合は一般市販車のようなベルトコンベアは必要ではない。大きなスペースも要らず、部品を集めてきて、組み立てることになる。

だが、フェラーリやランボルギーニの生産現場は公開しているわけではない。何台も買ったオーナーでなければ見せてくれないという。超高級車を何台も買うわけにはいかなかったので、わたしは無理を言って燃料電池を積んだ初めての市販車「ＭＩＲＡＩ」の現場を見に行った。愛知県豊田市にあるトヨタ元町工場のなかにあり、そこでは据え置き組み立てで生産している。

ＭＩＲＡＩの生産台数は２０１６年が２０００台、２０１７年が３０００台、２０２０年以降にやっと３万台となる。今（２０１８年）すぐに「買いたい」と注文を出しても、納車されるのは早くて３年後だ。水素ステーションの数が限られているので、少数生産でスタートしたのだが、消費者は「世界初」の魅力に抗しきれなかった。日本だけでなく、世界中から注文が舞い込んでいる。

製造工場は大学の体育館くらいの広さで、天井は高かった。ビルの3階くらいの高さである。わたしがこれまでに見てきた自動車工場よりも照明は明るかった。

なぜですか？　と案内の人に聞いたところ、「細かい作業が多いせいかもしれません。でも、照度はそれほど変わりませんよ」とのことだった。

働いている人数が少ないこともあって、工場というよりも、画家のアトリエのように見えた。わかってはいたけれどもベルトコンベアがない。工場のシンボリックイメージはベルトコンベアと騒音である。このふたつがない、広い空間を工場と呼ぶのは似つかわしくないような気がした。

ＭＩＲＡＩの工場現場での音といえば、時おり、インパクトレンチでボルト、ナットを締めるウィーンという回転音だけだ。アトリエもしくは研究所という気配の空間だ。

作業者の1直は8時間で、現在は2直体制で日産9台。平たく言えば1日に9台しか作ることができない。工場内には見本なのだろうか完成車が1台と、製造中の3台があった。車体を動かす時は頑丈な台車の上に載せて、人間が押していく。原始的だけれど、押すのに満身の力が必要なわけではない。作業者は軽々と押していた。

重い部品は天井から吊り下がったチェーンブロックで運ばれてくる。軽い部品は手元の部品箱から取り出して車体に付けていく。そうした作業を13名のチームが手分けしてやっている。MIRAIはすべてこの13名が作っているわけだ。

「組み立ての工程は3つに分かれています。トリム工程はドアを外してバッテリーとワイヤーハーネス、インストルメントパネルなどを取り付けていく。2番目がシャシー工程。足回り部品、水素タンクなどを載せる。3番目がファイナル工程で、内装関係をフィニッシュさせてドアを取り付ける」

1台の車は約3万点の部品からできている。ただし、カーナビや水素燃料装置のようなものはモジュール部品と呼ばれ、100点以上の部品が集まったものだ。

車の組み立てとは単純に言えば、集まってきた大小さまざまの部品を車体に固定することだ。接着もあるけれど、ほとんどはボルト、ナットをインパクトレンチで締めていくこと。

見ていると、組み立て工程だけはロボットは代替できないように思われる。たとえば、ワイヤーハーネスという車内を走る電線を張り付ける場合、人間が車のなかに入り、車内の曲線に合わせて丁寧に電線を張り、固定していく。もし、この作業をロボットに代替させるとしたら、よほど精密なそれを開発しなければならない。ワイヤーハーネスを張り付けるロボットができれば自動車の生産はすべて機械でやれるのではないか。

1台の車に13人全員がとりかかるわけではない。大勢が1台に集まってしまえば、人間同士が邪魔になって仕事ができないからだ。

組み立て工程のクライマックスは「燃料電池スタック」という発電装置を車体に納めるところだろう。ガソリン車で言えばエンジンにあたる燃料電池スタックは、水素タンクなども組み付けた後、移動・昇降ができる台座（搭載機）で持ち上げて、吊り下げられた車体に固定される。もっとも重要な作業なのだけれど、あっけないことこのうえない。位置を決めたら徐々に持ち上げて組み付けるだけ。ほんの3分ほどの作業だった。

3メートルくらい離れた位置から車の組み立てを見ていると、作業者の動作はゆっくりしている。気ぜわしい様子は伝わってこない。これがベルトコンベアだと流れるスピードに合わせて、手早く部品を取り付けていく感じに見える。だが、手作りだと、考えながらひとつひとつ部品を取り付けているように見える。ひとつひとつの動作に戸惑いが感じられる。

担当は言った。

「確かにベルトコンベアがないと、自分のペースをつかむのに時間がかかるようです。早くやってもいけないし、遅くてもいけない。身体のなかにペースが生まれてくるまでは手探りが続きます」

マラソンにペースメーカーという役割の走者がいる。特定の選手を引っ張る役目を担うわけだが、ペースメーカーがいると他の選手を意識することなく走りに専念できる。自動車の組み立てでもベルトコンベアは一種のペースメーカーなのだ。自分で仕事のペースを決めるよりも、慣れてしまえばコンベアに合わせた方が楽なのだろう。

わたしもそうだったが、一般の人はベルトコンベアの流れに従って働かされるのはつらいと思い込んでいる。確かにチャップリンの映画『モダンタイムス』に出てきたような無茶なスピードでコンベアが流れていけば、それは大変だろう。しかし、実際の自動車工場のベルトコンベアとはあんなものではない。

現場の人があわててコンベアを追いかけている姿を見ることはまずない。トヨタの工場では何か不具合があったら、現場の作業者がラインを止め、上司が飛んできて手伝う。仕事が正常になってから、作業者の判断でベルトコンベアが流れ出す。現場の作業者が血相を変えて手を動かすことはありえない。

熟練の人は自分のペースを確立しているのだろう。現場の作業者にとってはベルトコンベアのスピードが速いことがストレスなのではなく、自分のペースが確立していないことがストレスなのだ。

そんなことを考えている途中、「あのう」と声を掛けられた。担当だった。

「手作りで車を作っていて、作業者がもっとも満足する点はすべての工程をひとりで組み立てたという自信です。ベルトコンベアの流れ作業ではそれは得られません」

彼はひとつ、つけ加えた。

「いちばん怖いのはインフルエンザです。感染は濃厚接触から生まれます。もし、13名のうち誰かひとりがインフルエンザにかかったら、ＭＩＲＡＩの生産に支障を来してしまう。だって、ひとり出たら、5人くらいにはすぐうつっちゃうわけですから」

話は喜一郎が自動車製造に乗り出した1933年のことに戻る。

その年、日産コンツェルンの創始者、鮎川義介は自動車製造株式会社（現・日産自動車）を設立した。日産コンツェルンは日立製作所、日本鉱業、日本化学、日本油脂、日本水産、日産火災海上など百社以上からなる企業グループで、戦前の一時期は住友財閥を抜き、三井、三菱に迫る大財閥だった。

鮎川は喜一郎と同じようにメイド・イン・ジャパンの自動車開発をめざしたが、手法は異なった。喜一郎は最終的にはすべての部品を独自のものにしようとしていたが、鮎川は日本ＧＭとの提携、協力を考えていたからだ。

しかし、戦争の気配が色濃くなるにつれ、鮎川が考えていた海外資本との提携は難しくなる。当時の日本にあった車の大半はフォードとGMで、日本の自動車会社は発足したばかりである。ただ、そういった状態ではあっても、軍部としては仮想敵国だったアメリカの車がそれ以上、日本で普及することは望まなかったのである。

1936年、軍部と商工省の工務局長、岸信介が協力して発案した自動車製造事業法が公布される。「国防ノ整備及産業ノ発達」のために「自動車製造事業ノ確立ヲ図ルコト」が目的だった。

経済を統制する法律のひとつで、眼目はふたつ。ひとつは日本で年間3000台以上を製造する場合は政府の許可を得ること、ふたつめは株主の過半数は帝国臣民であること。つまり、それまでマーケットを占有していたGMとフォードを放逐して、日産、豊田自動織機、ヂーゼル自動車工業（現・いすゞ自動車）の3社を育成しようという外資規制の法律だった。

もっとも、すでに自動車をノックダウン生産しているフォードとGMは実績の範囲内で操業を認められた。しかし、生産台数を伸ばすわけにはいかない。そこで、両社ともドイツが開戦した1939年には生産を停止する。

自社を優遇してくれる法律が施行されたのだが、喜一郎は歓迎していたわけではない。戦争反対というよりも、役人の仕事を信頼していなかったようだ。

「この二人（鮎川義介、豊田喜一郎）が政府に呼び出され、『トヨタ、日産の両社は国産車の生産をやりかけているが、国はどういう応援策をとればいいか』ということを聞かれたらしい。これに対し、喜一郎も鮎川さんも『今まで国がやってきたような応援策は何の役にも立たない。私の方は応援はいりません』と答えたという。ふたりともに自力でやった方がいいと主張したわけである」（豊田英二談）

この法律ができた結果、軍に対するトラックの納品台数は増えた。ただし、戦場の兵隊たちはトヨタ、日産のトラックよりもフォード、GMのそれを信用していた。前線で「国産のトラックに乗れ」と言われた兵隊はがっくりきた一方、アメリカ製トラックに乗車した兵隊たちは小躍りしたという。

現実的に考えてみると、この法律のおかげで軍需用の車生産は増える。一方で、技術力があり、熟練工を抱え、ディーラー網を持っていたフォード、GMが撤退してしまう。問題は、フォード、GMがいなくなると部品産業が育っていかないことだった。

トヨタ、日産は手探りで部品を作っている状態だったが、アメリカの会社は部品製造を指導するノーハウを持っていたし、発注量も多かった。部品会社の育成を考えれば外資がいた方が日本の自動車産業は進歩したのである。自動車製造事業法は日本の会社をえこひいきするものだったが、一方で品質の向上にはマイナスだったと言える。

英二は「部品メーカーの実態はひどかった」とその頃を回想する。

「日立市のある会社でメーターを始めるというので、見に行ったら工場の建屋はあるが、中には作業台が置いてあるだけで設備は何もない。人もいない。社長はメーターの作り方もろくに知らない。

もっとひどいのは御徒町にメーター会社があるといううわさを聞き、行ってみたら工場は国鉄の線路の下で、電車が通るたびにガタガタ揺れる。こんなところで作ったメーターはとてもじゃないが使えない。それでも『メーターをやります』と堂々と手を上げるような時代だった」

挙母工場を建設

トヨタ自動車の設立は自動車製造事業法が成立した翌年、1937年のことになる。喜一郎は副社長で、社長は妹の夫の利三郎である。

トヨタについて刊行された本の数々には利三郎が豊田織機、豊田紡織を守るために喜一郎の自動車開発を止めようとする男のように描かれている。しかし、トヨタの社史、自動車の歴史本には利三郎が反対はしたけれど、開発を止めたといった記述はない。

利三郎は社長であり、豊田家の代表だったから、慎重な意見を言ったことは事実だろう。しかし、佐吉の長男の喜一郎が「どうしてもやりたい」と言ったら、反対できる立場だったとは思えない。喜一郎はトヨタ自動車の副社長とされたけれど、車のことがわかるのは彼しかいなかった。実質的には彼がトップだったのである。

同じ年、愛知県西加茂郡挙母町に58万坪の用地を得て、喜一郎は自動車専用の工場を起工した。日本で初めての本格的な自動車専用工場で、現在は本社工場と名前を変えている。

挙母に工場を建設したのは主に3つの理由だった。

いちばん大きな理由はそこが田んぼや農地ではなかったからだ。豊田家はもともと農家だった。佐吉の父、伊吉は「田畑をつぶして工場にするな」が口癖だったから、喜一郎は祖父の言葉にしたがって工場用地を探したのである。挙母工場の用地は論地が原と呼ばれた何も育たない荒れ地で、しかもまとまった面積だった。

2番目の理由は挙母町が企業誘致をしたこと。何の産業もない同町にとって雇用人員の多い自動車工場がやってくるのは、またとないチャンスだった。

3つ目は交通の便である。といってもそばに大きな道路があったわけではない。近隣の道路も舗装されてはいなかった。

「では、いったいどこが便利だったのか？」。名古屋電気鉄道（現・名古屋鉄道）が工場まで引き込み線を引いてくれ、完成車は工場内から名古屋あるいは首都圏へ運ぶことができたからだ。工場に線路を引き込んだことが便利であり、完成車輸送の成果を上げたのである。

同工場を建設する前の生産目標（月産）は乗用車５００台、トラック１５００台、合計２０００台だった。

当時、役員会の席で喜一郎は「原価計算と今後の予想」という論文を読み上げている。

要約すると次のような数字だった。

自動車の販売価格はフォード、シボレーのトラックが1台３０００円（１９３６年＝昭和11年　一般会社員の給料は70円から１００円）。製造原価は２４００円。

トヨタはこの数字を参考にして２４００円以内で製造して、販売は外国製よりも安く売ることが目標だった。

その目標に対して、同年10月、11月、12月の生産実績は月に１５０台、２００台、２５０台。製造原価はそれぞれ、２９４８円、２７６１円、３０８８円。

挙母工場が完工した後は生産量が増えて月産１５００台（現実的な数字）になるのでフル操業で全量売り切れば原価は１８５０円に下がって利益が出る…。喜一郎はそう試算した。

自動車会社は大量に作って大量に売るしか存続できない。フェラーリ、ランボルギーニのように超高級車を手作りする道を選ぶのならば少量生産でもやっていけるかもしれないけれど、そうした超高級ブランドを確立するには時間とそれなりのカネがかかる。

大量生産して1台の車の原価を下げることが自動車会社の実力とも言えるわけだ。

そのことをよくわかっていた喜一郎は自動織機の刈谷工場で自動車を手作りで組み立てているのでは間尺に合わないと考え、大規模な挙母工場を建設したのである。

過不足なき様

挙母工場は当時では空前の規模と言えるものだった。鋳造、鍛造といった鉄材の加工工程、機械加工、機械の組付け、プレス、塗装、総組み立てと自動車を一貫して作る流れを考えて設計されたものであり、国内の自動車専用工場のひな型にもなった。

ここで喜一郎が導入した生産システムの基本的な考え方が「ジャスト・イン・タイム」だった。

彼は工場ができる前、雑誌の取材に対して、こう述べている。

「自動車工業の場合に於いては、質のみならず量に於いても材料が非常に重要な役割を持って居ります。部分品の種別だけでも二、三千種に及びますが、之について其等の材料や部分品の準備やストックはよく考えてやらないと、徒(いたずら)に資本を要し、完成車の数が少なくなります。

私は之を『過不足なき様』換言すれば所定の製産に対して余分の労力と時間の過剰を出さない様にすることを第一に考えて居ります。無駄と過剰のない事。部分品が移動し、循環してゆくに就て『待たせたり』しない事。『ジャスト、インタイム』に各部分品が整えられる事が大切だと思います」

彼は試作している段階からジャスト・イン・タイムの生産システムを頭に描いていた。そして専用工場という舞台が実現したので、現場に導入することを決めたのだろう。刈谷の工場も含め、それまでの日本の自動車工場は流れ生産に合ったレイアウトにはなっていない。喜一郎は挙母工場をジャスト・イン・タイムの生産方式にしようと思って、プレス、溶接、加工、組付け、総組み立てという工場レイアウトにした。

後に英二は「大した度胸だった」と言っている。

「挙母工場ではロット生産をやめ、流れ生産にすることにした。現場の工長たちはそんなことができるのかと言っていたにもかかわらず、喜一郎は新しい生産方式に合わせて工場をレイアウトしてしまった。新しいやり方は、余分なものを作ってもいけないし、逆に足りなくてもいけないというものだった。予定したものが全部できれば途中で帰ってもいいというフレキシブルなものだった。この方式は昭和13年（1938年）秋にスタートして2年くらいやったが、だんだん戦時体制に移行し、統制経済になって、いったん壊れてしまった。戦後また復活したが、その過程でいろいろ試行錯誤しながら練り上げたのは大野耐一君とそのグループだった」

トヨタ生産方式の2本柱である、ジャスト・イン・タイムと自働化の考え方はすでに戦前、挙母工場ができた頃にはあった。のちに大野耐一がトヨタ生産方式を作った男ではなく、体系化した男とされているのはそのためだ。

大野自身、「ジャスト・イン・タイムを考えたのは喜一郎さん」と公言し、「自働化は佐吉」と答えている。それは彼にとってはふたりの考えを2本柱として強調することが効果的だったからだろう。「社祖である佐吉と喜一郎の考えだから」という錦の御旗があれば大野が体系化した生産方式を広げていく場合、現場からの抵抗は少なくなる。もし「これはオレが考えたものだ」などと主張したら、トヨタ生産方式はこれほど普及しなかったに違いない。

では、当時、導入されたジャスト・イン・タイム方式とはどういったものだったのだろうか。

たとえば挙母工場ができる前の刈谷工場における生産風景とは次のような様子だった。

鋳物から作った部品はすぐにラインには回さずに、いったん中間倉庫に入れる。それは、ある程度の個数が揃わなければ次の段階であるユニット部品の組付けが始まらないからだ。作業者が一生懸命、材料を加工して部品を作る。それがたまってから、次の工程へ持っていってユニットにする。できたらまた倉庫ないしは工場内のスペースに置いておく。部品およびユニット部品がたまったら倉庫から出してきて、総組み立てに送って自動車を組み立てる。

倉庫に入れた部品、ユニット部品は倉庫のなかで眠る時間ができる。倉庫スペースが必要だし、部品が行ったり来たりする時間がムダだ。また、運ぶ人間の時間だってバカにならない。喜一郎はその様子を見ていて、「これではいかん」と思ったのだろう。

事実、親会社である織機の製造現場ははるかに合理的だった。なんでもかんでも倉庫にためておくなんてことはしてはいない。

喜一郎は自動車の製造現場を見て、「織機製造よりも遅れている」と苦い気持ちになった。どんなことがあっても生産方式を変えて原価を下げなければ…。そうしないと、マーケットには受け入れられない…。

彼が作ったトヨタ車は、乗用車もトラックもGMやフォードの車よりも性能では劣っていた。そのうえサービス店も少ない。故障だって多かった。それなのに価格はアメリカ車よりも高かったのである。初期のトヨタ車を買ったのはほぼ関係者であり、残りは軍需だった。さらにトヨタ車を広めようと思ったら、製造原価を下げて、安い車を作ることしかなかったのである。

生まれたての弱小自動車会社としては生きのびるため、ムダをなくし、作業効率を上げるしかない。ジャスト・イン・タイムを実現するしかなかった。

そばで見ていた英二は、当時のことをこのように思い出している。

「全部流れ作業にするというのが喜一郎の考えだ。すると品物のたまりはなくなり、倉庫も要らない。ランニングストックが減って、余分な金が出なくなる。逆にいえば、作ったものが金を払う前に売れてしまうわけで、この方式が定着すれば運転資金すらいらなくなる。

流れ作業をどうやって定着させるか。まず従業員、とりわけ管理、監督にあたる人の教育を徹底させなければならない。画期的なことだから、旧式の生産方式が頭にこびりついた人から洗脳する必要がある。

喜一郎が作ったパンフレットは厚さ十センチもあり、流れ作業の内容がこと細かに書きこまれてあった。われわれはこのパンフレットをもとに講義した。これがトヨタ生産方式のルーツである」

英二の言葉には重要なポイントが挙げられている。トヨタ生産方式の普及に必要なのは何よりも教育であり研修だ。それも知識の伝授ではない。人の考え方を変えることに時間を費やしたのだった。どんなことであれ、古い方式に慣れている人の考えを変えるのは容易なことではない。人間はいま自分がやっていることを他人から否定されると意固地になる。この時も、この後も、熟練の職人ほどジャスト・イン・タイムを否定した。

喜一郎はパンフレットを作る際、机上で文章を書き上げたわけではなかった。挙母工場は彼自身の子どものようなものだった。据え付けた工作機械も選んで買ってきたのは喜一郎だ。レイアウトも大枠は彼が決めた。工場が稼働を始めたら、つなぎの作業服を着て、手を真っ黒にして、すべての工程で作業をやってみた。

彼は織機の改良で帝国発明協会から日本最高の賞「恩賜記念賞」を受けている。機械技術者としては一流であり、また、自動車開発に対しても、すでに日本のトップ技術者だった。御曹司ではあったけれど、現場育ちの人間だった。工場現場を隅から隅まで見ていて、また、現場の作業者と話をしていて、「生産方式を変えなくては生き残ることはできない」と肝に銘じたのだろう。

だが、ジャスト・イン・タイムの導入はあまりにも時期尚早だった。この方式を実現するには工程だけでなく、倉庫にも適用しなければならない。それもできるだけ多くの工程と倉庫で実施しないと、どこかにひずみが出てしまうのである。

当時、現場と倉庫の間では、どちらが余分に部品を持っておくべきかでけんか騒ぎになったという。機械工場の担当だった岩岡次郎は次のように語っている。

「（喜一郎さんが言ったのは）すべてが時計の刻むように、『ジャスト・イン・タイム』ですべてが流れてくれれば、非常にロスも少ないし、計画通りにいく。これを徹底しろというわけだ。（略）材料の置き場までぴしっと規定しまして、例えばエンジンブロックなら1日に加工するのが20個なら20個を置くだけで余分なものを置くなというわけです。だから、倉庫も管理していました。もうけんかですよ」

現場は余分な部品の置き場がないから、倉庫へ持っていく。倉庫は倉庫で、喜一郎から「現場が返してきたものは置くな」と命令されているから、引き取ることができない。いくらジャスト・イン・タイムだ、現場に余分なものを置いてはいけないんだと言われても、この方式は工場内の全工程で実現しなくては、どこかに部品がたまって行き場がなくなる。

結局、挙母工場では工程の一部で実行してみたけれど、実質的にはジャスト・イン・タイムの生産を確立することはできなかった。

ただし、もう少し時間があればあるいはかなりの程度までジャスト・イン・タイムはできたかもしれない。達成できなかったのは戦争が近づいたからだった。これればかりは喜一郎の責任ではない。

メートル法の工場

ジャスト・イン・タイムと同時期に喜一郎が導入したのが、メートル法だった。メートル法が日本で採用されたのは１９２１年のことだったが、製造業の現場ではヤード・ポンド法が使われていた。明治維新から持ち込まれた機械はイギリス、アメリカのものが多かったので、製造業ではヤード・ポンド法が標準だったのである。

特に自動車各社はアメリカの車を手本にしたため、工作機械から部品に至るまで、すべてインチ単位、ポンド単位の表示だった。加えて、ややこしいことに現場の職人たちはインチという単位が身近でなかったために、日ごろの生活で使っていた尺貫法を用いていた。1インチを1寸、8分の1インチを1分などと言い換えていたのである。そのため、できあがった部品の寸法違いなどが見られることもあった。

そこで、挙母工場が完成したのをいい機会に、「メートル法を採用する」と決めたのである。主導したのは喜一郎だったが、実際の担当になったのは入社（豊田自動織機から自動車に転籍）2年目の英二だった。

「インチ法からメートル法へ切り替えの作業は簡単なようだが、実は意外と難しい。まず今までのインチの工具を、すべてメートルの工具に切り替えなければならない。インチの工具は使えるものでも不要になる。図面も全部書き直さなければならない。その準備期間も必要だから、文字通り時と金がかかる」

使えなくなったのは工具、設計図だけではない。もっとも手間がかかったのは、部品のなかでもいちばん小さなネジだった。それまで使っていたのはアメリカのＳＡＥ（米自動車技術者協会）規格だったが、もう使うことはできない。そこで、メートル法のネジを買ってきたのだが、それはＪＥＳ（ＪＩＳ規格の前身）規格のもので、トヨタの現場では寸法が合わなかった。

そこで、英二は新しくネジを開発したのである。なにしろ膨大な数を使うものだから、ネジの規格を決めることと製作するのに時間がかかった。もっとも、英二が決めた規格が現場の事情に合っていたこともあって、戦後、彼が作ったネジ規格が日本の標準となった。日産でもホンダでも使っているネジは英二が考えたものだ。

英二はこう振り返っている。

「日産では作業の都合でもあったのか、戦争が終わるまではメートルではなく、インチのままやっていたのではないだろうか。陸軍などから大分文句を言われていたようだ。トヨタがメートル法を採用しており、片方がヤード法では部品の互換性がない。戦場で出会っても部品を交換することができないからだ」

トヨタという会社は「愛知モンロー主義」という言葉に表れるように頑固、孤立、保守のイメージがある。しかし、創業当初の歴史を丹念に見ていくと、革新的なチャレンジを続けていた。特にメートル法の採用は利益を生むものではない。それにもかかわらず、長い目で見れば必要なものだとすぐに採り入れている。

なお、メートル法の採用でもっとも大変だったのは、現場の作業者に対する教育、研修だった。ヤード、ポンドで言い習わした仕事をメートルに変えるのは、英語でしゃべっていたのを全員がフランス語で会話を始めるようなものである。現場は混乱したけれど、英二は「いい訓練になった」と語っている。

このように、たとえ度量衡の変更であっても製造現場に新しい試みを導入するにはエネルギーが要るし、しかも混乱する。トヨタ生産方式を全工場で導入するのは、大きな混乱を経ることだったのである。

国家総動員法と統制経済

トヨタ自動車が発足した翌1938年、国家総動員法が公布され、日本は全面的な経済統制に入った。国家総動員法は戦時における国防のために、人間や物資を統制するもので、議会の承認がなくても政府がさまざまなものを動員することができるというものだ。要するに、政府は自分が勝手に民間会社へ出かけて行って、あれを作れ、これは作るなと無茶なことを言ってもいい時代になったということだ。

国民の徴用、物資の配給制、企業や金融の統制、物価の統制、そして、もちろん言論統制も入る。この法律ができて、配給制度が始まってから社会は暗い雰囲気に包まれた。英二は当時の雰囲気を「真綿で首をしめられるような感じ」と語っている。

国民の何割かは「戦争になるならば早くやれ」といったやけくそな気持ちを抱いたとも言える。

同じ年、政府から乗用車の生産に対して制限が設けられ、1939年にはすべての民需用乗用車の生産が禁止された。また、自動車の部品は自動車統制会からの配給制となったため、どんな部品がいつ入ってくるのかもつかめないようになった。

英二はこう思った。

「それまで自由経済できていたのが、急に統制経済になったものだから、誰も勝手が分からない。しかし、法律があるものだから、違反すれば捕まり、罰せられる。きのうまで自由にやれたものが、きょうからダメになるのだから、法律に反する可能性はいくらでもある。（略）

戦後副社長になった大野修司（大野耐一とは別人）さんが何かの違反容疑で捕まって留置場にほうり込まれていたが、引っ掛けた方も引っ掛かった方も何が何だか分からない。大野さんもひと通り調べられただけで釈放された」

統制、配給とは物資を公平に分けることが目的だ。しかし、配給となったとたんに目端のきく人間はモノを隠す。隠したものは闇市場で高く売れる。そのため、貴重品ほど手に入りにくくなった。自動車関連で言えば純正部品などはなかなか手に入らなくなったのである。

一方、原材料を配給する立場になった役人にとっても面食らう仕事だった。自動車会社の資材担当ではない、ただの素人だから、何をどれだけ自動車会社に渡したらいいのか、見当がつかないのである。

自動車会社が「車の原材料の鉄が欲しい」と役人に申し込んだとする。役人は鉄の専門家ではないから、鉄鋼会社に「在庫の鉄を持っていけ」と命令する。それで丸く収まると思ったら、大違いで、問題は鉄の中身なのだ。

同じ鉄でも自動車を作るには複数の種類が必要だ。たとえばエンジンを作るには鋳物だし、車体には鋼板だ。鋳物の原料の銑鉄が配給された場合、エンジンはできても鋼板はすぐにはできない。そして、鋼板がなければ1台の自動車にはならない。自動車はすべての部品が揃って、初めて組み立てることができるものだ。統制経済と掛け声をかけても、実際には素人がやるわけだから、非効率が表面化してしまうのだった。

開戦は1941年12月8日。喜一郎は東京の赤坂の自宅にいた。朝の臨時ニュースで重大事が起こったことを知ったが、表面的には特に変わった様子は見せなかった。ただ、一緒にニュースを見ていた息子の章一郎には「先行きは厳しい」と語っている。

「章一郎、アメリカ自動車生産台数は447万台だ。日本は4万6000台。100対1の工業力格差はいかんともしがたい」

これが喜一郎の見通しだった。

英二は職場にいた。そして、周りの人たちの様子を観察した。

「日本軍がハワイを攻撃した」と上っ調子で喜んでいたのが大半だが、彼自身はその雰囲気になじめなかった。開戦の半年前のこと、アメリカから帰国した老齢の嘱託社員、丸山さんが深刻そうな顔で、話していたことが頭に残っていたからだ。

「英二さん、えらいことになった。日本はとても勝てません」

丸山さんはそう断言したのである。

そこで、英二も自分なりに考えてみた。彼は喜一郎のように、自動車の生産台数を比較したのではない。鉄鋼の生産量そのものを調べてみた。

開戦した年の鉄の国内生産量は年間６００万トン程度。一方、アメリカは６００万トンをわずか20日間で生産してしまう。それでも日本はアメリカに宣戦布告した。どんなことをしても、かなうはずがないのである。

自動車は国力と対応する総合産業だ。鉄、ガラス、ゴム、石油がなければ自動車はできないし、走らない。日々、そういう仕事をしていたら、喜一郎や英二でなくとも、日本の生産力がアメリカに勝てないことくらいは肌でわかってくる。トヨタの経営幹部、そして現場の管理職だって、日本が戦争に勝てるとは思っていなかっただろう。

英二は「日本は負ける」と思ったが、口には出せなかった。口に出したら、憲兵か警察に引っ張られてしまう。しかし、内心では絶対に勝てないと思っていた。

敗戦の年、次男が生まれた。英二は鉄がなかったせいで負けたことを忘れないために、次男を「鉄郎」と名付ける。鉄郎くんにとっては迷惑な話である。だが、このエピソードは英二が図太い性格の男で、かつ独特のユーモア感覚を持っていた男だったことをあらわしている。

第2章 戦争中のトヨタ

届かない部品

1941年、国内では工業原料と石油が不足していた。アメリカ、イギリス、オランダが対日経済断交を宣言したため、原油、鉄鉱石、生ゴム、原綿が手に入らなくなっていたからである。軍部が勇んで開戦したのはいいけれど、日本の工業生産力はその年から減少する一方になっていく。

工業生産の停滞はたちまち国民の生活を直撃した。

まず砂糖、マッチが切符制度になった。次いで食塩が通帳配給制となり、ガス使用量が割当制になる。味噌と醤油は切符制になった。主食の米を手に入れようと思ったら、主要食糧購入通帳が欠かせなかった。食用油や調味料は家庭用油脂購入通帳を見せて、配給を待つことになった。

1942年には繊維製品配給消費統制規則が公布され、衣料切符がなければ衣料品を買えなくなった。ひとりあたり1年間の持ち点は決まっていて、都市に暮らす人間が100点で、郡部は80点。持ち点の範囲内でしか新しい衣料品を購入することはできない。

1943年当時、パンツは5点、割烹着が8点、婦人のツーピースが35点で、背広は63点。誰が点数をつけたのかはわからないが、下着と上着を揃えたら、それで新しい服は買えないということだ。そのため戦争が続くにしたがって、つぎはぎの服を着る者が増えていく。つぎはぎのある背広を着て歩く人間を町で見かけるようになったわけだ。

一方で、軍部と関係がある人間、モノを上手に隠していた人間はパリッとした服で着飾っていた。しかし、大方の人間は古着である。人間、毎日、古着を身にまとっていると、意欲を失い、表情に余裕がなくなってくる。よく戦争中の描写で「人々は暗い顔をしていた」とあるが、くたびれた服を着ていると、暗い表情にもなってしまうのだろう。こうして物資の不足は人々の気持ちを重苦しいものにしたのである。

統制経済、配給制度とは政府が生産者とマーケットをコントロールすることだ。自由にマーケットへ流すことを禁じて、一度、買い上げてから配給する。配給といってもタダではない。むろん、相応の金は国民に支払わせる。ただし、みんながみんな従うわけではなかった。米でも野菜でも金属製品でも衣料でも隠しておけば高く売れることはわかっている。

戦中、戦後に「モノがない」という話はよく聞くが、生産力が落ちてモノがなくなっただけではなかった。モノを隠す人間が多かったから、物資が不足したのである。机上プランでは統制経済にした方が国民全体に食料、衣料が行きわたることになっていたが、実際にそうならなかったのは政府の命令に従わない人間が予想よりはるかに大勢いたからだ。

まとめてみると、開戦の年から衣食住は次のように変化している。

［1941年］

1月　米屋の自由営業が禁止。

4月　米穀通帳と外食券が制度となる。ひとりあたり、1日の米の配給は2合3勺（約330グラム）。

5月　衛生綿が配給に。15歳から45歳までの女子が対象。割り当てはひとり50グラムで配給は不定期。
6月　食用油が配給制に。続いて、香辛料、乳製品、鶏卵も配給になる。つまり、家で作った野菜、川や海でとらえた鮮魚、昆虫類などをのぞけば食料は配給制でしか手に入らなくなった。

［1942年］

1～2月　味噌、醤油、塩が配給制に。味噌はひとり1か月で675グラム、醤油は670cc、塩は200グラム。
8月　内務省、1戸に1か所は床下式の簡易退避所を設けるよう指導する。
　4月に初めての本土空襲があったため、国民は空襲に備えるようになった。ただ、本格化するのはこの翌年（1943年）からだ。

［1943年］

1月　玄米の配給が始まる。
2月　神奈川県の浴場組合が入浴は30分以内、男女とも洗髪、ひげそり禁止、お湯は7杯以下と決議。
4月　東京・銀座で街路灯の撤去式が行われる。鉄、金属を軍需のために供出することになった。銀座に限らず、街灯、郵便ポスト、公園のベンチ、灰皿、火鉢、寺院の仏具、梵鐘、銅像なども供出の対象になる。高知県桂浜の坂本龍馬の銅像も対象になったが、「日本海軍の創始者」だったため、免除された。

　ただし、こうして供出された鉄や金属が自動車のエンジンや車体に利用されることはなかった。精密な機械には純粋な材料が必要だ。軍需だったトヨタの工場へは製鉄所から鉄が運ばれていたけれど、空襲が激しくなると、それも途絶えがちになった。アメリカ空軍の空襲の第一目標は軍事基地と並んで製鉄所だったからだ。

［1944年］

2月　文部省が食糧増産のために学童500万人の動員を決定。小学生も畑に出て、野菜を育てるようになった。この年からは全国の学校で通常の授業が行われなくなる。

5月　決戦食に「菊芋」登場。江戸時代にアメリカから輸入された芋で、もともとは牛の飼料だ。このほか、雑誌の記事に「虫を食べよう」という企画が掲載されるようになる。

6月　目玉抜きの魚が出回るようになった。魚眼に多量のビタミンB1が含まれることがわかり、魚眼だけを除去することになった。それをもとにビタミン剤を作り、航空兵、潜水艦乗組員に供給した。

8月　砂糖の家庭用配給が廃止。ヤミ価格が暴騰する。

12月　軍需省と厚生省、全国の飼い犬の強制供出を決める。毛皮は飛行服に。肉は食用にする。大3円、小1円。同年の巡査の初任給が45円で、日本酒2級が一升で8円。犬の供出価格は安かったと言える。

1945年は敗戦の年である。この年には政府からの指示も少なくなった。都市部では毎日のように空襲があり、都市に暮らす人々の生活はすでに破たんしていたからだろう。

グループ再編

開戦の年まで、トヨタのトラックは飛ぶように売れた。12月は戦前のピークとなり、月産2000台を達成している。ただし、翌年からは原材料、部品がとたんに手に入らなくなり、生産数は落ちる一方になった。作っていたのはすべて軍に納めるトラックである。

一般の企業が車を買おうとすることはなかった。仕事のためにトラックを手に入れたとしても軍隊に徴発されてしまうから、誰も買おうとは思わなかったのである。

部品不足を補うため、トヨタは外部企業から買い集めるだけでなく、電装品、タイヤなどを自社生産する体制を整えた。内製が進んだ結果、電装品工場は拡大を続け、戦後には独立して系列会社のデンソーとなった。タイヤ工場も同様に系列会社の豊田合成になっている。

また、軍部からはトヨタに「飛行機を作ってくれないか」という依頼があった。そのため川崎航空機とともに東海飛行機という会社を作ったが飛行機の生産には至らず、トヨタ自工航空機工場で練習機用エンジン「ハ13甲2型」などを生産した。

飛行機用エンジンを作るためには工作機械がいる。そこで、すでに自動車用の工作機械を作っていた豊田自動織機内の工機工場を独立させ、豊田工機という会社にした。豊田工機は飛行機、自動車用部品を作る工作機械会社となり、現在は、トヨタだけでなく他の自動車会社にも機械を販売している。こうして、トヨタは戦争中にいまも残る関係会社の原型を設立した。

一方、本来のトヨタグループにおける基幹会社、豊田紡織は戦争の影響を受け、業績は上がらなかった。原綿が割当制となり、生産が急激に落ち込んだからだ。商工省からは「衣料品よりも軍需の生産に寄与しろ」と命令され、軍服や軍需製品の製造を始める。そうしているうち、ついに綿布は国内消費節減のため、スフとの混紡になった。スフとは人造繊維で、混紡の布は質の落ちるぺらぺらのものである。

紡績会社はいずれも疲弊し、政府はやっていけなくなった会社を再編することにした。豊田紡織は内海紡織、中央紡織、協和紡績、豊田押切紡織と一緒になり、中央紡績となった。

末尾に「紡織」「紡績」と付く5社が合併して中央「紡績」になったわけだ。そのため合併した5社は紡績だけの会社ではなく、織布もやっていた。また、合併したからといって原料不足が解消されるわけはなく、中央紡績は木綿にかかわる事業をいったんあきらめることにした。従業員は綿糸綿布生産の代わりに、飛行機のオイルクーラーを作ったり、排気管の製造にいそしんだのである。

中央紡績の名古屋工場はその後、豊田自動織機へ譲渡され、いまはトヨタ産業技術記念館となっている。

1943年、中央紡績はトヨタ自動車と合併する。豊田家の家業は戦争中に紡織、織機から自動車に移ったわけだ。この時、合併前の豊田紡織に入社していた大野耐一は自動的にトヨタ自動車の社員になった。大野とトヨタ生産方式とのかかわりが始まったわけだ。

夫がトヨタ自動車へ移ると聞いた妻の良久（らく）は直感で「これは左遷だ」と思ったという。会社が変われば中央紡績の工場があった刈谷からトヨタの工場がある挙母町に転居しなくてはならない。どちらも名古屋中心部からは離れていたけれど、海に近い刈谷の方がまだ開けた土地だった。良久にとっては刈谷で暮らしていた方が気楽ではあった。だが彼女は黙って挙母町に付いていく。挙母町に暮らし始めてから、彼女はふと思った。

「紡績の方が自動車より安心じゃないかしら」

彼女の述懐は正しかった。当時の自動車会社とは新興企業であり、先の見えない業種だったのである。

大野耐一の原点

大野耐一は1912年、中国・大連に生まれた。父親は中国の東北部、満州にあった国策企業、満鉄（南満州鉄道）に勤め、耐火煉瓦（れんが）の開発、製造を行っている。帰国後は愛知県刈谷の地区長、県会議員から町長、最後は衆議院議員になる。耐一という名前は「忍耐を忘れるな」という意味からつけられたものではなく、父親が専門家だった耐火煉瓦の耐を取ったものだ。

大野は地元の刈谷中学から名古屋高等工業学校（現・名古屋工業大学）に進み、卒業後の1932年、20歳で刈谷にあった豊田紡織に入社する。

アメリカとの戦争が始まるまで、大野がやっていたのは織布の担当だった。同社の工場にあった織機は佐吉と喜一郎が開発したG型の改良版で、できあがった綿布の質は高く、統制経済になるまでは飛ぶように売れた。

工場にいた従業員の9割以上は織物女工と呼ばれた女性の作業者たちである。彼女たちの仕事はひとりで20台以上の織機を受け持ち、監視することだった。織機は自働化されていたから、ヨコ糸が入った糸巻きがなくなって、機械が停止したら、近寄って補充する。

手間がかかるのはタテ糸が切れた時だった。織機の横に束になってぶら下がっている綿糸のなかから1本を取り出し、切れたタテ糸を結び合わせる。糸と糸を結ぶ時、結び目をなるべく小さくして、しかも素早く結び合わせることが熟練の証拠だった。

当時の織物女工のインタビュー記録を読むと、いずれの女性も「いちばん厄介なのはタテ糸切れ」と語っている。彼女たちは小さなはさみ、織機に張ってあるタテ糸をほぐすための櫛を持ちながら、綿ぼこりが舞う工場のなかを歩いた。織機と織機の間を歩き、20台もの織機の面倒を見る。佐吉の発明があったからこそできた「多台持ち」の仕事がそこにあった。

大野は織物女工が機械を何台も面倒をみることが頭のなかにあったから、後にトヨタの現場を見て、ひとりが1台の機械にかかりっきりになっていることに驚いた。

「多台持ちにするだけで生産性は3倍にはなる」と考えたのである。

後年、豊田紡織の仕事を振り返りながら、彼はこう話している。

「豊田紡織の生産性は悪くなかったが、日紡（大日本紡績）は豊田紡とはまったく違う生産方式を取り、さらに高い生産性を上げていた」

大野は日紡が高い生産性を上げていた理由を彼なりに分析している。日紡の生産性の高さは熟練の織物女工を集めていたからではなかった。また、織機の性能が豊田紡織よりも優れていたわけでもない。むしろ、織機の性能は豊田紡織の方がよかったのだけれど、それでも日紡の方が効率よく働き、コストを下げていたのである。生産システムの違いでコストが下がるというお手本が日紡の現場だった。

大野は日紡の生産システムに着目し、考え方をトヨタ生産方式に応用している。

そこには、どのような違いがあったのだろうか。

［工場レイアウト］

豊田　工程別に別棟の建屋になっている。

日紡　建屋を一本化して一貫生産している。

［糸の運搬］

豊田　大ロットでトロッコで運ぶ。男性が担当する。

日紡　小ロットで女子が運ぶ。この方が人件費が安くなる。

［熟練者の起用］

豊田　新人が糸切れ（タテ糸）を直す。ベテランは主に台持ちと呼ばれる機械の監視をする。

日紡　新人が台持ち。ベテランが主に糸切れを直す。

［品質管理］

豊田　熟練に頼る。後の工程を重視。

日紡　前の工程で丈夫な糸を作れば、後工程での糸つなぎはいらない。前の工程からいいものを作っていく。自工程完結の思想。

ここにあるように日紡では熟練者が短時間で糸切れを直していた。また、前の工程で丈夫な糸を作っていたから、糸切れ自体が少なかった。

大野は日紡の生産方式から多くを学んでいる。前工程でしっかりと作り込むこと。ベテランの技に頼らず、新人でもできるような標準作業を組むこと。いずれもトヨタ生産方式が採り入れていることだ。

大野が働いていた豊田紡織は戦時中に中央紡績となり、トヨタと合併する。そこで、大野は織布から自動車生産へと仕事が変わったのだった。彼は自ら自動車工業に職を求めたのではなく、戦争があったために運命が変わった。

大野は喜一郎が自動車開発をしていたことはよく知っていた。だが、自分が織布から外れて自動車製造にかかわるとは思ってもみなかった。同僚のなかにはトヨタに移ってからも、トヨタ自動車の紡織部門で働く人間もいたからだ。

名古屋空襲と三河地震

敗戦の年（1945年）は年明けから日本の都市部、工場地帯への空襲が激しくなった。米軍が使用したのは焼夷弾である。木材と紙でできた日本家屋が燃えやすいことを知っていて、3種類の焼夷弾を開発、それを非戦闘員が居住する都市部に集中的に投下した。田舎に落としても大きなダメージを与えることはできない。そこで東京の下町のような人家が密集した地域を狙った。

焼夷弾のうち、ナパーム弾は油脂に水素を添加して作ったパーム油と石油精製時にできるナフサネートなどを混ぜて固形油状にしたものだ。点火しやすく、長時間燃焼し、高温を発する。爆発した瞬間に固形油が破片となって飛び散ってへばりつく。

エレクトロン弾はテルミットとマグネシウムの合金製で、金属だったために貫徹力が強かった。破裂の瞬間、高熱を発して、鉄板を溶かす力がある。

黄燐焼夷弾は火災を拡大させるためのものだ。有毒ガスを発生し、人体の骨まで焼き尽くす力がある。消防隊が近寄ることができないから、火災は広がるばかりだ。アメリカ軍はこの3種類を使い分け、効率的に日本の国土と国民に甚大な被害を与えた。

空襲とは焼夷弾が連日連夜、空から降ってくることだ。なんとか生き残り、焼け出された人たちは親戚知人を頼って都市から離れていく。都市部に暮らす人は日々、少なくなっていった。

本来、住宅地への空襲、無差別爆撃は戦時法違反である。オランダのハーグで行われた戦時法規制委員会（１９２３年）で、「爆撃は軍事的目標に対して行われた場合にかぎり適法とする」と決まっていた。しかし、第二次大戦では戦時法を守らない国があった。

開戦時、アメリカの大統領、ルーズベルトはすべての交戦国に対して「非武装都市の一般市民を空中から襲撃する非人道野蛮行為を避けよう」とアピールした。しかし、ドイツ、ソ連、イギリス、そしてアメリカは都市に対する無差別爆撃を行っている。ルーズベルトは戦争になったとたん、自分自身がアピールした内容を忘れることに決めたのだろう。

日本の住宅地に対する空襲について、アメリカ軍は「日本の軍需産業の70パーセントは町工場だ。町工場が下請けをやっている。だから、町工場のある都市部を狙う」と主張した。

だが、それは粗末な言い訳だ。実際は工場や住宅を焼き、国民の戦意を喪失させるために焼夷弾を落としたのである。

戦時の空襲といえば１９４５年3月10日の東京大空襲が挙げられる。死者9万３０００人、焼失家屋23万戸で、江東地区は全滅だった。東京だけではない。トヨタの本拠地、名古屋も空襲では相当な被害を受けている。

アメリカのＢ29爆撃機が初めて名古屋に飛来したのは１９４４年の12月13日。三菱重工の名古屋製作所が被爆している。

実はその１週間前に名古屋地区には昭和東南海地震があった。震度６。死者９９８人、全壊２万６１３０戸。東海道線の天竜川にかかる鉄橋が落ちたくらいの大きな地震だった。名古屋地区の住民は地震の被害を復旧していた間に空からの焼夷弾攻撃を受けたのである。

以後、敗戦までの間に名古屋地区には爆撃が38回あった。飛来したＢ29は延べ１９７３機。死者８１５２人、負傷者１万９５０人、罹災者51万９２０５人（アメリカの戦略爆撃調査団調べ）に及んでいる。

さらに、敗戦の年の１月13日には三河地震が起こった。震度５。死者１９６１人、重軽傷者８９６人、全壊家屋５５３９戸、半壊家屋１万１７０６戸。

名古屋地区は度重なる空襲と地震で徹底的に破壊され、敗戦を迎えた。トヨタはそうした町から戦後、出発した。

敗戦の日

英二は敗戦の年の5月にトヨタ自工の取締役になっている。喜一郎は「英二はまだ役員には早すぎる」と反対した。だが、当時、喜一郎に代わって経営の指揮を執っていた副社長の赤井久義が「役員になるのは年齢の問題ではない」と押し切ったのである。

喜一郎はすでに敗戦を覚悟したようで、仕事に乗り気ではなかった。名古屋から離れ、東京世田谷の岡本にあった自宅にこもり、読書三昧の日々を送っていた。都心の赤坂にも自宅はあったのだが、そちらは空襲で焼け落ちていた。

もっとも、挙母に残った英二たちだって仕事をしていたとは言えない。工場には通っていたけれど、原材料も部品もわずかしかない。敗戦の年になると、名古屋市内は空襲が続き、離れたところにある挙母にもやってくる米軍機があったからだ。

ただし、米軍は田舎に爆弾を落とすのはもったいないと思ったのか、挙母工場には爆撃ではなく機銃掃射が主だった。挙母工場の近くには陸軍の高射砲陣地、さらに名古屋海軍航空隊があり、米軍の飛行機の目標はそのふたつの基地だった。しかし、銃弾が余ると、近所にある挙母工場にも機銃掃射を浴びせて帰途につくのだった。

何度目かの機銃掃射を受けた時のことだ。英二が外出して帰ってきたら、事務所が狙い撃ちされていて、自分が座っていた椅子がバラバラにされていたことさえあった。英二に限らず従業員のやることといえば、機銃掃射で壊れた建物や什器を補修したり、防空壕に避難しているばかりで、まったく仕事にはならなかった。

敗戦の前日、8月14日の午後には挙母工場を狙ってB29が3機やってきた。それぞれが1弾ずつ落とし、1発は社宅のそばに大きな穴をあけ、もう1発は矢作川へ。最後の1発は鋳物工場を直撃、4分の1が破損した。ただ、早めに退避していたため、従業員は全員、無事だった。

戦後、トヨタ社内で「伝説の工長」と呼ばれた鍛造工場の主、太田普蕃は戦時中のことを知る証人だ。彼は敗戦前日の空襲も体験している。

「寄宿舎と呼ばれていたところに寝泊まりし、起床ラッパで起きる、軍歌を歌いながら行進で現場に行く、そんな生活。養成所では1分隊から6分隊まであり、呼称も軍隊式だった。昭和19年には東南海地震と戦況の悪化が重なった。職場は仕事ができないほどではなかったが、積み上げたレンガが崩れてきたこともある。

半日は青年学校に行って戦時訓練をするようになった。ほふく前進、藁人形を銃剣で刺す、あれは人殺しの練習だった。

終戦前日の挙母工場空襲の時には工場にいた。物陰に隠れたすぐ後に、銃弾と爆弾が降ってきた。死んでもおかしくなかった」

戦争が終わった後、アメリカから爆撃調査団が挙母工場にもやってきたことがあった。英二は彼らが持参してきた周辺の写真を見せてもらったところ、飛行機から撮った工場の全景がブレもなく写っていた。

「アメリカの爆撃機は無差別ではない。ちゃんと狙って爆弾を落としたんだ」

英二はそう確信した。

彼の認識は正しかった。米軍機は戦争末期になると、爆撃目標を決め、目標をしぼって爆弾を落としている。たとえば東京空襲の際、銀座は焼き払ったが、有楽町駅の反対側にあたる皇居とお堀端は一切、爆撃していない。また、帝国ホテル、東京会館、第一生命ビルも手をつけなかった。すでに戦争に勝つことがわかっていたので、自分たちが進駐した時の事務所、宿舎を確保するために、無傷で残したのである。

8月15日、喜一郎は妻、息子の章一郎とともに、東京から父・佐吉が育った静岡・湖西の実家に移っていた。3人は畳の上に正座をして玉音放送を聞いた。ラジオのスイッチを入れたのは喜一郎である。

初めて耳にする昭和天皇の声は尊大でも威圧的でもなかった。とつとつとしたしゃべり方で、誠実さが声に表れていた。しかし、雑音が多かったのと、表現が古風だったので、にわかに意味がつかめない。放送時間も短く、始まってから終わるまで、5分に満たなかった。

「戦陣に死し、職域に殉じ、非命に斃(たお)れたる者、及びその遺族に想いを致せば五内(ごない)為(ため)に裂(さ)く。かつ戦傷を負い、災禍をこうむり、家業を失いたる者の厚生に至りては、朕の深く軫念(しんねん)する所なり。惟(おも)ふに今後帝国の受くべき苦難は固(もと)より尋常にあらず。爾臣(なんじ)民の衷情も朕よくこれを知る。しかれども朕は時運のおもむくところ、耐え難きを耐え、忍び難きを忍び、もって万世のために太平を開かんと欲す」

3人ともにすべてを聞き取ることはできなかった。だが、戦争に負けたこと、空襲が終わることはわかった。

喜一郎が感じたことは、「来るべきものが来た」という事実だけだ。

一方、英二や大野たちトヨタ自工の従業員はその日の午前中、前日の空襲で破損した工場の屋根を補修していた。経営幹部は工場の事務所に集まり、神妙に玉音放送を聞いた。英二の隣にはトラック製造の監督に来ていた陸軍中尉がいたが、中尉は放送の内容がよくわからないようだった。

「陛下は戦争をやめたとおっしゃっています」

そう伝えたところ、陸軍中尉はふくれ面をして自室に戻ったという。

大野もまた工場で玉音放送を聞いた。当時は紡織から移って2年目。しかも、仕事があったわけではなく、組み立て工場の課長の身分である。大野が本気になって生産性向上に取り組むのは喜一郎が工場に戻ってきた8月29日以降のことになる。

8月の末、挙母工場に出勤してきた喜一郎は幹部を集めて、言い渡した。

「トラック、乗用車の生産と研究開発は積極的にやっていく。次に、それだけでは工場にいるみんなを食わせてはいくことができない。衣食住にかかわる新しい事業を手掛けたいと思う。衣食住は人間の基本だ。いくら占領軍でもやるなとは言えないだろう。最後に、私はいくら苦しくなっても人員の削減は原則として行いたくはない」

方針はすぐに実行に移された。

敗戦時、トヨタには9500人が働いていた。正規の従業員は3000人しかいなかったのだが、軍需工場だったために、勤労動員で人数が増えていたのである。

勤労動員でやってきた従業員には学校の生徒、教師から尼、芸者といった女性たちまで幅広かった。徒刑されていた囚人もまた刑務所から連れてこられた。ただ、そういった人間は無理やり連れてこられていたため、戦争が終われば元いたところへ戻ってしまう。

そのため、人員は急速に少なくなったが、それでも3000名はいた。また、徴兵で外地に行っていた従業員が戻ってきたら、その人々も雇わなくてはならない。敗戦直後の会社経営者は誰もが「どうやって社員を食わせていくか」を考えなくてはならなかった。

喜一郎は多角化をすすめた。英二は瀬戸物の研究をやることになった。章一郎は北海道の稚内まで出かけていって、かまぼこ、ちくわの工場に勤めた。数カ月後、やっと名古屋に戻ったと思ったら、今度は「お前は住宅の仕事をしろ」と命じられて、プレキャスト・コンクリートを使った住宅建設の事業化に取り組むことになった。

他の幹部たちにも、それぞれ課題が与えられた。ある幹部はどじょうの養殖を始めた。鍋、釜、ミシンの製造を担当した人間もいた。しかし、いずれも成功をおさめたとはいいがたい。形になったのは章一郎が取り組んだ住宅建設くらいで、これは後にトヨタホームという会社になっている。

トヨタが手がけた事業のなかで、もっとも利益に貢献したのは紡織事業だった。戦争末期は休業状態だった紡績、織布だったが、平和になってから人々の衣料品に対する需要は爆発した。また、ベビーブームとなり、乳児、幼児の衣料も引っ張りだこになった。

戦中、喜一郎が「大切に保管しておけ」と命じた織機を自動車工場の一角に据え付け、綿糸、綿布の製造を再開したのである。戦中に中央紡績（豊田紡織の後身会社）と合併したため、織機は相当な数を保管していた。戦後の糸へん景気も相まって紡織事業はすぐに安定した。戦後のトヨタは繊維事業で息を吹き返すことができたと言っていい。

喜一郎は生涯、そのことを忘れなかった。後にトヨタ紡織（中央紡績の後身会社）で講演を行い、トヨタを救った紡織事業の価値に感謝を伝えている。

「わたくしは長いあいだ、機械工業の経営に携わってきた。振り返ってみると…。とくに、自動車工業は、戦時体制下という特殊条件のもとで生まれ、自動車製造事業法をはじめ、国家の手厚い保護の下で発展してきたので、自由経済のなかでのきびしい競争という洗礼を受けていなかった。このため、戦後はこれをどのような方向へもってゆくべきか、簡単には決められなかった。ともかく、いろいろな方向を考え、いろいろな努力をしてみたが、戦後の度を越したインフレ、統制の復活、占領政策の変化などつぎつぎと現われ、どうにも手の下しようのない状況に追い込まれた。…いかに働いても食えんという状態である」

喜一郎はその時に「紡織にはずいぶん世話になった」とみんなの前で話をしたのである。

多角化を進めていた喜一郎が幹部たちに話したことがもうひとつあった。

「自動車事業についてはただやるだけではない。生産性を上げる必要がある。3年でアメリカの自動車産業に追いつかなくてはトヨタはつぶれてしまう。それくらいの覚悟で働かなくてはならない」

大野は直接にはその言葉を聞いていない。現場の人間だったから、喜一郎には対面していない。だが、この言葉は英二から聞いた。そして頭から離れなかった。喜一郎の言葉にとらわれていたと言ってもいい。

「3年で追いつけというが、果たしてできることなのか。ただ、やらないとトヨタはつぶれる。やるしかない。だが、世間並みのことをやっていてはダメだ。どうせ、つぶれるなら、これまでの常識から外れたことをやってやろう」

大野は戦前にある人からドイツとアメリカの生産性についての感想を聞いたことがあった。

「日本とドイツの生産性は3対1だ。日本人が3人でやっている仕事をドイツの工場はひとりがやっている。ところがアメリカはもっと効率がいい。ドイツ人が3人でやっている仕事をアメリカ人はたったひとりでこなしている」

その割合から言うと、日本人が9人でやっていることをアメリカ人はひとりでやっていることになる。

…いや、戦前の話だから、いまはもっと差がついているだろう。すると、オレは3年で生産性を10倍に引き上げなければいけない。そうしないと、うちの会社はつぶれる。

彼は真剣にそう考えた。さらに直感したことがある。

「いくらなんでも3年以内とは…。喜一郎さんはちょっとあせっておられる」

トヨタの再出発

1945年9月、日本を占領していたGHQ（連合国軍総司令部）は製造工業の操業に関する覚書を発表した。

「日本の自動車会社は乗用車の生産をやってはならない。だが、トラックは作っていい」

トラックは物流を担うものだ。日本の復興には欠かせないから、GHQも生産禁止にはできなかったのである。

トラック生産の再開を知った喜一郎はどじょうの養殖や鍋、釜の生産などの多角化に見切りをつけようとした。だが、戦後になったからといって、すぐに原材料や部品が手に入るわけではない。

当時、購買担当をしていた花井正八（のちに副社長、会長）をはじめ、社員は原材料を入手するために八方、手を尽くした。しかし、安くて質のいい純正部品はなかなか手に入れることはできなかったのである。そのため、始めてはみたもののトラックの生産は月産５００台にも届かなかった。

敗戦の年の年間生産台数は３２７５台、翌年は５８２１台。いずれもトラックだけである。

乗用車の生産は禁じられていたけれど、研究は自由だった。占領政策の一環として、トヨタ、日産といった自動車会社は占領軍として日本にいたアメリカ軍車両の修理を請け負うこととなり、その時にアメリカ車の構造を知ることとなった。

修理の対象は主に、ジープ、トラックで、乗用車ではクライスラー社製プリムスが多かった。この時、プリムスを修理しながら、トヨタの社員はアメリカ車の進んだ部分を積極的に吸収し、自社の乗用車開発の参考にしたのである。あくまで修理だったから、自動車を作って売るよりも利益は少ない。だが、必ず払ってもらえる金だったし、アメリカ車の研究をすることもできたのだから、社員にとってはどじょうの養殖や鍋、釜の生産よりもはるかにやりがいを感じる仕事だった。


トラックの生産、米軍車両の修理に加えて、トヨタは相変わらず副業も続けていた。だが、苦難は続く。

トヨタは占領軍から財閥に指定された。占領軍は日本を軍国主義にした元凶として三井、三菱といった戦前からの財閥をターゲットにし、財閥の力を弱めることにしたのである。具体的には三井、三菱、住友、安田、富士産業（旧・中島飛行機）の5つを解体すると宣言した。

解体の手段は持ち株会社を禁止して、グループの絆をなくし、力をそぐことだった。最初は前記の5大財閥だったけれど、次々と財閥の数を増やしていき、名古屋では存在感のあったトヨタも第5次（1947年9月）の財閥解体で、指定を受けた。

喜一郎はトヨタの当主だ。トラックの生産、乗用車の研究に没頭したいところだったけれど、会社の存立があやういのだから、現場の仕事をしているわけにはいかない。彼は幹部と計らい、傘下にあった企業の社名を変更し、また、役員の兼務を減らす。そうして、系列会社の独立をすすめ、自動車会社として存続できることとなった。

ただし、この時、グループ会社の株を保有していた豊田産業は解体されてしまった。しかし、それくらいで済んでよかったというのがトヨタ幹部の本音だった。

財閥指定はなんとか乗り切ったものの、またまた難題が降りかかった。独占禁止法の公布である。占領軍が考えた民主化政策のひとつで、強大な1社がマーケットを独占すると自由競争がゆがむという意図から出されたものだった。

続いて、過度経済力集中排除法が制定される。これも立法の意図は同じだ。とにかく大きな会社がマーケットで存在感を見せてはならないというもので、トヨタは独占禁止法の対象にはならなかったものの、一度は過度経済力集中排除法では対象会社に指定された。

ただし、当時のトヨタはトラックを月に500台も作ることができないのである。そのトヨタが「過度経済力」にあたるかといえば、かなり疑わしい。

英二は「運動して対象から外してもらった」と著書に書いているが、実際はGHQが考え直したのではないか。名古屋にある青息吐息の自動車会社が過度経済力にあたるのならば、日本中の老舗企業が該当してしまう。結局、トヨタは同法の対象会社からは外れ、独占禁止法にも触れなかった。ただし、その間、喜一郎、幹部連中は連日のように東京のGHQ本部に足を運ばなくてはならなかったのだった。

ほっと一息ついたのもつかの間、今度は制限会社令というものが持ち出された。財閥解体から逃れた会社への締め付けで、会社を分割せよ、傘下の企業を独立させよという命令だった。

この時、トヨタの電装工場は日本電装（現・デンソー）になり、紡織工場は民成紡績（現・トヨタ紡織）となった。琺瑯（ほうろう）鉄器の工場は愛知琺瑯（現・日新琺瑯製作所）として分離された。

思えばGHQの民主化政策とは、戦前から大きな力を持っていた財閥企業には厳しい措置だった。しかし戦後生まれた会社やトヨタのようなベンチャー企業にとっては一種の規制緩和である。財閥企業の力が小さくなり、ベンチャー企業は新しいマーケットへ堂々と進出することができた。結果として日本経済は活性化したのである。

販売体制と神谷正太郎

占領軍の民主化政策の下で翻弄されたトヨタだったが、戦後のどさくさのなかで、自動車の販売網を整備する点だけは同業他社を圧倒することができた。それは神谷正太郎がトヨタにいたからである。

戦時中、日本の自動車販売は国家に管理されていた。メーカーは完成車を日本自動車配給株式会社（日配）に送り、それを日配が全国各都道府県にあった地域の配給会社に卸すといった形だったのである。もっとも、戦時中ほとんどの車が軍需として陸軍に納められるか、もしくは軍需工場に引き取られて輸送用として利用されていた。全国に車を供給する会社が1社しかなくとも、不都合はなかったのである。

戦後になって、GHQは日配を廃止した。「自由競争で販売しろ」ということだ。

だが日配は廃止されたけれど、各都道府県にあった下部組織の配給会社はまだ存続していたのである。そして、彼らは右往左往するばかりで、どうやって食っていけばいいのかがわからなかった。地域の配給会社とは戦前はそれぞれトヨタ、日産、いすゞ系列の販売会社だった。それが各地域で統合されたのが配給会社だったのである。

彼らはすぐにはどこの会社の車（トラック）を扱っていいのか、見当がつかなかった。どの自動車会社が生きのびるのか…。自動車会社自体がわかっていなかったのだから、地方の配給会社が戦後の見通しをつかむことなどできなかったのである。

そんな時、地方の各配給会社に姿を現したのが神谷だった。戦前からトヨタの販売責任者を務め、戦時中は日配の常務だった彼は戦争が終わると、すかさず行動を開始した。トヨタに復帰し、全国的な販売網を構築するために地方行脚を始めたのである。

後に「販売の神様」と呼ばれる神谷正太郎は１８９８年に愛知県知多郡に生まれた。喜一郎よりも４歳下、大野よりも14歳年長である。

神谷は名古屋市立商業学校を出た後、19歳で三井物産に入社。半年後にアメリカのシアトル勤務になり、翌年にはロンドン支店へ。商業学校時代から夜学に通い、英語が流暢になっていたため抜擢されたのである。ロンドン支店では、鉄鋼など金属の貿易を担当。27歳の時に三井物産を退社し、自ら神谷商事を設立して金属専門商社として出発する。一時は大いに儲けてサラブレッドの馬主となり、ロンドンにあるエプソム、クロイドンといった競馬場のＶＩＰ席で観戦するほどだった。

しかし、第一次大戦後の不況は長く続き、２年後には業績が悪化、会社を整理しなくてはならなくなった。

傷心のまま帰国したが、生活費にも事欠いていたので、すぐに就職しなければならない。そこで見つけたのが日本GMだった。三井物産でも神谷商事でも扱っていたのは鉄鋼。鉄鋼商社の得意先である自動車業界には知己が多かったので、そのつてをたどって神谷は日本GMに入社した。

当時、日本で走っていた車の9割以上はフォード（1925年進出）か日本GM（1927年進出）である。神谷は一応、両方の会社を受け、どちらからも採用通知をもらっていたが、入社時期が早かった日本GMに入ることにした。彼はそこで自動車販売の実務を体験する。

自動車は高額商品であるうえに、車検や修理の必要がある。メーカーが直接、消費者に売ってしまえばそれでいいというものではない。消費者とつねにコンタクトしている必要があり、先進国のアメリカではディーラー制度が定着していた。つまり、ディーラーという販売特約店がメーカーから車を仕入れて販売する方式だったのである。

日本GMはアメリカで成功した販売方法をそのまま持ち込み、各地にディーラーを作った。アメリカ人上司は各ディーラーに販売ノルマを課し、達成できなければすぐに契約を解除するというドライな方法を取った。だが、神谷はそんな仕事の背後に、日本人に対する蔑視を感じていたのである。

「当時、日本人社員に対する米人社員の態度は単なる経済合理主義を超える冷徹さがあり、明らかな差別意識が感じられた」

特に、販売店に対する政策は情け容赦のないもので、経営難にあえぐ販売店を冷たく突き放すようなケースは日常茶飯事であった。契約社会といわれるアメリカの商慣習からすれば、あるいはそれが当たり前のことであったかもしれない。

しかし、郷に入れば郷に従えというではないか。私は販売代表員として販売店（ディーラー）を訪問し、販売の指導を行っていたから、そうした事例を目の当たりにして、もっと親身になって販売店の経営を指導するよう、米人スタッフに抗議した。しかし、私の意見が必ず通るわけではない。米人スタッフと一緒に仕事をすることに、次第に限界を感じるようになっていったのである」

外資系会社ではいまもこうしたビジネスは見られるのではないか。アメリカからやってきた人間にしてみれば数字がすべてである。長く住むわけではないから、日本の販売店と末長くつきあおうという気はない。督励することが仕事である。

しかし、日本人の神谷はそうはいかない。アメリカ人上司の手先となって、販売店をいじめることは彼の性に合わなかった。彼自身は販売店政策に「日本的情緒と人間的な絆」を持ち込みたかったのである。

神谷は入社2年で販売広告部長に昇進し、すぐに副支配人になった。しかし、アメリカ人上司の態度を見るにつけ、「長くいる会社ではない」と思うようになった。

入社8年目のこと、神谷にスカウトの口がかかった。

「販売担当の役員ではどうだろうか？」と言ってきたのは日産自動車である。日本GMを退社しようと思っていた神谷にとっては悪くない選択肢だ。

どういった社風の会社なのかを知ろうと思い、神谷は都内のホテルで開かれた日産の販売店を集めた大会および懇親会に出席してみることにした。大会が終わり、懇親パーティになった。

司会者が言った。

「みなさん、一列にお並びください」

そこへ日産の社長の鮎川義介が現れた。販売店の社長たちはひとりずつ進み出て、あいさつをする。大名行列にかしずくような封建的な風景だった。

神谷はとてもこんな会社では働くことはできないと考え、そこで、次に考えたのがトヨタだったのである。

喜一郎と神谷の面談を設定したのは豊田紡織の役員だったトーメン出身の岡本藤次郎だ。岡本はトーメン時代にシアトルに駐在していて、三井物産の神谷とは面識があったのである。また、神谷が愛知県出身ということもよく知っていた。それで、喜一郎に橋渡しをしたのである。

１９３５年、神谷は初めて喜一郎と会った。喜一郎が刈谷の工場で細々と車を作っていた頃である。

「自動車は作るよりも売るのが難しい」が口癖だった喜一郎は初対面の席で、こう口説いた。

「父の遺業を継いで何とか大衆自動車をものにしたいと思っている。私は技術者だから、自動車を作ることにかけては、どんな苦労をしてもやって見せる自信がある。しかし、自動車は作るだけでは駄目だ。いくら良い自動車を作ってもこれを売りさばく強力な販売手段がなければ、成功は望めない。

ところで大衆自動車を販売するとなればどうしても、手本はアメリカに求めることになろうが、これは私の手ではできない。そこで、製造の方は私が責任を持ってやるから、君はひとつ、販売の方を一切、引き受けてやってくれないだろうか」

神谷は喜一郎の真剣さと情熱に応えて、その年に入社した。以後、トヨタの自動車販売戦略を築き、着々と実行に移していったのである。

口説き方はひとつだった。トヨタの販売担当となった神谷は日本ＧＭに所属していたディーラーを訪れ、「一緒に日本の車を売ろう」と熱意を込めてしゃべる。そうして、一軒ずつ口説いていき、トヨタの車を売るディーラー網を作り上げていったのである。

また、神谷は月賦販売制度の確立にも力を注いだ。

「自動車は高い買い物です。月賦でないと大衆は買うことはできません」

1936年には神谷が主導してトヨタ金融株式会社を作る。1台のトラックを12か月月賦で売るための金融会社だった。そうして、販売戦略、システムがどうにか整った直後、日本は戦争に突入。せっかく作り上げたトヨタの販売網は日配に吸収されてしまったのだった。

戦後の先手

戦時中、神谷は日配に出向し、トラックの配給に従事したが、戦後になるとふたたびトヨタのディーラー獲得に精を出した。

神谷は敗戦の翌日、みんなが国民服に戦闘帽をかぶって会議をしているところにマニラ麻のスーツと蝶ネクタイで出社してきたという男である。おしゃれでもあったし、時勢の変化をかぎとる能力があった。敗戦直後の世の中がごたごたしているうちに先手を打ってディーラーを獲得しようとしたのである。

英二は神谷のやったことを後に思い出してこう表現している。

「神谷さんがかけずり回って各県にある配給会社をみんなトヨタのディーラーにしてしまった。（略）日産に比べ、これだけは手の打ちようがえらく早かった。この差が今日のトヨタ、日産の国内販売の差といえばいえる」

前述のように、各県にあった自動車配給会社はトヨタ、日産、いすゞのディーラーが寄り集まってできた会社であり、元の系列に戻ればいいのだが、神谷がいち早くやってきて、「トヨタのディーラーになりませんか」と強烈にアピールした。そこで大半はトヨタになびいてしまったのである。

ただ、神谷にはそれまでの各販売店社長との関係があった。戦争中、すでに各地を回り、ディーラーの社長とは胸襟を開いて語り合っていた。神谷本人の好印象もあり、地方のディーラーに受け入れられたのである。

「いまは占領軍にノーと言われているけれど、いずれは乗用車を生産することができる」と先を読んだ神谷は「トヨタの車を一緒に売ろう」と熱弁をふるったのである。

ところが、もっとも大きなマーケットだった東京、大阪だけは事情が違った。東京は社長がトヨタ系列の人間だったけれど、行き違いがあり、日産のディーラーになってしまった。大阪の配給会社は日産の人間が社長だったため、そのまま日産のディーラーになる。そのため、戦後の一時期まではトヨタの車は東京と大阪では旗色が悪く、ふたつの都市でのシェアは全国平均に及ばなかった。

しかし、それでも神谷が果たした役割は大きかった。いまもトヨタの関係者から「販売の神様」という称号を贈られているのも先駆者としての役目、そして、戦後すぐにディーラー網を張り巡らした実績からだろう。

加えて言えば、ディーラーの従業員全員に背広を着せてあいさつさせたのも神谷である。それまでの自動車ディーラーにいたのは故障を直すメカニックが主だったから、作業服を着るのが当たり前だった。

第3章 敗戦からのスタート

喜一郎の出発

敗戦後の1946年、天皇は人間宣言を行った。年頭の歌会始(うたかいはじめ)の勅題は「松上雪(しょうじょうのゆき)」。昭和天皇の御製(ぎょせい)は次の通りである*。

「ふりつもる　み雪に耐えて　色変えぬ　松ぞ雄々しき　人もかくあれ」

敗戦から半年も経っていない正月、皇居前は焼け野原だった。バラックが建ち、冬を越そうという人々は肩を寄せ合って暮らしていた。天皇は御製を通じて、雪に負けない松になろうと語りかけた。

それから3年、1949年の歌会始のお題もまた雪だった。「朝雪(あしたのゆき)」である。御製は次の通り。

「庭のおもに　つもる雪みて　さむからむ　人をいとども　おもふ今朝かな」

敗戦直後よりもわずかではあるが余裕が感じられる。少しは復興が進んだのがその頃だった。それに

*本文中の御製は一部を漢字にしてある。本来の表記は下記。「ふりつもる　み雪にたえて　いろかへぬ　松ぞををしき人もかくあれ」「庭のおもに　つもるゆきみて　さむからむ　人をいとども　おもふけさかな」

しても昭和天皇が御製を作る際、歌に込めるのは国民とその生活だ。自分のことよりも、国民のことを何よりも考えていたのだろう。

敗戦直後から占領が終わるまでの7年間、日本社会だけでなく、世界の変化も急激だった。冷戦が始まり、アジア・アフリカの国々が独立する。原爆だけでなく、水爆が開発され、核戦争が現実のものとなった。ただ、世界を巻き込む大きな戦争が終わったことで、人口は増える一方だった。国を問わず新しい消費者が生まれたのである。

消費者が増えたことで、需要は多様化し、それに合わせて自動車も発達する。量産も進んだ。日本でもトラックが主体ではあったが生産は徐々に増加していった。

敗戦から2年目、1947年のトヨタの生産台数は3922台、翌年が6703台、翌々年が1万824台。いずれもトラックである。乗用車の生産台数は1949年でも全体の生産数のわずか2・2パーセントにすぎなかった。

トヨタのトップ、豊田喜一郎は敗戦直後、財閥解体や過度経済力集中排除法などへの対処で忙しかったけれど、力を注いでいたのは乗用車の研究開発である。GHQや政府との交渉は他の幹部でもできるけれど、乗用車、トラックの仕様をどうするかについては、喜一郎がいなければ前に進まなかった。

1947年6月、GHQは1500cc以下の乗用車について年間300台までの生産を認める決定を出した。

「やっと車を作ることができる」

喜一郎にとって、敗戦後の自由を直接、身体で感じることができたのはその日からだった。

戦争が始まる前から実に6年もの間、実質的にトヨタは乗用車を作っていない。挙母に乗用車を生産するための専用工場を新設したものの、国を挙げての戦争準備に入ってからは軍部に納入するトラックの工場になった。トヨタ自動車自体の設立は戦前だけれど、本格的な乗用車のメーカーとなったのはGHQが生産、販売を認めた、この日からだった。

ただし、喜一郎はその決定が下りる前から情報を得ていたので、量販できる乗用車の研究開発を着実に進めていた。

最初に取り組んだのは小型車用の新しいエンジン開発で、喜一郎は19歳年下のいとこ、英二を責任者にしている。英二は帝大の工学部を出ているから自動車工学、生産技術にも詳しい。何よりも自分の次の世代としてトヨタを引っ張る存在になってもらわなくてはならない。喜一郎はたびたび英二の仕事部屋をのぞいては打ち合わせを重ねた。

完成した戦後初の新型エンジンは1リッター4気筒のサイドバルブ式で、S型と名付けられた。S型エンジンは故障が少なくて馬力もあったため、乗用車だけでなくトラックにも搭載されることになる。1947年10月にはS型エンジンを積んだ乗用車、SA型が発売された。GHQが乗用車生産を認めてわずか4か月後のことである。

SA型は発売前に愛称を公募するというアイデアが採用され、決定した愛称は「トヨペット」となった。愛称は大衆に支持され、以後、トヨペットコロナ、トヨペットクラウンといった乗用車の名前にもなっていく。

ただ、喜一郎はトヨペットという名称に違和感があったようだ。名称が決まった日、自宅に戻って、息子の章一郎に「新しい車だが、トイレットみたいな名前なんだ」と困惑した顔でつぶやいた。

とはいえ、SA型トヨペットは喜一郎が精魂を込めた車であり、当時の自動車業界における評価は高かった。

デザインはヨーロッパ風でフォルクスワーゲンに似た流線形である。エンジンは995cc、重量940キログラムで最高速度は80キロ。敗戦後の日本が最初に作った国産車としてはよくできていた。

ひとつには優秀な技術者が総力を挙げたことがある。戦後、自動車業界にとって、よかったことがあったとすれば、それは飛行機開発のエンジニアが流入してきたことだろう。

GHQは自動車の開発、生産は認めたけれど、兵器ともなる飛行機の開発は認めなかった。彼らが許可したのは米ソが対立した冷戦構造が定着した1952年になってからのことだ。

ゼロ戦や隼(はやぶさ)などの名機を設計、開発していたエンジニアは働く場所を求めて自動車会社に入り、国産車の開発にかかわっていく。

現場でその様子を見ていたのが桜井真一郎だ。桜井は名車スカイラインの開発者で、戦後、プリンス自動車(日産と合併)に入社している。

桜井はこう言ったことがある。

「戦前のエンジニアでいちばん優秀な人間はみんな飛行機をやった。戦後になって、飛行機ができなくなったから自動車会社に移ったわけだ。でも、いざ自動車の設計をやってみたら、どんな乗り物よりも自動車の設計が難しいことが分かった。

だって、鉄道、船、飛行機、ロケット…、いずれも乗るのはプロだけだ。プロに向けて設計すればいい。ところが自動車は免許取りたてのおばさんが走っている最中にギアをバックに入れちゃうことだってある。自動車は大衆のものだ。そんなことまで考えて設計しなきゃならない。自動車設計は乗り物のなかではもっとも難しいだろう。

話はズレたけれど、国産車が進歩したのは飛行機のエンジニアが入ってきたからだよ。スカイラインのエンジンを作ったのは元ゼロ戦のエンジニアだし、モノコックボディを自動車に持ち込んだのも飛行機の技術者だった。考えてごらん。イギリス、ドイツ、アメリカ、フランス、スウェーデン、イタリア、日本…。飛行機を作った国の自動車と中国、韓国など飛行機を作ったことがない国の自動車はまったく違うんだ。設計思想が違う。それはね、空を飛ぼうと思ったことがない男が作った車なんて、まったく魅力がないからだよ」

モノコックボディとはシャシーの上にボディを載せる自動車構造ではなく、シャシーフレームとボディが一体になったものをいう。航空機の構造から来たもので、国産自動車がモノコック構造を採用したのは戦後のことになる。トヨタではトヨペットコロナ（1957年）が最初に採用した。

話はSA型トヨペットに戻る。

SA型は性能面でも安定していたので、発売された翌年、毎日新聞からある企画が持ち込まれた。

「SA型トヨペットと国鉄の急行列車を競走させてみませんか？」

距離は名古屋から大阪までの235キロである。ただ、急行列車といっても当時は電化されていなかったから、石炭で走る蒸気機関車と競走することになる。それなら車が有利だと思ってしまうけれど、道路だってすべてが舗装されていたわけではなかった。事前の予想でもどちらが勝つとは軽々に判断できなかったのである。

1948年8月7日。午前4時37分。名古屋市内は暑かった。

急行第11列車は名古屋駅を出発。同時にSA型トヨペットも駅からスタートした。トヨペットは旧中山道を含む悪路をひた走り、午前8時37分には大阪駅に到着することができた。一方、急行はまだ線路上にいた。トヨペットは急行よりも46分早く、大阪駅に着くことができたのである。

喜一郎を筆頭にＳＡ型を開発した関係者は手に汗を握って結果を待っていたが、急行に勝ったことよりも、一度も故障をせずに名古屋から大阪まで走り通したことに胸をなでおろした。

競走イベントは話題になった。しかし、ＳＡ型トヨペットは５年間でわずか１９７台しか売れていない。これは開発者の責任というよりも、乗用車を買う消費者がまだ育っていなかったというのが真実だろう。

その証拠にＳＡ型のシャシーを流用したＳＢ型と呼ばれるトラックは同じ期間に１万２７９６台が売れている。庶民がドライブのために車を買う時代はまだまだ先だったのである。

大野耐一の戦後

戦後、喜一郎がふたたび乗用車開発に乗り出した頃、大野耐一の役職は、挙母工場のなかにあった組み立て工場の課長だった。組み立て工場とは構内にあるエンジン工場、機械工場や周辺にある各部品会社から集めてきたもので自動車を組み上げるアッセンブリ工場だ。自動車会社ではもっとも重要で、工程の多い工場と言える。

しかし、組み立て工場は部品を作るわけではない。部品が集まってこない限り何もやることがない。とくに戦時中は仕事にならなかった。大野がやったことといえば、せいぜい標準作業表を作成することだけだったのである。

また、挙母工場のラインに人員の頭数こそ揃っていたものの、勤労動員でやってきた素人が多かった。なかには自動車を見たこともない者がいて、「ギアを持ってこい」と言っても通用しないことさえあったのである。

現場が混乱しないように、素人には標準的な作業手順を教え、部品や工具の名前を知ってもらうのが当時の大野の仕事とも言えた。

戦争が終わってからもまだ本格的な自動車生産が始まったわけではない。各地に疎開させていた機械設備を運んできて、それを据え付けるのが先だ。機械の調子を見ながら、ラインを動かし、部品が入ってきた日にはトラックの生産をするといった風景だった。

事務室にデスクもあったが、大野がいたのは現場のライン際である。身長は180センチ。当時の人間としてはかなり背が高かったから、構内でも現場でも、姿をあらわしたら、すぐに彼とわかった。

髪の毛はつねに整髪を欠かさないし、作業服にはしわひとつないようプレスしていた。きちんとした性格だったのだろう。印象的なのは髭だ。鼻の下にちょび髭を生やして、大股で現場を歩いた。大野を恐れる現場の作業者、彼を嫌う上司や同輩はちょび髭をさして、陰で大野を「ヒゲ」もしくは「ヒゲ親父」と呼んだ。

自動車工場に転籍してきた大野が直感したのは「紡織工場よりも生産性が低い」ことだった。

「織物女工ならばひとりで20台の織機を見ることができる。しかし、自動車の工場はダメだ。ひとりが機械の前に突っ立って、ひとつのことをやっている。ある者は忙しく働き、その隣の者はやることがないから旋盤に使うバイトを研いでいたりする。それでいいのか。余った部品はラインのそばに積み上げて置いたり…。だらしがない。こんなことではいかん。さて、まずはどこから始めるのがいいのか…」

ある時、大野が組み立て工場のラインにいたら、作業は止まった。作業者に訊ねると、「アクセルとハンドルの在庫がありません」と答えた。

「それなら第3機械だな」

第3機械とは機械工場のことだ。機械工場とは自動車の部品を製造する工場で、挙母では第1がエンジン、第2はギア（歯車）、第3はシャシー関係、フロントとリアのアクセルを作っていた。

大野は「おい、第3へ行くぞ」と養成工出身の若い作業者を数人、呼んだ。養成工とは中学を出た後、トヨタ工業学園（1962年まで豊田工科青年学校　その後にトヨタ技能者養成所）で職業訓練を受けた作業者である。

養成工は学園で学んでいたから、上司には従順で技能も高い。ただ、年が若かったから、熟練職人が多かった当時の現場では遠慮気味に働いていた。

大野は養成工だけを引き連れて第3機械工場へ出かけていった。そして第3機械工場の担当に断ってから、「よし、始め」と手取り足取り教えながら、アクセル、ハンドルなどの製造を始めたのである。

そうして、ある程度の個数ができあがったら、組み立て工場に持って帰って、車体に取り付け始めた。組み立て工場の人間なのにもかかわらず、隣の工場まで出かけて行って作業をしたわけだ。

第3機械工場の人間から見れば越権行為であり、「ふてぶてしいやつ」と映っただろう。だが、彼は部品がなくなると機械工場へ出かけて行って部品作りを繰り返した。エンジンを作っている第1機械工場には足を踏み入れなかったものの、第2と第3機械へはまるで、自分の職場のように涼しい顔で入っていったのである。

それまではどこの自動車工場でも、前の工程の人間が部品を作り、後の工程の人間はただ部品がやってくるのを待つだけだった。だが、大野は部品が来ないから、自分で前の工程に取りに行った。もちろん、前の工程の担当にひとこと断ってはいる。かなり乱暴な行為ではあったが、それくらいのことをやらなければ部品は来ない。組み立て工場は一日遊んでしまうのだった。

トヨタ生産方式では「後工程が前工程へ部品を引き取りに行く」という特徴があるが、当初は部品が来ないから勝手に取りに行ったにすぎない。しかし、これが後に大野の頭に鮮烈に残り、後工程が引き取るシステムを生み出すことにつながる。

大野は部下を連れては前の工程へ作業をしに出かけた。

「大野、また来たのか」

第3機械の担当者から問われても、「これがないと車ができんから」と言っては、午前中は部品を作り、午後は組み立て工場でトラックに仕上げた。

1947年、大野は第2機械工場、第3機械工場の主任（課長から名称が変更）となった。それまで前の工程にあたる機械工場のことを「仕事が遅い」と指摘していたことが上司に聞こえたようで、「文句ばかり言ってくる大野を担当にすれば少しはおとなしくなるだろう」と思ったのである。


組み立て工場とはさまざまな部品を集めて自動車の形に仕上げるところだ。作業者はベルトコンベアに沿って配置される。ワイヤーハーネスを取り付けたり、ハンドル、シート、ドアを付けたりする。レンチを使い、ボルト、ナットで部品を取り付ける。むろん、立って働く工場だ。

一方、機械工場は金属を切削したり、曲げたりして部品を作る。細かい仕事が多かったために、ラインの横に椅子を置いて、座って作業をしている箇所もあった。機械工場の担当になった大野はまず全員を立たせて仕事をさせたのである。

「いいか、座って作業をしたら、腰をひねる動作が加わる。毎日、そんなことをしていたら絶対に腰や肩が痛くなる。仕事は立ち上がってやるものだ。百姓だって、八百屋や魚屋だって、みんな、立って働く。立って働く方が身体にいい」

だが、それまで座って働いていた人間には、立つことに抵抗があった。

「立たせるのは労働強化だ」

「オレたちはいままで座りながらでもちゃんとやっていた。なぜ、立ち働きをしなければならないのか」

談判にやってくる組合員もいた。そういう人間にはじゅんじゅんとさとすしかない。

「戦争中、私は紡織にいた。そこでは女工さんたちが毎日、立って働いて、ひとりで20台もの織機を担当していた。それなのに、大の男が立って働くことが嫌なのか？　いいか、繰り返すけれど、座って働くと必ず肩や腰をダメにする。立って働く方が自然なんだ」

この点に関して、大野は一歩も引かなかった。作業効率よりも、むしろ作業者の身体のことを考えたカイゼンだった。大野が生涯、手がけたカイゼンは数々ある。いずれも、抵抗が多いものだった。なかでも、直接的に反発を受けたのが立って働かせること。しかし、大野は何度も何度も同じ主張をして、これを定着させた。

その時、彼はつくづくわかった。

「人間は自分がいまやっていることがいちばんいいと思い込んでいる。オレがやることは、やつらに『いまやっていることを疑え』ということだろう。それは簡単ではない。そんなことができる人間はなかなかいない。考える人間を作る…。それがオレの仕事だ」

作業者を立たせた後、大野は少しずつ、新しい仕組みを導入した。いずれも戦後すぐから数年間にわたってである。その間、トヨタには労働争議から倒産寸前になるほどの経営危機もあった。だが、ストライキの最中でも、「考えて仕事をしよう」と言って歩いた。時には工場がロックアウトされ、追い出されたこともあった。それでも彼は構内で赤旗の前にいた作業者をつかまえては「会社がつぶれては何にもならんぞ」と話したのである。

多能工を育てる

次に導入したのはひとりの作業者が複数の機械を操作できるようにすることだった。実質上はこれが第一歩で、トヨタ生産方式はこのカイゼンから出発した。

上司にはこう説明したようだ。

「たとえば旋盤の係は旋盤だけでなく、フライス盤もやってくれ、手が空いたらボール盤も頼むと言ってみます。時間をかけても必ず説得します」

機械工場にあった工作機械の基本は3つである。ボール盤、旋盤、フライス盤だ。自動車会社に限らず、金属加工して部品を作る工場ならば欠かせない工作機械がこの3種類で、あとは複合的な工作機械となっている。

ボール盤は円盤とドリルからできている。円盤の上に金属の板を載せて固定する。上から回転するドリルが下りてきて、穴をあける。ボール盤は穴をあけるための工作機械で、できた穴をタップすると、ネジを入れる螺旋の溝ができていく。

旋盤はボール盤を横にしたようなもの。加工する金属を固定してから回転させる。横から切削工具のバイトが出てきて、回転している金属を削り取る。

フライス盤は金属のバリを取って表面を滑らかにするもの。3種の工作機械は金属と金属が削り合うから、キィーンと甲高い音がする。機械工場の騒音は大きくはないけれど、癇に障る。

大野がやってくるまで機械工場では職人気質の作業者がそれぞれの担当機械をまるで自分の持ちもののように扱っていた。彼らは職人としての自分にプライドを持っていたから、他人が機械に触れることを嫌がった。旋盤の担当は旋盤だけを操作し、フライス盤はフライス盤の担当が扱うと決まっていた。

老舗の料理人が「刺身を切るのがオレの仕事だ」、「煮物は他の奴には任せられない」というのと似た状況だった。もっとも、トヨタに限らず、その当時の工場現場はそれが当たり前だったのである。働いていたのは腕に自信を持つ職人気質の人間だった。

「なんとかしなきゃいかん」

大野は現場にきたとたんに顔をしかめた。働いている人間と、時間を持て余している人間が一目瞭然なのである。せっせと仕事をしている人間の隣では、タバコを吸いながら切削工具のバイトを砥石で研いでいる男がいる。チームワークではなく、それぞれが勝手に自分の仕事をしている状態だった。

ただし、それには事情もあった。材料が毎日、均等に入ってくれば、一応、全員が仕事をする状態にはなる。だが、敗戦直後のこと、旋盤で工作する材料は届いても、ボール盤で穴をあける鉄板は1枚も来ないといった状況だったのである。そうなると、やることがないから機械に油をさしたり、ウエス（ボロ布）でふいたりするしかなかった。

「おい、頼みがある」

大野は旋盤の横でタバコを吸っていた男に声をかけた。熟練の職人で、彼を説得すれば他の作業者も複数の機械を操作すると思ったのだ。

なんといってもこの時期の作業者は戦前に入社してきた職人たちである。一生、トヨタに勤めようというわけではなく、腕一本で工場から工場へ移るのも当たり前だった。大野としても納得してもらうようなやさしい話し方をするしかなかった。

「どうだろう？　旋盤だけでなく、ボール盤、フライス盤の操作も覚えたらいいんじゃないか？」

男は答えた。

「ボール盤？ あんな穴をあけるだけの機械は女子どもがやることだ。旋盤の仕事は玄人の仕事、職人の仕事。一度、旋盤をやった人間はもうボール盤には戻りません」

「いや、そうかな。そんなものかな。いいか、お前が言った女子どもの話だが、紡織ではひとりで20台もの機械を持つのが当たり前だ。それなのに男で、しかも玄人のお前が1台の前に張りついているのは、ちょっと情けないな」

そう言われると、反発していた職人は何も言えない。大野はわざと相手の頭に血が上るような言い方をした。

「女だって、ひとりで20台の機械を操作している。女の方がはるかに玄人じゃないか」

そういうと、職人気質の旋盤工は「いや、オレだってできますよ」とフライス盤の前に立った。だが、ボール盤のそばには近寄らない。大野が「ボール盤は難しいか？」と男の目を見たら、「できるに決まってるでしょう」と口を尖らせながらも今度はやっとボール盤を操作するようになったのである。半日がかりの説得だった。

大野は管理職である。現場に対しては権力を持っている。「やれ」と命令したとしても、作業者は遅かれ早かれさまざまな機械を操作するようにはなるだろう。だが、いやいや仕事をするのと、納得して仕事に取りかかるのでは作業能率がまったく違ってくる。そこまで考えて、まずボス的な職人から説得し、ひとりでふたつ以上の機械を操作できる人間を少しずつ増やしていったのである。決して、頭ごなしに「やれ」ではなく手ずから育てていった。

後に大野は、多能工を育てると表現している。

「たとえば溶接のことについて、免許もあり、腕もよいが、溶接しかやらんという人は日本では困る。とくに量が少なくなればなるほどそういう人では困る。いま、溶接の免許のとれるほどの人なら、ちょっと勉強すれば他の仕事も何でもやれるはずなのに、『俺は溶接だけだ』という考え方になると、それしかやらぬということになる。（略）何かひとつよい腕を持っている人で、それしかやらぬという人は、これからの日本ではとくに中小企業では（雇えない）。いろんなものをやらせることが大事なことのひとつになってくるのではないか」

また、トヨタ生産方式の具体的なやり方を構築しながら体系化するなかで、仕事とは人がやること、機械がやることを分けることではないとしている。機械と人の作業を組み合わせることがもっとも大事と断言している。

「たとえば、機械に送りをかけておく。送りが20秒、あるいは30秒かかる。その人がもし溶接がやれたら、前にやった品物の溶接をやれば、人は20秒なり30秒なりの仕事をする。機械の加工が終わったら、次の品物をかけて送りをかける。その機械が仕事をしている間、人は人の作業をする。このようにして、人の仕事を実働8時間につなげるように考えなければいけない」

機械が仕事をしている時、ただ、じっと見ている「監視」は仕事の範疇には入らないというわけだ。

だが、こうした注意は一部の作業者からは「ヒゲ親父の小言が始まった」「労働強化だ」と反発を受けた。現場だけではない。上司のなかにも「大野がやっていることは現場との摩擦を生むだけだ」と非難する者がいた。

そこで大野が相談する相手と言えば英二しかいなかった。喜一郎は社長である。大野が呼び出すわけにはいかない。技術系を統括していた英二の庇護があったからこそ、現場での改革を進めることができた。

機械工場に変わってから大野は改革を進めている。次々と着手できたのは当時のトヨタは生産量が少なく、現場で考える時間があったからだ。モータリゼーションが始まる前のことで、流れ作業とはいえ、部品が入ってこなければやることもない。時間があったおかげで、命令された人間は大野の言う通り、やらざるを得なかったのである。

大野はまだ30代前半だった。周りには年上の熟練職人が何人もいた。そういう人間のなかで、姿勢を正し、「良いことは良い。ダメなことはダメ」と言って歩く。うちに帰ると疲れが出た。

妻の良久が聞いた言葉はいつも一緒だった。

「まだまだ時間はかかる」

寝るまでの間には自宅でやることを整理した。

「喜一郎さんが言ったジャスト・イン・タイムは実現したい。しかし、それにはまず部品メーカーがジャスト・イン・タイムで納品してくれなければならん。それは不可能ではない。やろうと思えばすぐにも、できる。だが、確実に運搬費が上がる。運搬費を負担する余裕はないから、いまはできない。では、次にやることは何か。どうすればジャスト・イン・タイムになるのか…」

大野は直接、喜一郎から言葉をかけられたわけではないが、英二から発破をかけられるなかで、危機感を共有しながら、すぐにさまざまな改革の手法を考え出した。考えようによっては、おせっかいでもある。

「アメリカの自動車会社がやってきたら絶対にかなわない」

喜一郎や大野だけでなく、敗戦直後の日本人はだれもがそう感じていたのだろう。全員の共通認識だったとも言えるだろう。

「どうせつぶれるならやりたいことをやる」

大野は当初、やけくそで仕事に取り組んでいたのである。

逃げるな

大野は仕事が好きで、しかも自ら仕事をつくり出して仕掛けていく男だったが、仕事だけが人生といった男ではない。弓道は八段、後に始めたゴルフはすぐにシングルの腕前になった。徹夜麻雀もよくやっていた。

「とにかく寡黙な人だった」

Jリーグを作り、日本サッカー協会、日本バスケットボール協会のトップにもなった川淵三郎は古河電工の営業マン時代に名古屋ゴルフ倶楽部和合コースでプレーをする大野の姿をよく見ていた。よく覚えているのはトヨタを離れた晩年、コンペで一緒になった時のことだ。

「大野さんといえば名古屋では有名人でした。かんばん方式の大野と言えば知らない者はいないといった感じでした。会えば、私は挨拶していました。和合コースの月例会で同じ組になった時のことです。私はバンカーで3つ叩いたのに、それを忘れて『このホールのスコアは7でした』と申告した。すると、不思議そうに僕の顔をじろっとにらむんだ。あれっと思ってもう一度、数え直して『すみません、8打でした』と後から言ったら、『ああそう』……。冷や汗をかいた記憶がある。しゃべらないで、じろっとにらむだけ。それでもおっかない人だった。上背は高いし、迫力のある人だった」

きっと現場でも、それほど声を荒らげたわけではないのだろう。じろっとにらんで相手の答えを待つ男だった。

現場作業で納得がいかないところを見かけると、まず観察する。管理職、工長を呼んで一緒に観察させる。自分からは「こうやって解決しろ」とは言い出さない。管理職や工長が「こうすればいいのでは」と言い出すのを待つ。

部下のひとりは「逃げるな」と一喝されたことが忘れられないという。

「そりゃあ、もう怖かった。ラインのおかしなところを直すため、工具を取りに行こうとしたのですが、オヤジから『逃げるな』と怒鳴られた。足がすくんで動けなかった。問題を解決しろとは言うのですが、簡単に解決するんじゃないとも怒られた。とにかく考えろ、考える人間になれという教育でした」

第4章 改革の始まり

フォードを超えろ

戦争直後のトヨタが生産していた車は、ＳＡ型トヨペット（乗用車）よりもむしろ、ＳＢ型トラックだった。挙母工場にベルトコンベアを敷いたラインはあったけれど、活用されていたとは言いがたい。部品がスムーズに手に入る状況ではなかったし、何よりも生産のシステムが確立されていなかった。それぞれの工場では工場長がフォード・システムを手本に、各工場のなかだけで効率を追求していたのである。

だが、有機的に連携していなかったために、たとえば、機械工場でアクセルが計画以上にできたとする。作りすぎのため組み立て工場ではすべてを消化できない。すると、工場と工場の間で保管をするためのスペースが要る。管理する人間も必要になる。

部品が足りなければ作業者は手持ち無沙汰になるだけだが、作りすぎてしまうと、それを保管しておくためのスペースや人間が必要になってくる。必要な量だけ作り、次の工程に送るのがもっともムダがない。だが、個々の作業者たちは「自分たちは頑張って働いている」という意識がある。言われたことをやった結果、中間在庫がたまってしまったのだから…。

大野は増え続ける保管スペースに危機感を持った。トヨタでは、このままフォード・システムの亜流を続けていいのかと大いに疑問を持ったのである。

「いったい、アメリカでは膨れ上がる中間在庫をどうやって解決しているのだろうか」

月の初めに決められた目標数を設定し、それに合わせて生産していると、必ず必要以上の数ができてしまう。

大野はつねにジャスト・イン・タイムの実現を考えていた。それにはまず中間在庫ができる仕組み自体をなくさなければならない。もう一度、フォード・システムを徹底的に理解してみようと思ったのである。

なにしろフォード・システムもしくはその亜流を採用していたのは当時のトヨタだけではない。日産はアメリカ人エンジニアから教わったフォード・システムを土台にした生産システムを使っていたし、いすゞも同様。そして、どこの工場でも中間在庫はあった。同じシステムをもとにしていたのだから、同じ事態に陥っていたのである。

フォード・システムとは大量生産に向くやり方だ。しかも、少品種の方がいい。同じ色、同じ型の車をベルトコンベアを使った流れ作業で組み立てていく。アメリカに限らず、当時、先進国の大量生産による組み立て工場ではフォード・システムが当たり前だった。

そこまで神格化されたのは何と言ってもT型フォードという成功例があったからだろう。

T型フォードは1908年に発売され、18年間で1500万台が売れた。アメリカを代表する車で、大陸の東部から西部にいたるまで、どこの町でも見かけたベストセラーカーだった。そして、これほど売れたのはずばり価格が安かったからである。

アメリカ国民の平均年収が600ドルとされた時代、同車の価格は850ドルだった。それまで乗用車の値段は2000ドルを下回ることはなかったから、最初から破格の価格だったわけだ。加えてT型フォードは毎年、値下げになり、1925年には290ドルになっている。大量生産で価格を下げた典型だった。そこで、量産品を作る製造工場は先を争ってフォード・システムを採り入れたのである。

そんなフォード・システムとはどういうものだったのか？

ヘンリー・フォードがフォード・システムを完成したのは1915年のことである。その年、デトロイト郊外にあったハイランドパーク工場の床面には連続駆動するベルトコンベア（スラットコンベア）が敷設された。働く人間はベルトコンベアに載って動いてくる車のシャシーに部品を取りつけた。

それまでは人間がシャシーを台車に載せて移動させ、そこに部品を付ける方式だった。製造業に本格的にベルトコンベアが導入されたのはこの時からである。

流れ作業は、フォード自身がシカゴの食肉加工場を見学した時にヒントをつかんだと言われている。当時、食肉加工場では流れ作業で牛を解体していた。屠畜された牛は天井に敷設されたレールからチェーンブロックで吊るされ、少しずつ移動する。その間、小さな部位に切り分けられていった。

ヘンリー・フォードはその様子を見て、「この流れを逆転すればいい」と思ったのだろう。ただ、「食肉工場を見たというのは俗説」とも言われている。

だが、わたしはフォード自身が見たかどうかは別として、流れ作業が生まれたヒントは牛の解体方法が先例だったと思う。流れ作業になる前、牛の解体も据え置き方式だった。一頭の牛をテーブルに載せて、少しずつ切り取っていったのである。自動車を組み立てるのと同じだ。それを流れ作業にしたのがシカゴの食肉加工場で、ヘンリー・フォードはそこから学んだというのは納得できる話ではないか。

フォード・システムには次のような特徴がある。まず、人間がやるべき作業を要素ごとに分解して細分化する。その後、個々の作業ごとに標準作業時間を決める。

標準時間を決めるについてはヘンリー・フォード自らストップウォッチを片手に、熟練工が何秒で作業を完成させるかを計測した。

もっとも、フォードが「熟練工の」作業時間を標準にしたことについて、大野は異論を持ち、トヨタ生産方式では熟練工を基準にはしなかった。

「熟練工の作業時間を標準にしたら、全体にコンベアのスピードを上げなきゃいけない。それではダメだ。標準作業とは誰もがやれるスピードでなくてはいかんのだ」

トヨタ生産方式では作業時間は全体の生産量で決まるが、新しく来た作業者でもできるスピードになっている。

さて、フォード・システムに戻る。作業の種類を分け、それぞれの標準時間を決めたら、それに合わせて現場のラインをレイアウトして、要員を張りつける。

簡単に言えば次の3要素である。

①作業を単純化、細分化する。

②標準時間を決める。

③ベルトコンベアで作業をつなげる。

ただし、作るものはひとつの車種、T型フォードだけだった。

ラインに配置されたワーカーがやることはコンベアの速度に合わせて単純作業を繰り返すこと。それぞれが熟練である必要はない。非熟練のワーカーが自動車を組み立てることができた。

それまでの自動車組み立ては熟練工が自らの技術を駆使して、1台ずつを仕上げていくものだった。それが流れ作業に変わったことで、1台を作り上げる時間は大幅に減っている。据え置き式で1台を組み立てていた時には1台あたり完成までに14時間かかったけれど、フォード・システムによる流れ作業に変わったとたん、1時間33分にまで短縮されたのである。

当時、ハイランドパーク工場には7000人以上の組立工がいたが、大半は移民、農村出身者だった。デトロイトにやってきたばかりの者もいて、話す言語の数は50種類以上にもなった。しかし、それでも作業は順調で、不良品の山ができたわけではない。

「同じものを大量に作れば安くなる」

それがフォード・システムの基本コンセプトだ。そして、ベルトコンベアのスピードを上げれば上げるほど1台あたりのコストは安くなる。製造業の経営者にとっては魅力のあるシステムなのだ。

ただ、ワーカーにとってはカネはもらえるけれど、ストレスもあった。あまりに作業を単純化、細分化してしまうと、「車を作った」という達成感がない。仮に1日の仕事が車のネジを15回締めることの繰り返しだとしたら長くは続けていられない。フォード・システムでは作業の区分け方がノーハウだった。あまりに単純化してしまうとワーカーが辞めてしまう。意欲をかきたてながら、かつ、工程を単純化することがマネージャーの仕事だった。

製造工場の効率化を進めたフォード・システムだったが、喜一郎や大野は疑問を持っていた。

喜一郎は「日本の自動車マーケットに1車種だけを大量生産するシステムは合わない」と思ったし、大野は「大量生産でコストを安くするには前提条件がある」と考えた。

大野はフォード・システムを調べ、ある仮説を立てた。

「アメリカは少品種を大量生産すればいい。ところが日本は少量生産だ。そのままフォード・システムを移植しても機能しないのではないか」

喜一郎も大野もベルトコンベア自体を導入することには賛成だった。工場現場でシャシーを台車に載せて押すよりもはるかに効率的だし、作業者にとっても楽ができる。また、作業の細分化にも異存はなかった。だが、限りなく単純労働にすることはしなかった。それよりも、生産性を向上させるには他のアイデアが必要と直感したのである。

ヘンリー・フォードと喜一郎、大野の発想の違いは現場経験があるかないかだった。フォードはあくまで経営者だ。だが、喜一郎、大野はずっと現場にいた。現場の実情、現場の知恵からトヨタ生産方式を考えたのである。

大野はエンジニアに向けた講演のなかでフォード・システムの移植には疑問を感じたと語っている。

「アメリカのように『量産すれば原価が安くなる』というのは錯覚ではないか。

なぜなら、アメリカと日本では給与制度が違う。アメリカの給与制度はだいたい時間給という方法だ。この仕事なら1時間でいくらと決まっている（職務給）。たとえば自動車にタイヤをつける仕事があるとする。作業者にタイヤをたくさんつけさせれば1個あたりの原価は安くなる。

一方、ラインが30分止まったとしても、作業者に払う時間当たりの賃金は同じだ。そうなると、タイヤ取り付けの原価は倍になってしまう。だから、アメリカではコンベアのスピードを上げるし、コンベアを止めることは許されない。

一方、日本は給料が人についている（職能給）。給料の高い人がタイヤをつければ取り付け原価は高くなるが、給料の安い人がやれば安くなる」

大野が言いたいことは次のようなことだろう。

――日本の場合、年功賃金だから、勤務年数が長い人間ばかりがラインにいると原価が上がる。だからなるべく時間当たりの賃金が安い人間を雇う。その代わりコンベアのスピードをむやみに上げることはしない。

日米の労働者の賃金体系は違っているから、フォード・システムを導入し、ベルトコンベアのスピードを上げても、生産性は上がらないと直感したのだった。また、日本は少量生産だ。ベルトコンベアも日本なりの活用法を考えなくてはならないと悟った。

フォード・システムをそのまま持ってきてもそれなりに活用はできるけれど、十分ではないと感じた。なぜ、十分ではないのか。それはアメリカから輸入した最新の工作機械を使っていると、「モノができすぎてしまう」からだった。

大野は不思議でならなかった。

「アメリカの生産設備機械はたくさん作らないといけないようになっている。これまで1台で1時間に10個できていたものが最新機械を入れると15個できる。機械には人がひとりついているから、最新機械を使えばたくさん作った方が1個あたりは安くなる。だが、それが日本で通用するのか。アメリカでは車を作ればすぐに売れる。しかし、敗戦で疲弊した日本では右から左へ車は売れていかない。

たくさん作れば安くなるという考え方のもとにどんどん作ったら、倉庫を建てて、しまっておかなくてはならん。倉庫代はかかるし、しまっておいたものはいずれ不良品になる。

だいたい、アメリカの自動車会社はうちの百倍以上の大資本で、大きな設備を持っている。しかも最新の設備だ。吹けば飛ぶようなトヨタがビッグ3と同じ生産のやり方をしても、勝てるわけがない。生産方式は中小企業に合った方式をやらなきゃいかん」

アメリカの大量生産方式を真似てはいけないと思ったものの、大野はヘンリー・フォードを認めていないわけではない。むしろ、尊敬している。

「私は、現在あるアメリカの大量生産方式、そして日本も含めて世界に根付いてしまったアメリカ型の大量生産方式は、ヘンリー・フォード１世の本意ではなかったのではないかという疑問を長い間いだいてきた」

「フォード・システムの『流れ作業』がフォード車も含めたアメリカの自動車企業のなかでどのように展開されてきたかについて、私はヘンリー・フォードの真意が正確に理解されなかったのではないかと考える。

その理由は、これも繰り返すことになるが、自動車工場の最終組み立てラインのスムーズな流れに比べ、その他の工程の流れをつくり上げてこなかったこと、むしろ流れをせき止めるような、ロットをできるだけ大きくしてつくるやり方が、定着してしまったからである」

大野は「オレが書いた本でさえ、書いてあるものは信用するな」と言ったことがある。どれだけ優れた生産方式であっても、のちの人間が解釈を間違えるとかえって害になると言いたかったのだろう。

彼がトヨタ生産方式を自社工場、協力企業に広めていくにあたって、説明はトヨタ生産方式をよくわかった人間だけが直接、行うと決めていた。へたにマニュアルだけを作ると、その文章を間違って解釈してしまう人間が出てしまうと用心したのだろう。

大野にとってヘンリー・フォード１世は喜一郎と並ぶ、トヨタ生産方式の先生だった。その証拠に、「真の効率とは何か」というフォードの言葉に全面的に賛成している。

「効率とはまずい方法をやめて、われわれが知り得るかぎりの最もよい方法で仕事をするという簡単な

ことである」（ヘンリー・フォード）
思えば喜一郎も大野も、現場で作業を見つめ、時に効率化をアドバイスしたり、危険な個所をチェックした。そして、現場の喧噪のなかで、新しいくふうを考えていた。事務所の机に座ってプランを練るよりも、金属音を聞き、ベルトコンベアの規則的な駆動音を聞いている方が、彼らの脳は活性化したのだろう。

中間倉庫の廃止

挙母工場の内部は薄暗かった。建屋の上部に明かりを取るための窓ガラスがあるくらいで、窓の近くの人間は外光で仕事ができたが、中央部で作業する人間には手元が暗く感じた。そこで建屋の中央部には裸電球をぶら下げて照明にしていたのである。

大野が担当していた第2、第3機械工場はギアやアクセル関係の部品を作るところだ。旋盤、ボール盤、フライス盤などを使って金属を切削加工する。ボディ用の鋼板をガシャーンという音で押しつぶすプレス工場ほどの喧騒はないが、金属が削られる時のキィーンという音があふれる仕事場だった。

そんな騒音がする工場に、喜一郎はひとりで足を運んではラインの作業者に語りかけた。

「どうだい？」

「暗くはないか？　もっと電球をつけた方がいいか？」

喜一郎という人のキャラクターをあらわす資料は少ない。だが、英二、章一郎の洩らした感想から察すると、技術屋であり、とても冷静な人と考えられる。時にシニカルともいえるくらい、物事を客観的に見ている人物のようだ。遊びが好きなわけではなく、酒を飲む男で高血圧症。彼を知る人物が口を揃えて言うことは「現場が好きだった」こと。

だが、そういう男が自動織機の製造会社から自動車会社への転進を指揮した。喜一郎は学者のような技術者ではなく、彼の父親、佐吉がそうであったように、思い込みの強い天才肌の人物だったのではないだろうか。そうでなければ、財産をなげうって自動車会社などやらない。見かけは静かであっても、激しい感情を抱いていたと考えられる。

改革を始めた頃、大野は喜一郎と現場でよく会っていた。だが、ふたりは話し込んでいたわけではない。喜一郎は大野の仕事を目で見て判断していたようだ。

その頃の大野はとにかく実績を出そうとしていた。改革はやったけれど、多能工を作ったくらいでは生産性は上がらなかったからだ。現場は生きもので、つねに動いている。次々とさまざまな手を打っていかなければならなかったのである。

まず断行したのは中間倉庫の廃止だった。ジャスト・イン・タイムを実現するには、機械工場では必要な数だけ部品を作り、それを組み立て工場に持っていくしかない。

組み立て工場で何台、車を作るのかを前日の夜に確認する。そうして、朝、現場の作業者がやってきたら、「組み立て工場で使う分だけ作れ」と指示する。

「時間が余ったらどうするんですか？」

そう工長、組長が訊ねてきたら、大野は答えた。

「そこらへんの掃除でもしておけ。もしくは、じっとしていろ。とにかく必要な数以上は作るな」

もちろん最初は混乱した。部品を作る材料が納入されなければ部品を作ろうと思っても、やることがない。それでもある日、大野は決心して、倉庫にいったん部品を運ぶやり方をやめさせたのだった。

「部品が完成したら組み立ててから取りに来い」

それまで組み立て工場の作業者は部品がなくなったら、機械工場内の中間倉庫に取りに行っていた。

しかも、それをそのまま車に取り付けるのではなく、一度は組み立て工場内の中間倉庫に保管していたのである。みんなでムダな仕事を作っていたとも言える。ジャスト・イン・タイムの正反対の作業だった。

大野は機械工場の倉庫を取り払ってから、経営会議で「中間倉庫はやめます」と予告をした。だが、幹部のひとりから「時期尚早ではないか」という異議が出たのである。

理由は思いもよらぬことだった。当時のことを大野は次のように思い出している。

「中間倉庫があった頃はよく部品を盗まれた。終戦直後は純正部品がすごく高かったんだ。盗むと町ではとにかく高く売れた。中間倉庫の帳面にはあっても実は数はあってない。警察からは、犯人がつかまったので始末書を書きなさいと言ってくる。倉庫には金網を張ってカギまでかけてあるんだけど、盗む方が一枚上手ですよ。

だから、中間倉庫をやめると言ったら『部品がもっと盗まれる。時期尚早だ』と…。僕は幹部に『それでいいじゃないですか』と言ったんだが…」

上司に面と向かって言い放ったわけだから、大野の言葉を聞いた幹部は「生意気な男だ」と思った。

それでも大野は考えを変えなかった。

「盗まれるような在庫を持たなければいいんだ。できあがった部品はすぐに組み立てに運んで車にすればいい」

だが、この試みが軌道に乗るには時間がかかった。組み立て工場では送られてきた部品をすべて使うことができず、倉庫に入れるしかなかった。ただし、機械工場が倉庫をなくしたことは連携する組み立て工場に大きな影響を与えたのである。

工具の集中研磨

新しく何かを始めると、必ず文句が出る。ふてくされて、わざとゆっくり作業を行う人間も出てくる。熟練工は、「大野さんの言っていることはわかるが、現実はそれをやっていると時間がかかってしまうよ」などと攻撃してくる。

そういった人間の声にも耳を傾けながら、何度も何度も同じ指示を繰り返し、時には自らラインで作業の手本を示した。怒ることはせず、何度も同じことを言い続けることが人に仕事をさせるコツなのである。

次に、大野はまたひとつ、現場にくふうを持ち込んだ。切削に使う工具を集中研磨という方式に変えたのである。

従来、バイト、ドリルといった切削工具は旋盤、ボール盤、フライス盤を担当する人間が自分で研ぐのが習わしだった。誰かが決めたわけでもなく、それが職人としては当たり前だったからだ。板前が自分で自分の包丁を研ぐのと同じように切削工具はそれぞれの作業者が研磨するものと決まっていた。

「これからは研磨班を作り、すべての工具は特定の人間、特定の機械で研磨する」

大野はそう決めて、現場に指示した。

集中研磨にしたのにはふたつの理由がある。ひとつは作業時間のロスだ。

「すり減ってきたな」とある作業者が判断し、研磨しようと思ったら、ラインから離れてバイトを研ぐことになる。その間、仕事は中断する。

もうひとつの理由は部品の質を一定にするためだ。それぞれが工具を研磨すれば上手な人間と下手な人間で仕上がり具合が変わってくる。そして鋭く研いだバイトと、なまくらのバイトでは切削した部品の質が変わってしまう。

大野はそれを恐れた。一石二鳥の解決を狙って、集中研磨班を立ち上げたのだが、現場の作業者からの大反対にあった。工長、組長といった現場リーダーもかつては作業者だったから、反対の声にうなずく。

「工具は工員の魂だ。それを自分で研ぐのは当たり前だ」という精神論である。「武士は自分の刀を自分で研ぐじゃないか」という理屈を持ち出してきたのである。

集中研磨を実施した時の工長、組長は戦前から喜一郎と一緒に自動車を作ってきた熟練の職人たちだ。彼らは大野に対して反感を持っていた。加えて、いままでと違うことをやるには心理的な抵抗がある。職人的な理屈とやりたくない気持ちが反対という意思表示になったのである。

大野は批判、不服従、反対に対して、下手(したて)に出ることはしなかった。中間倉庫の廃止とは違い、解決に時間をかけることはせず、工場長の職権で真正面から押し切った。

トヨタの現場では上に行くにつれ作業者、班長、組長、工長となる。工長は「現場の神様」とも呼ばれるノンキャリアのトップだ。工長の意見は現場の意見を反映している。

大野も通常のことならば工長の意見を無碍(むげ)にすることはなかった。しかし、大改革を断行する場合、ひとりひとり顔色をうかがっていては機会を逸してしまう。それに、反対には正当な理由があるわけではなく、心理的な抵抗だ。

さらに言えば妥協点はない。自分で研ぐか、研磨班がやるか二者択一だ。集中研磨については反対を承知しながらも断行するしかなかった。

アンドン

中間倉庫の廃止には時間をかけたこともあって、あからさまな抵抗はなかった。だが、集中研磨は作業者からは「大野の野郎」と思われた。

そうして反対者がいるなか、大野は次のくふうを思いついた。アンドンと呼ばれるライン作業を止めるための表示方式である。ラインにおける異常を黄色と赤のランプで示し、ひと目見れば状況がわかるようになっている。

トヨタ生産方式では自働化の象徴として説明されるものだけれど、理屈は簡単で、ベルトコンベアの作業をやっていて不具合が起こったとする。その場合、ラインの横に張ってあるひもを手で押し下げるとアンドンに黄色いランプがつく。すると、ランプを見ていた班長、組長が飛んできて現場作業を手伝ってくれる。不具合が解決したらもう一度ひもを引くと、黄色のランプが消え、通常に戻る。手伝う人間が間に合わなかったり、不具合が直らなければ、規定の停止位置でラインが止まり、ランプが赤に変わる。赤になったら、班長、組長も参加して不具合の原因を探る。

原因をつかみ、対策を立てるまではラインは動かさない。同じラインについた他の作業者はやることはないから、そのまま動き出すのを待つしかない。黙々と周囲の清掃を始める。

ラインを止めることはフォード・システムではあってはならないことだった。そのため、導入した時「大野のいうことを聞いたらコンベアが壊れてしまうじゃないか」との声が上がった。事実、ベルトコンベアとは動いているのが当たり前の機械であり、たびたび止めてしまうとブレーキシューが焼き付いてしまうのである。すると大野は「止まってもいいコンベアを作ってくれ」とコンベアメーカーに依頼した。

アンドンの導入以後、大野はラインの作業者に「おかしいと思ったらお前の判断でアンドンを引っ張れ」と言って歩いた。

ただ、アンドンを導入した時の直接のきっかけは不具合を見つけるためではなかったし、生産状況を知るためでもなかった。当初は、作業者がトイレに行くために合図をするひもとしてアンドンを採用したのである。その後、活用しているうちに、用途が拡大して、自働化の道具のひとつとなったわけだ。

大野は苦笑しながらこう説明したことがある。

「(アンドンは)エンジンの組付け工程から導入したのです。エンジンの機械は丈が高かったから監督者の見通しがきかなかった。作業者が多工程を持つようになってからはトイレに行きたくなっても、機械をたくさん持っているし、代わりの人間を探しに行く暇がない。だから、アンドンをつけて、組長、来てくれ、オレはいまからトイレに行ってくると合図させたわけです。

そして、アンドンを引っ張って2分しても誰も来なかったら、機械が止まってもいいからトイレへ行けと決めた。それからですよ。わからないことがあったり、不具合があったら機械を止めていいと決めたのは」

アンドンの役割は大きくなっていったが、忘れてはならないのは、トヨタの現場では目で見てわかる表示を徹底していることだ。もっと言えば、作業の実行をうながすのを口頭ではなく、アンドンのような指示盤にしたのである。

「ラインが早くてついていけません」

「いまは面倒な作業をやっているので時間がかかるのです」

こういうことは新人の作業者はなかなか言えないのだ。だが、アンドンのひもを引っ張ることなら誰でも抵抗なくやれる。下痢をしていて、何度もトイレを使いたい場合でも「トイレ行きます」より、アンドンのひもを引っ張る方が気が楽なのである。

また、生産状況を見ている側にとっても、目で見てわかるアンドンがあれば「もっと早くやれ」とか「間に合わないぞ」と言わなくとも済む。

一般の製造工場では今でも管理職は口頭で指示するのが当たり前だろう。

「早くやれ」

「あれを取ってこい」

ただ、言葉には感情が入る。いらいらしている時に指示したら、ついつい怒った口調になってしまう。そうなると、聞く側だって、むっとする。素直に従わないことだってある。

アンドンのような無機的な表示盤で状況を伝えることができれば、管理職もわざわざ嫌なことを伝えなくともいい。ラインにいる作業者も怒った口調の指示を聞かなくていい。

さらに大切なことがある。大野は管理職に「アンドンのひもを引っ張った作業者には、どんな時でも、ありがとうと言え」と命じたのである。

ランプが黄色に変わる。管理職が飛んでいく。

「すみません、トイレ行ってきます」

すると、管理職は「おお、行ってこい。呼んでくれてありがとう」と返事をする。また、作業者が自分のミスで呼んだとしても、それでもなおかつ、呼ばれた上司は「ありがとう」と言わなければならない。

もし、管理職が「忙しい時に、オレを呼ぶな」とでも言おうものなら、アンドンは無用の長物になってしまう。大野はラインで働く者の心理を深いところまで読んでいた。そのため、アンドンは導入された時、作業者には歓迎された。それまでの大野改革とは違い、アンドンは作業者にとってはありがたいものだった。

現在、トヨタで働く人間はこんなことを言っている。

「作業遅れでアンドンをつけることはよくあります。二日酔いとか寝不足が理由という時もありますけれど、それはまずありません。体調が悪かったら、仕事をしないで休めと言われますから。

アンドンをつけるのは作業ミスが原因です。たとえば、ボルトを締めた時、ボルトが斜めに入ってしまうことがある。ボルトを抜いて、その部品をラインから外に出せばいいんですけれど、ついつい、もう一度、ボルトを入れ直してみようとトライしたくなる。でも、やり直してもダメなんです。そうしてボルトが抜けなくなったら、ラインを止めるしかない。

作業遅れです。それで上司を呼ぶ。すると、『よく知らせてくれた、ありがとう』と言われる。正直によく言ったと感謝してもらえる。もし、この時、『お前、何やってんだ、バカ』と怒られたら、アンドンのひもを引かなくなります。ありがとうと言われるとわかっているから躊躇なくひもを引くんです」

わたしが取材をしたケンタッキー工場ではかつて社長だった張富士夫がアメリカ人作業者がラインを止めるたびに「サンキュー」と言ったと聞いた。「ありがとう」「サンキュー」は躊躇なく、アンドンのひもを引いてもらうための言葉だったのである。

また、アンドンという作業の進行を知らせる装置はトヨタだけでなく、いまやどこの生産工場にも似たようなものはある。しかし、知らせた人間に対して「ありがとう」と感謝するよう教育しているのはトヨタだけだ。大野は実際にアンドンのひもを引く作業者の立場に立って考えた。彼のやったカイゼンとは建前ではなく、実際の運用を考えたものだった。

第5章 倒産寸前

戦後の日本自動車業界

敗戦直後、GHQは日本の自動車会社に対して乗用車の生産を全面的に禁止し、2年後（1947年）には1500cc以下の小型乗用車だけの生産を許可した。すべての乗用車、トラックの生産が許されたのは1949年になってからである。

許可が出てから、国内には新しい自動車会社ができていく。戦前は日産、トヨタ、いすゞが自動車御三家と言われていたのだが、戦後は御三家に追いつき追い越そうと新興の自動車会社が登場してきた。

三菱自動車の前身、中日本重工業はアメリカのウィリス社と製造援助契約を結び、ジープをライセンス生産するようになった。戦前からあった、たま自動車はプリンス自動車工業と名前を変え、後にスカイラインを開発する（その後、プリンスは日産と合併）。発動機製造はダイハツ工業と社名を変えた。

中島飛行機から派生した富士重工業が設立され、鈴木式織機は鈴木自動車工業と社名が変わって、本格的な自動車会社となった。また、自動車へはまだ進出はしてはいなかったが、本田技研工業ができたのも戦後である。

しかし、戦争が終わって数年間、都市の道路を走っていた乗用車の主役といえばそれは国産車ではない。アメリカ軍のジープ、もしくはアメリカ軍人が乗っていた車が民間に横流しされたそれだった。戦前から走っていた乗用車の多くもアメリカ製が多く、日産、トヨタ製の乗用車はまだまだ少数派だった。そして、敗戦から少し経つと、目に見えて増えてきたのが日本独自の車種、オート三輪である。オート三輪は元々オートバイのエンジンをもとにした三輪の貨物自動車で、戦前からあったものだ。マツダ、ダイハツ、くろがねが三大ブランドとされていたが、戦後になって航空機を作っていた中日本重工、新明和工業などが参入し、価格がぐんと安くなった。また、頑丈で小回りの利く車だったため、舗装されていない日本の道路事情にもマッチした。

１９５０年には4万台のオート三輪が製造されるまでになったが、以降、四輪の軽トラックが登場すると衰退していく。しかし、日本の戦後を象徴する車はアメリカ車であり、オート三輪だった。

喜一郎は敗戦後、幹部を集めて「3年でアメリカに追いつけ」と言い、「アメリカの自動車会社がやってきたら、うちはつぶれる」と恐れた。

しかし、現実にはGMもフォードもクライスラーも日本には本腰を入れて進出してこなかった。それでもトヨタをはじめとする日本の自動車会社は長く「黒船がやって来る」とビッグ3を恐れた。思えば、ビッグ3が日本に来なかった理由は一にも二にもアメリカ国内のマーケットを優先したからだろう。

戦後、アメリカは本土に戦災を受けなかった唯一の国として世界に君臨する。ベビーブームが起こり、中流階級の消費は増大する一方だった。軍需工場は民生用の工場に改装され、次々と消費財を生み出していった。

アメリカにおける１９５０年からの10年間はゴールデンフィフティーズとも呼ばれた繁栄の年代だっ

た。

GM、フォード、クライスラーの各社はいずれも毎年のようにモデルチェンジを繰り返したが、それでも瞬く間に売れていった。海外のマーケットへ進出しなくとも、アメリカ国内だけで充分に利益が出て、経営は順調だったのである。また、当時のビッグ3の首脳にとって日本は戦争に負けたちっぽけな国という印象しかなかった。

「そんな貧乏な国の国民が当社の大きな車を必要とするのか」

彼らの認識はそういうものだったのである。

1970年代になり、日本車がアメリカのマーケットで迎えられるようになっても、GMの幹部のなかには日本の車が左車線を走り、そのためハンドルは右側に付いていることも知らない者がいた。幹部に知識がなかったのではなく、日本のことなど知らなくともGMは充分、やっていけたのである。

つまり、アメリカの自動車会社は日本のマーケットを魅力的とは考えていなかったのだが、それでも日本の自動車会社や産業界はアメリカを恐れ、彼らの存在を過大に評価していた。

1949年、日銀総裁だった一万田尚登（いちまだひさと）は「アメリカの乗用車と競争するのは困難」と述べている。法皇とも呼ばれ、金融界ににらみを利かせていた一万田にとって国内の自動車産業は頼りにならないものだった。鉄鋼、炭鉱、造船、鉄道などの主要産業に比べれば自動車産業は格下の業界であり、食うや食わずの国民から集めた貴重な資金を投ずる産業ではないと思っていたのである。

「これからは国際分業の時代だ。アメリカの乗用車とは競争できないから日本はトラックだけ作っていればいい」

一万田はそう信じ、「国産車を育成するのは無意味」とまで言明している。

しかも彼だけの論理ではなかった。アメリカに徹底的に負けたこともあって、産業界を代表する面々もまた同じ感想を抱いていたのだった。

経済安定9原則

トヨタのSA型乗用車は意欲的なデザインで、性能のいい車ではあったけれど、乗用車に乗る層が育っていなかったため、大して売れなかった。ただ、同じエンジンを載せたSB型トラックは爆発的ともいえるほど販売を伸ばしていった。オート三輪が売れたのと同じ理由で、復興途上の日本社会で必要とされていたのは乗用車よりも荷物を運ぶことのできる業務用車だったのである。

たとえば、都市近郊の野菜農家があるとする。畑を耕して、種をまけば野菜は育つ。ただ、それを市場や集積場へ運んでいこうと思った場合、自転車では大した量は載せられない。オートバイがあればいいけれど、荷台に野菜はむき出しで載せられるから、雨が降ったら傷んでしまう。

そんな時、1台のオート三輪、トラックがあれば大量の物資を毎日、運ぶことができる。雨が降っても野菜は傷まない。そして大量に売れば金が入る。トラックを買った代金は月賦だから、商売が伸びていればきちんきちんと払うことができる。オート三輪、トラックはこうして自営業、中小企業に売れていった。

そういった背景があって、トヨタのSB型トラックは人気車となった。発売して1年後の1948年には月産100台になり、49年には月産200台と倍増している。発売から5年間で1万2796台を売るベストセラーとなった。

ただ、売れてはいたのだけれど、予想外の事態が起きた。発信源はGHQである。

1948年の年末、GHQは経済安定9原則を日本政府に示した。「今後の経済運営は私たちの言う通りにしろ」という命令である。

9原則とは次のようなものだった。

・経費削減による予算の均衡
・徴税システムの改善
・融資の安定
・賃金安定化
・物価統制の強化
・外国貿易事務の改善と強化
・資材割り当て配給制度の効果的施行
・重要国産原料、工業製品の生産拡大
・食糧集荷計画の一層効果的な執行

GHQが押しつけてきた政策は決して間違ったものではない。

当時、インフレが進み、47年から48年にかけて物価は10倍にもなっていた。公共料金などは半年ごとに改定されるという有様だったのである。

加えて、増えてはいたけれどなお食料は足りていなかった。インフレのせいもあって、食料を隠す人間がいたため闇の価格は上がる一方になっていた。

アメリカ政府は日本の貧しい状態を「改善しなくてはならない」と考えた。それはソ連と冷戦で対峙するようになっていたからだ。世界のパワーバランスがアメリカの対日戦略を変えていき、日本の復興を後押ししたのである。

1947年、ソ連はコミンフォルム（共産党・労働者党情報局）を結成して東欧諸国と連帯する。48年にはスターリンがベルリンの米英仏占領地区（トライゾーン）に通じる道路と鉄道を封鎖する。いわゆるベルリン封鎖だ。

ベルリン封鎖でヨーロッパは緊迫した。冷戦どころか、第三次世界大戦も起こりうるほどの状態になったのでアメリカは日本経済を立て直し、かつ膨大な予算の対日援助を停止したかった。その予算をヨーロッパに振り向けて、ソ連に対しての戦略に使いたかったのである。

そこでアメリカ政府はGHQに9原則を作らせた。さらに専門家を派遣することを決めた。

1949年2月、デトロイト銀行頭取のジョセフ・ドッジが来日する。1か月後の3月、彼はドッジ・ラインと呼ばれる経済政策を日本政府に勧告、実施を迫った。

日本政府は占領下にある。ドッジの声明はアメリカ大統領の声と同じだ。彼が示した具体策はすぐに実行に移された。

ドッジ・ラインと竹馬経済

ドッジ・ラインの目的は日本の経済を安定させて産業を振興することにあった。アメリカ国民の税金からなる援助を早めに打ち切るのが彼の役目だったのである。

戦争直後、日本はアメリカから多額の援助金を受け取っていた。アメリカの旧敵国に対する援助は「ガリオア・エロア資金」と呼ばれ、敗戦の翌年から51年まで6年間、続いている。

日本が受け取った総額は約18億ドルであり、うち13億ドルは無償援助だった。現在の価値に換算すれば、約12兆円（無償は9・5兆円）という膨大な額であり、銀行家のドッジにしてみれば、それ以上の金はなんとしても節約したかったのである。

まずはインフレを終息させ短期で日本を立ち直らせなくてはならない。

ドッジは記者会見でこう言い放った。

「日本の経済は竹馬のようなものだ。片足をアメリカの援助、もう片一方は国内の補助金政策に乗っている」

この会見から日本のマスコミは「竹馬経済」という流行語を作った。

さて、ドッジは間髪を入れず実行に取りかかった。その順番はインフレ退治、産業振興、輸出の促進である。

インフレ退治は次のように進めていった。

赤字だった国家予算をやめさせ、均衡予算に変える。次に復興金融金庫に命じて鉄鋼、炭鉱、造船業に行っていた融資をやめさせ、最終的には同金庫を解散(52年)させる。このふたつがインフレをなくす柱だった。

復興金融金庫は敗戦後、日本の復興と産業界の急場をしのぐために作られた金融機関で、主に前記の鉄鋼・炭鉱・造船業3業種に融資するための政府系金融機関だった。

復興金融金庫は金庫債券を発行し、日銀が引き受け、代金を金庫に払う。金庫はその金を融資に回した。金庫債券を発行すれば、いくらでも金が手に入ったのである。事実上の日銀引き受けであり、経済が成長したわけでもないのに、お札を刷っては民間企業に貸し出したわけだ。この政策は企業を一時期は助けたものの、市中に札が大量に出回るわけだからインフレを加速させていった。

予算の均衡化と復興金融金庫の融資をやめさせたことで、物価は安定に向かった。

しかし、困ったのは民間企業である。特に復興金融金庫から借りられなくなった企業は市中銀行へ行くしかない。ところが、市中銀行だって、いままで貸していた相手だけで精一杯なので、新規の会社に資金を融通することなどできない。

１９４９年からの1年間、全国で１１００社以上が倒産し、50万人以上の失業者が出た。ドッジは物価を安定させたけれど、その代わり失業者が町にあふれた。ドッジ不況と呼ばれる不景気の時代が到来したのである。

２番目の目的、産業の振興についてドッジは各種補助金を廃止して、自由経済、市場主義を貫こうとした。

そして3番目の目的、輸出の振興については、それまでアメリカ軍に頼っていたのを民間が主導して行うように指導し、１ドルを３６０円と決めた。

ドッジ・ラインと呼ばれた政策はこの３つである。

ただ輸出の振興については結果は出ていない。日本の輸出が増えたのは朝鮮戦争が始まってからのことで、ドッジ・ラインは輸出の体制をなんとか整えたというのが役割だった。

自動車産業の苦境

１９４９年、ドッジ・ラインが始まった年は自動車産業にとって、まったく厄年だった。まず、ドッジ不況でトラックが売れなくなった。

地方の役所、運輸業、中小企業といったトラックの顧客層が不況で契約を取り消し、在庫が増えてしまった。トヨタは7月から8月にかけての在庫が４００台を超えた。8月には石炭の配給統制が撤廃、9月には製鉄用の原料炭に支給されていた補助金がドッジ・ラインにより廃止された。そのため石炭と鉄の価格が上がった。ちなみに鉄鋼の統制価格は37パーセントも値上げされている。

「原料が上がったのなら自動車も価格を上げればいい」

当たり前の理屈なのだが、自動車だけは翌50年の4月まで従来通りの価格で売らなくてはならなかった。不思議なことに自動車だけは統制価格が温存されたのである。

炭鉱、鉄鋼業という老舗の業界にはGHQや政府を動かす力があった。しかし、その頃の自動車業界はベンチャーである。必死になって政府に働きかけたが、思うような返事は来なかった。もっとも、この時に値上げしたら、車はもっと売れなくなっていたかもしれない。

喜一郎は現場に出るのをやめ、幹部と一緒に販売に精を出し、売掛金の回収に走った。また、資材が上がった分を原価を低減して節約しようと図った。それでも鉄鋼は4割近くも上がっているのだから、いくら節約しても限度がある。毎月2200万円もの赤字が続くことになってしまった。

当時の公務員初任給は4863円（48年）。2200万円の赤字垂れ流しはトヨタの体力を徐々に奪っていく。それでもなんとか続いていたのは本家の豊田織機が「ガチャ万景気」という綿業の好況で大儲けしていたからだった。

だが、戦前、トヨタと並んで自動車御三家と呼ばれた日産、いすゞにはそれほどの体力はない。まず、音を上げたのは、この2社だった。

当時、3社のシェアはトヨタが42・5パーセント、日産38・2パーセント、いすゞが15・4パーセントである。3社がトラック市場を独占していたのだが、どこも内情は苦しいものだった。日産、いすゞはトヨタにおける豊田自動織機のように儲かっている関連会社を持っていたわけではない。赤字構造を断ち切るためには人員を整理してコストカットするしか道はなかった。

そこで、いすゞは9月に1271人の人員整理を発表する。従業員5474人の約23パーセントという規模だ。続いて10月には日産が1826人の人員整理、加えて賃金カットを決めた。これもまた日産の従業員8671人の約21パーセントである。日産はいすゞの会社側提案を参考にしたと思われる。

ただし、どちらの会社も労働組合は「ああそうですか」と人員整理を受け入れたわけではない。なんといっても敗戦から5年間は労働運動が高揚していた時期であり、各地で先鋭化した労働組合が大きな争議を起こしていた。話し合いで解決するよりも、ストライキ、職場放棄、職場のロックアウトという手段に走ったのである。

いくつかあった大きな労働争議のなかで全国民の注目の的となったのが映画会社東宝砧（きぬた）撮影所のそれだった。

会社側に対抗するため撮影所の組合員は砧撮影所に立てこもり、バリケードを設置し、技術と美術スタッフは協力して電流を流した電線、大型扇風機を持ち出して籠城した。砧撮影所は戦国時代の城郭のように武装されたのであった。撮影所のストライキには映画監督、人気俳優、女優といった著名人も参加したこともあって、マスコミ、一般人は事態の推移に目を見張ったのである。

いよいよ組合員を排除するという日、やってきたのは警察だけではなかった。アメリカ軍までが出動してきたのである。しかも、アメリカ軍は装甲車、戦車、3機の戦闘機まで持ち出した。

「やってこなかったのは軍艦だけ」と言われた大争議だった。

この頃、ストや職場放棄が頻発したのは労働運動に慣れているリーダーたちが全国の大きな争議に指導に出かけ、デモ、闘争のノーハウを伝授したことにある。また、中国本土では国共内戦が始まり、共産党優位が伝えられ、日本国内にも影響が及んだ。左翼勢力が力を持っていた時代だったのである。

話は戻る。

いすゞ、日産の労働組合は人員整理に対して抗議のため職場を放棄し、ストライキを打った。2か月にもなる長いストライキだったが、結局、会社側、組合側ともに倒産を避けるために条件闘争に移り、争議は終わる。この時、2社の経営者は辞任していない。

日産、いすゞが労働争議を起こしていた頃、トヨタでも職場集会が開かれるようになり、挙母工場のなかにも赤旗が立つようになった。トヨタにも争議の余波が及んだのだった。

日銀に駆け込む

日産、いすゞが争議に入った1949年秋のこと、喜一郎は毎日、金策に走っていた。会社に出勤せずに、朝から経理の担当を連れて市中の銀行を回る日々だった。

「うちのトラックは売れています。年末の資金を貸してください」

頼んで歩くのが日課だ。

しかし、銀行を回れば回るほど、「よほど危ないのではないか」という風評が飛び、喜一郎が頭を下げても、なかなか「はい」と言ってくれる金融機関は現れなかった。

この時、大阪銀行（のちの住友銀行、現・三井住友銀行）の支店長が「機屋に貸す金はあっても鍛冶屋に貸す金はない」と放言したという説がある。豊田織機に貸す金はあるけれど、トヨタ自動車には貸せないという意味だ。しかし、この言葉は信頼のできる資料に載っているものではない。果たして、一銀行マンがそれほど尊大な言葉を他人に言い放つことができるのか。ただ、この通りの言葉ではないにせよ、大阪銀行はトヨタとの取引を打ち切ってはいる。

いよいよ貸してくれるところがなくなり、2億円の年末資金がなければ、会社はつぶれてしまうという瀬戸際に追い込まれた。喜一郎が懸命に「親会社は儲かっている」と言っても、銀行は耳を貸してはくれない。

その時、動いたのは販売担当常務の神谷正太郎だった。神谷は旧知の日本銀行名古屋支店の支店長、高梨壮夫の部屋に駆け込む。そして、トヨタの背後には無数の中小企業が存在していると訴えた。

「トヨタがつぶれると中京地区の部品会社など300社以上が連鎖倒産します。中京地区の経済を助けるために日銀が協調融資の融資団を作ってください」

だが、高梨は一度は断った。

「日銀は民間企業に金を貸すことはできませんし、民間企業に金を貸せと命令することもできません」

「金は貸さなくていいんです。命令しなくともいい。集めて声をかけてくれればそれでいいんです」

神谷は詭弁ともとれる言葉で何度も日銀を訪ねては、高梨に頼み込んだ。神谷に動かされた高梨は自分自身で調べてみると、トヨタのトラックが売れていること、もし、トヨタがつぶれたら、神谷が言うように中京地区の経済がガタガタになることがわかった。

「見過ごしてはおけないな」

高梨は日銀本店に相談してみた。しかし、総裁、一万田尚登は自動車の国際分業論を唱える人間である。

「乗用車はアメリカにまかせればいい」と事態に乗り出そうとしなかった。

普通の金融マンならそこであきらめてしまうところだけれど、高梨は中京地区の経済が破たんするのを手をこまねいていることはできなかった。

彼は自分でリスクを取って名古屋に支店を持つ金融機関を集めた。そこに喜一郎も呼んでおいた。

「みなさん、日銀は民間の金融機関に命令することはできません。今日は集まってもらって、話を聞いていただくだけです」

前置きをして、「名古屋の経済のために、いま、みなさんができることをやってほしい」と話した。それにとどまらず高梨は喜一郎や出席者の前で「お願いをします。そして、お願いをした以上、責任は私が持ちます」と言い、頭を下げた。横では喜一郎も一緒に頭を下げる。

大阪銀行の担当者が手を上げて質問をした。

「高梨さん、責任を持つとはトヨタが返せなかったら、日銀が保証してくれるという意味なのか？」

高梨は応じた。

「大阪銀行さん、私は融資のお願いはしていません。みなさんができることをやってくださいとお願いしただけです」

言外の意味を察しろというわけだ。だが、大阪銀行の担当者は返事をせず、その場から引き揚げていった。

残った銀行団は高梨の意を体して、トヨタへの融資を話し合った。結局、帝国銀行（のちの三井銀行現・三井住友銀行）と東海銀行（現・三菱東京ＵＦＪ銀行）を幹事とした24の銀行が協調融資を決めた。

この時、喜一郎は融資団にトヨタ労働組合と交わした覚書を示している。

「原価低減を目的とする合理化を推進する。人員整理は行わない。賃金の1割は引き下げる」

喜一郎はあくまでこの約束を守り通せると考えたのだろうが、融資団は日産、いすゞが人員整理で危機を乗り切ったことを知っている。その場では何も言わなかったが、トヨタの状況を眺めて、経営状況が好転しなかったら、次は人員整理をするしかないと判断していた。

ともあれ、喜一郎は最悪の事態を脱することができた。

この時、席を立った大阪銀行と日本興業銀行は融資団に入らなかった。そのため、大阪銀行すなわち住友銀行は長いあいだ、トヨタと取引することができなかった。

日銀支店長から示唆され、しかも、他行が揃って融資しているのに、融資団に入らなかった大阪銀行（住友）の幹部はベンチャーである自動車会社の価値を認めていなかったのだろう。

住友は三井三菱よりも歴史のある財閥だ。確固たる企業文化が確立されており、住友の審査基準はトヨタというベンチャーを信用しなかった。だから他行が融資しても「うちも参加します」とは言わなかった。トヨタが大きな会社になったから悪役にはなったけれど、住友銀行はそれなりに、はっきりとしたポリシーを持っていたわけだ。

こうして１９４９年の倒産危機は乗り切ることができた。だが、問題は翌年、１９５０年だったのである。

労働争議

１９４９年から翌年にかけて労働運動は盛んになったが、それはろうそくの火が消える前の一瞬の輝きだったともいえる。

49年10月に中華人民共和国が成立、国共内戦が終わり、毛沢東が率いる中国共産党が勝利した。敗者の蒋介石は台湾に逃げ、中華民国を作る。ソ連の台頭と中国が共産化したことを受け止めたアメリカは日本を共産圏に対する防波堤にすることを決め、戦後復興を促進することにした。それほど中華人民共和国の建国はアメリカに大きな影響を与えたのだった。

アメリカ国内では反共運動が始まった。上院議員、ジョセフ・マッカーシーは共産党員や協力者、シンパを公職や民間企業から追放する赤狩りをぶち上げる。この時、映画俳優のチャーリー・チャップリンも調べを受け、後にアメリカを離れた。反共を訴えるマッカーシズムが吹き荒れ、共産党やリベラル派の追放運動は激化する一方だった。

アメリカに占領されていた日本にも反共運動の影響が及んできた。

1950年6月、GHQは日本共産党の中央委員24名を全員、公職から追放し、機関紙「アカハタ」を発行停止にした。レッドパージが始まり、言論機関、民間企業の職場から共産党員が次々と追放されていったのである。

誰もが知っているけれど、基本的人権の尊重をうたった日本国憲法が施行されたのは1947年。レッドパージより以前である。しかし、共産党員は仕事をやめさせられた。憲法は不磨の大典というけれど、実際にはGHQという権力が憲法よりもはるかに上位にいたのだった。

レッドパージにより、戦後、盛り上がった労働運動は次第に勢いを失っていった。そして戦後労働運動のピークは50年の5月までだった。

だが、トヨタにとって都合の悪いことに、同社で労働運動が激化したのはちょうどピークの時期だったのである。

日銀名古屋支店が音頭を取った銀行団の協調融資で一息ついたトヨタだったが、経営状態は低空飛行のままだった。そこで、具体的な再建案をトヨタと日銀で作ることとなり、3つの方針ができた。
A 販売会社の設立、トヨタとの分離
B 販売の裏付けがある台数の生産
C 過剰とみなされる人員の整理
ポイントは販売会社の設立と人員の整理である。
販売会社を作ると決めたのは、車を製造する資金と販売にかかわる資金を分けようということだった。

急場に融資した銀行団としては車を作るための金ではなく、売った代金が入って来るまでのつなぎ資金という認識でしかない。販売が正常化したらすぐにも返してほしい金だったのである。月賦販売を正常化させるための金を車の製造に使われては当分の間、戻ってこないから、それを避けるため、日銀及び銀行団は販売会社の設立を希望したのである。

対する喜一郎は労働組合との経営協議会で販売会社設立について、社内に次のような話をしている。

「一、金融界のトヨタの経営に対する不信用。二、自動車産業の前途の不安。三、月賦金融にならず滞貨金融になると考えられていること。

即ち、トヨタに対する不信用は、技術が経営に先行していること（逆に言えば現在では金融あっての経営であり、技術である）ということと、トヨタに融資してもその使途が不明確であるということにある。

更に金融筋は、以上の点を是正するため、トヨタの経営陣に人を送りたいと云う意向もあり、これらのことについて去る（１９５０年）２月18日に金融業者との懇談会を行った。更に我々としては、第一に金融筋への信用回復すること、第二に技術の先行を是正して経営をスッキリした形にしたいと思うので、既に経営陣を対外的にも対内的にも強化し、更に販売会社の設立を一日も早くと努力しているのである」

「更に」ばかりが続く文章だが、ここに表れている喜一郎の気持ちは「トヨタは金融機関に信用がなくなった」「私自身、金はすべて技術につぎ込んできた」のふたつだろうか。

もうひとつ、話をしながら、自分自身に問うことがあるとすれば、それは「果たして自分は経営者に向いていたのだろうか」という疑問かもしれない。

——私は自動車の技術には誰よりも詳しい。質のいい自動車を作るとしたら自分しかいない。けれど、金集めは下手だ。そのままでいいのか…。いや、しかし、販売会社を神谷にやらせて、私はこれまで通り車の製造に力を注ぐ。販売会社さえ作ってしまえば急場を乗り切ることができる。いや、乗り切ることができるだろう。

こうした考えがその時の喜一郎の気持ちではないか。

喜一郎は販売会社を作れば、人員整理しなくとも銀行はトヨタを助けてくれるに違いないと、どこか思い込んでいた。いや、そう思うようにしていた。

だからこそ確信をもってトヨタ自動車販売を設立し、社長には神谷正太郎を起用したのである。もっとも誰が見ても販売会社のトップには神谷しかいなかった。彼ほど販売に詳しい人間はいなかったし、日銀名古屋支店長を口説いたように交渉力もある。銀行マンも神谷なら納得する。ただし、販売会社の設立は神谷が言い出したという説もある。神谷にとっては従業員から経営者になるチャンスだと思ったのかもしれない。

こうして1950年4月にトヨタ自動車販売が発足した。本来ならばトヨタ自工が出資するべきなのだが、制限会社に指定されていたため出資はできなかった。神谷をはじめとする販売部の人間が個人で借金して新会社の資本金を作ったのである。トヨタ自工が株主になったのは制限会社を外れた1952年からだ。

日銀、銀行団は販売会社の分離には満足した。とにもかくにも融資した金が製造に回ることはなくなったからだ。

トヨタの苦境は車が売れないことではなく、不況のため月賦で買った客からの支払いが途絶えたことだった。販売会社につなぎの資金を提供すればいずれ返ってくる金だった。

では、もうひとつの条件、人員整理はどうなったのだろうか？

当初、会社側は労働組合に対して再建策のなかにあった「過剰とみなされる人員の整理」を伏せていた。「クビにすることはしない」とつねづね公言していた喜一郎の真意に背くものであり、販売会社を作って経営が上向けば人員整理をしなくとも銀行団は許してくれると喜一郎も経営陣もやや安心していたきらいがあった。

しかし、銀行団はそれほど甘くはなかった。この点は喜一郎の認識不足としか言えない。

そして、現実は彼のかすかな望みとは逆に向かって進んでいく。

1950年4月22日、会社側はトヨタ労働組合へ「1600人の希望退職を実施したい」と伝えざるを得なくなっていた。当然のごとく、大きな反発が起きた。加えて、会社に残留した者にも10パーセントの賃金引き下げという条件が加わった。

労働組合が激怒したのも当たり前だろう。その日から「今度こそトヨタは確実につぶれる」と思われるくらいの激しい争議が始まったのである。

1600人という人数は当時の従業員総数の約20パーセントだ。日産、いすゞよりも3パーセント少ない。

しかし、組合側はそんなことは気にも留めなかった。人数の問題ではなく、「人員整理をしない」と言ってきたことに対する大きな反発であり、彼らにとって守らなくてはならないのは組合員の生活だった。

一方、年の初めから喜一郎は持病だった高血圧症が悪化し、名古屋の郊外にあった八事（やごと）の別荘で静養していた。労働組合との団交に出たくとも出られない体調であり、会社に行きたくても行けない状況だった。

彼のもとには挙母工場のストライキの様子が刻々と伝わってきた。

「工場建屋の屋根には赤旗が掲げられています」

「構内にも赤旗が林立し、毎日、職場集会が開かれています」

「幹部の吊るし上げも始まっています」

「大野さんたち各工場長は入り口で止められて、構内に入れないようです」

喜一郎はふと思った。

「工場の幹部はたまらんだろうな」


大野もまた、機械工場長として労働組合の標的となっていた。機械を何台も持たせ、工具の切削システムを集中管理に変えた。組合員にとっては職場のシステムを変えた最大の敵とも言える。喜一郎が案じた通り、大野は争議の間、攻撃の的となった。

「ヒゲを呼んでこい」

「大野が作ったラインをつぶせ」

組合員は罵詈雑言を浴びせたが、実際に工場のラインに手をかけることまではしなかった。その代わり、大野は毎日のように吊るし上げにあうか、もしくは入構禁止にされた。

「合理化反対」

組合員、専従者が叫ぶ。

大野は黙ってうなずいた。

組合員が笑う。

「なんだ。オヤジ、合理化はやめたのか？」

大野は不敵に笑った。

「いや。やめない。仕事の効率をよくしないと、うちはつぶれる」

組合員は怒る。

「ヒゲのおっさん、何、寝言を言ってるんだ。職場を悪くしたのはお前だ。元に戻せ、労働者のことを何だと思ってるんだ」

それでも大野は引かない。

「お前たちの言っていることがわからんわけじゃない。しかし、アメリカの自動車会社が来たらどうする？ こんな自動車を作っていたら、あっという間につぶれるぞ。ストなんかやっている暇はないんだ」


労働争議の頃の現場の思い出で、組み立て工場にいた石川義之は「そりゃつらかった」と言っている。

「労働争議の前までは、会社が大変だとは知らなかった。不景気だなという心配はあったが、自分の仕事とは関係なかったんだ。労働争議の時、従業員には思想信条に差があった。共産思想、ノンポリ、保守などが混在していたので、職場で集まって討議すると荒れたよ。生産現場は機能せず、トゲトゲしい雰囲気でね。闘争の軍資金もなくなったので、ノートや消しゴムなどの文具品を背負って地元の親戚回りをして小銭を稼いでいた。親戚からは『おまえたちは何をやっているんだ』と言われたな。

経営再建について話し合いたいと、大野さんを呼びに行ったことがある。実態は吊るし上げだった。大野さんは『オレに悪口を言いたいのだろう』とおっしゃっていたが、来てくれた。オレたちは大野さんを1メートルの台に上げて、どんどん意見をぶつけた。大野さんは『どうやったらトヨタが生き残れるか話すために出てきた』と言い、現場の意見に折れる人ではなかった。大きな声で怒鳴ることもなく、怖い人ではなかった」

大野はつねに真正面から答えた。いくら吊るし上げを食っても、「仕事の仕方を考えてみろ」と答えるだけだった。

時には、何もしゃべらずに相手を見つめるだけだった。組合員も応援でやってきた連中も大野がじっと見つめると、とたんに居心地が悪くなってしまう。大野は敵ではあったけれど、アンドンの導入でトイレに行きやすくしてくれた恩人でもあったからだ。

いつも同じことを説いた。

「仕事をしなければ食っていけない。普通の仕事のやり方をしていても、アメリカにはかなわない。生産性を上げて仕事をするしかない」

もっとも、彼自身はその時点ではまだアメリカを直接は見ていない。ヘンリー・フォードの著作を読み、アメリカの自動車会社を研究はしていたが、専門家でもなかった。

それでも、焦燥感に駆られていた。少しでも早くフォード・システムを超える生産システムをくふうしなければ負ける。戦争で徹底的にやられ占領されている身の上だ。そのうえ、自動車でも負けたら、日本はどうなるのか。

大野はストライキも吊るし上げも怖くなかった。戦争と空襲を体験したばかりである。ほんものの戦争に比べれば労働組合との闘争なんて大したことではなく、ただの内輪もめに過ぎない。

そして、大野が敵と思い定めていたのは組合員ではなかった。

フォードの作ったシステムだ。喜一郎がとなえたジャスト・イン・タイムさえ完成させればフォード・システムに勝てる。そう思った。

彼が恐れたのはジャスト・イン・タイムの考案者、喜一郎が経営陣から離れることだった。デモの最中、気にしていたのは喜一郎の立場だけだったのである。

喜一郎は組合員に攻撃されている幹部のことを気にかけていたが、やる気は十分で、社長をやめることなど、当初、まったく考えていなかった。

その証拠に、彼は自宅にある人物を招いている。

長谷川龍雄。後にカローラの開発者として知られるエンジニアで、元々は立川飛行機（プリンス自動車の前身）で飛行機設計をしていた。

当時、長谷川は職場の闘争委員長である。社長から呼ばれたからといって、のこのこ自宅に出かけていくわけにはいかない立場だ。それでも長谷川は、喜一郎はエンジニアとして先輩だと思っていたから、訪ねることにした。

　喜一郎が言った。

「どうだい？」

「長谷川くん、月産５００台の乗用車工場を作りたい。キミが計画を立ててくれ」

長谷川はびっくりした。飛行機、自動車の設計はできるけれど、工場設計の知識はない。

もう一度、聞かれたので、長谷川は答えた。

「社長、すみません。私は生産技術の専門家ではありません。それに、いまは争議の真っ最中ですので、まことに相済みませんが、これ以上、お話しするのもよくないと思います」

「そうか」

長谷川は後に、その時の喜一郎の気持ちを想像してみた。そして、出した結論は「社長は本気だった」ということだった。

「実は、それ以前にも突然、呼ばれたことがありました。私が入社した（１９４６年）直後、発明コンクールで賞を独占したことがありました。喜一郎さんに呼ばれて部屋に行ったら、こう言われました。

『長谷川くん、キミは飛行機屋だったね。今度、空飛ぶ自動車を開発しようじゃないか』

社長は何でも本気の人でした」

喜一郎は目の前で起こっている争議よりも新しい乗用車と工場建設を考えていた。彼の関心はつねに、そこにあった。

喜一郎、辞任

挙母工場におけるトヨタの争議は次のような様子で進んでいった。

4月24日　24時間スト
4月25日　組合側が鍛造、鋳物工場長を門外へ出す
4月26日　その他の工場長を門外へ出す。大野もこの時、工場から外へ出された
5月3日　会社、工場とも3日間、立ち入り禁止になる
5月6日　午前、全工場一斉職場大会
5月8日　24時間スト
5月11日　24時間スト
5月13日　会社側から組合員の一部へ退職勧告状配布
5月15日　24時間スト
5月18日　退職勧告状が組合員の手で焼却される
5月20日　組合大会

この間、生産はストップした状態だった。日産、いすゞも同じように2か月間、労働組合はストライキ、職場放棄を実施したが、生産台数はそれほど減っていない。トヨタほど激越な闘争ではなかったことになる。

トヨタの場合は労働組合が生真面目にストを続けたため、4月、5月の生産台数はそれまでの平均より7割も落ちてしまった。それほど大きな争議だったのである。

労働争議と生産の遅滞を見ていた日銀主導の銀行団は次第に態度を硬化させていく。

「せっかく融資したのに、会社がつぶれては元も子もない」

銀行団にしてみれば、トヨタが一丸とならずに内輪で争っていることは自滅への道としか見えなかった。そこで喜一郎たち経営陣に「闘争をやめさせろ」と申し入れをしたのである。

「生産を正常化してトラックを売れ」と何度も繰り返す。だが、それ以上のことは言わない。しかし、言外に意味は込めてある。

「どんな手段であってもとにかく争議を終わらせろ」と。

喜一郎はついに覚悟を決めた。

「責任を取って辞めるしか正常化への道はない」

5月25日、喜一郎は争議の責任を取って辞意を漏らす。辞めるのは彼だけではない。隈部一雄副社長、西村小八郎常務という代表権を持つ3人が揃って辞めることになった。同業他社の争議とは違った結着になったのである。

日産、いすゞの争議では人員整理が行われ、賃下げもあった。しかし、経営者は辞めていない。トヨタだけが、経営者の3人が辞任した。

喜一郎が持ちこたえることができなかったのは、銀行の圧力であり、またタイミングが悪かったのだろう。トヨタの争議は同業2社よりも半年遅れて始まった。半年の遅れが労働運動のピークと重なり、大きな争議になった。結着のつけ方も変わってしまったのだった。

新社長の運

1950年6月5日、喜一郎以下3人は辞任を発表した。それによって争議は終わった。労働組合と合意したのは人員整理、従業員の賃金を1割引き下げること。経営陣が辞める代わりに会社側の主張がすべて通ったのである。

トヨタが人を整理したのは創業から現在まで、この一度限りである。終戦直後にも人は減っているが、それは勤労動員で集められた人々であり、正規の従業員ではない。

次いで7月18日には臨時株主総会が開催され、豊田自動織機社長の石田退三がトヨタ自工の社長を兼務することになった。専務には帝国銀行大阪事務所長の中川不器男が就いた。

臨時株主総会の会場で石田は振り絞るような声で演説した。株主のひとりとして演説を聞いていた章一郎はこう思い出している。

石田は最後にこう話した。

「粉骨砕身して会社の業績好転に努力し、必ず各位のご期待に沿うことを得ました暁には、再び豊田喜一郎氏を社長にお迎えすることを前もって、皆様にご承認おき願いたいのです」

石田はこの時、涙を流した。「ドケチ」と呼ばれ、節約に努め、金を貯めることに精を出した男だったけれど、社長に就任したのはカネや名誉のためではなく、「佐吉以来、豊田家に受けた恩義を返したい」という気持ちからだった。61歳という年齢から考えても石田はどうしても自動車会社の社長をやりたかったわけではなかったろう。

ところが、石田が社長になったとたん、トヨタの業績は急上昇する。

朝鮮戦争が勃発し、特需が発生したのだった。

株主総会よりほぼ1か月前になる6月25日の午前4時、北朝鮮軍は大韓民国に侵攻した。その日は日曜日だった。前々日の金曜日から3日間、韓国軍の将校団は慰労休暇になっていて、前線から離れていた。北朝鮮軍はそのことを知っていて、韓国領土内に侵入し、3日後の28日にはソウルに到達したのである。市民が目を覚ましたら、すぐそばに北朝鮮軍がいたというくらいの不意打ちだった。

北からやってきた兵士の数は18万2000人。一方、韓国軍はその半分しかいなかった。大兵力の北朝鮮軍は2か月後には韓国の南部まで戦線をすすめ、半島から韓国軍を追い落とす勢いだった。

アメリカ軍を主体とした国連軍は韓国を助けるために朝鮮半島へ急行し、戦線に加わった。朝鮮半島が戦場となったわけだから、アメリカ軍が物資を調達するとなると、一番近い国、日本が便利だ。アメリカ軍は軍需とアメリカ軍兵士用の物資を日本で購入し、朝鮮半島へ運び込んだ。なかでも必要だったのが軍需物資を輸送するトラックだった。

敗戦から立ち直っていなかった日本企業にとっては大きなチャンスが生まれた。

商機と見て取った石田は社長に就任する前からアメリカ軍の調達部に出かけて行き、トラック1000台という大口の納入契約を取ってきた。その後も米軍へ売り込み、翌年までにトヨタは合計4679台のトラックを納入している。金額にして36億600万円という大金だった。

もし、喜一郎があと2か月だけ社長として踏みとどまっていれば、銀行から借りていた金をそっくり返せるほどの売り上げだった。

その喜一郎は社長を辞めた後、東京に住まいを移し、小型乗用車の開発をする会社を興す準備を始めていた。いつになっても、彼がやりたかったのは乗用車の開発だった。だから、社長としてとどまっていても、いくら米軍が買ってくれたとしても、軍用トラックよりも「作るなら乗用車だ」と言っただろう。

中興の祖

トヨタ中興の祖と呼ばれる石田退三は1888年生まれ。喜一郎より6つ年上だ。生まれたところは愛知県知多郡小鈴谷村。実家の姓は沢田と言った。沢田家には兄弟が6人。退三は末っ子である。実家は子だくさんで、父親が早くに亡くなっていたため、退三も学校は高等小学校だけで丁稚に出ることになっていた。

ところが義理の従兄弟に児玉一造という三井物産に勤める男がいたことで退三の運命は変わる。児玉は三井物産綿花事業部長で、後に東洋綿花（トーメン）の創業社長となる。綿花、綿糸、綿布、紡績の目利きだった。

児玉は綿の仕事を通じて、喜一郎の父、佐吉と知り合い、事業を応援した。実弟の利三郎を佐吉のひとり娘、愛子の婿にもしている。

豊田家では佐吉の長男は喜一郎、長女は愛子で、愛子の方が年下だ。そうなると利三郎は喜一郎の義弟になるわけだが、実年齢は利三郎の方が喜一郎よりも10歳年上だった。従来の資料では戦前の戸籍法に従って利三郎が当主とされていたが、佐吉の葬儀では、喜一郎が喪主を務めている。やはり豊田家の当主は長男の喜一郎だろう。

さて、児玉一造の話に戻る。児玉は義理の従兄弟、退三が中学へ行きたいという気持ちを知っていた。

そこで、母親に援助を申し出る。

「これからは教育だ。末っ子の退三くらいは中学へ行かせた方がいい」と生活や進学の費用をまかせてくれと請け合った。そうして児玉は彦根にあった自宅に退三を預かり、滋賀県立第一中学へ進学させたのである。幼い頃から石田は運の強い男だったのだろう。中学へ進学できたのは運だったが、そこからは懸命に努力をした。

退三がもっとも影響を受けたのは児玉の妻だった。

退三本人はこう思い出している。

「叔母さんの教育は『貧乏は駄目だ。とにかく出世しなければ』という思想だった。『貧乏していたら、まず第一に誰にも頭が上がらないじゃないか』。

それが近江商人の考え方で、私は朝から夜中までこの思想で鍛えられた。とにかくがむしゃらに勉強させられ、将来の栄光のために現在の困苦に耐える鍛錬を積んだことは、のちの生涯のためにどれほど役に立ったか計り知れないものがある」

立身出世、刻苦勉励という明治の少年らしい目標を持ち、彦根にある児玉の家で暮らした。中学を出てから、本心は上の学校に進みたかったが、居候の身ではそこまで言えない。そこで代用教員として勤めたのだが、半年でやめてしまう。その後、京都の輸入家具店、東京の呉服店で行商をやり、名古屋の繊維商社に勤めた後、豊田紡織に入社。その間、24歳で彦根の石田家に養子に入った。

退三は豊田紡織に入ったことで佐吉に出会った。また、豊田家の婿養子になっていた利三郎とも親しくなる。佐吉の薫陶を受け、豊田紡織では大阪出張所長として業績を伸ばし、インドのボンベイ（ムンバイ）に駐在した時も綿布の販路を広げた。そうして開戦の年、１９４１年に豊田紡織から豊田自動織機へ移り、常務、１９４８年には社長となった。

そんな退三は豊田紡織、自動織機にいた時代は自動車という事業に対して懐疑的で、一時は自動車進出に反対論を唱えていた。

自動車にはまったくの素人だった退三をトヨタ自工の社長に推薦したのは、初代社長の利三郎だった。利三郎は退三が中学に通っていた頃からの仲だったし、豊田紡織と織機の時の仕事のやり方も見ていた。そして、なんといっても退三が社長をやっている豊田自動織機は増産、増産で有卦に入る状況である。儲かっている織機の社長がトヨタ自工の社長を兼務すれば銀行団も文句は言えないだろう…。

また、利三郎は退三が交渉上手だと知っていた。戦後、GHQとの交渉で卑屈にならずに、意志を通して営業したことを部下から聞いていたのである。

戦後すぐに、退三は倉庫に眠っていた自動織機を輸出して金を稼ごうと思い立った。国内にあった綿布製造の会社がまだ立ち直っておらず、織機を売る相手がいなかったから、販路は外国しかない。そこで、上京し、商工省と掛け合ったのだが…。

担当者は言下に「無理ですよ」と言った。

「石田さん、うちでは許可は出せません。うちが許可を出したからと言って輸出できるわけでもない。すべてGHQに相談しなければなんともできないのです」

商工省の担当者が言う通り、敗戦直後、日本の役所は輸出を認める権限を持っていなかった。

納得した退三はGHQ本部に出かけていった。出てきたアメリカ人担当者に通訳を通じて、「織機を輸出する許可をください」と頭を下げて頼み込む。しかし…。

「ダメだ。日本は敗戦国だ。負けた国が輸出なんてとんでもない」

退三は肩を落とすこともなく、微笑を浮かべて言った。

「いえ、確かに日本は負けました。だが、負けても商売をしなければ食っていけません。そこを何とかよろしくお願いします」

「お前は何を言っているのか。戦争に負けた三等国が機械を輸出するなんてことはできないのだ」

ここで、退三は怒鳴った。アメリカ人相手なのにもかかわらず、机を叩いて声を出す。

「いや、承服できない。私たちは好きで三等国になったわけじゃない。あんたたちが勝ったから、負けて三等国になった。元はといえばあんたたちの責任だ。頼む。輸出しなければ餓死してしまう」

そうして詰め寄り、時には頭を下げ、何度もＧＨＱに足を運んだ。輸出させてくれと交渉を重ね、一向に引き下がろうとしなかった。

何度目かのこと、ついに退三はアメリカ人担当者に８００台の織機を輸出する許可をもらった。日本における戦後の輸出第一号は退三が許可を取り付けた豊田自動織機だったのである。

朝鮮特需

１９５０年から始まった朝鮮戦争は、翌51年の春から膠着状態に陥り、7月から板門店で休戦会談が始まった。

会談が終了したのは53年の7月。戦争が続いた3年と1か月の間、韓国軍の死傷者は95万人、北朝鮮軍が61万人だった。参戦した中国軍兵士の死傷者は50万人、米軍は40万人。そのほか、国連軍に属する兵士の死傷者が40万人。民間人の行方不明者は２００万人にものぼった。

長期になった戦争の結果、国連軍が使った弾薬の量は、太平洋戦争でアメリカ軍が日本に落とした爆弾の量よりも多かった。

隣国にとっては大惨事だったが、日本経済には特需をもたらし、戦争の間、現在の水準にして約20兆円から30兆円の有効需要が続いたとされる。日本国内の景気はこれで一気に回復した。約3年間の朝鮮戦争の結果、日本の産業界には11億3600万ドル（特需契約高）が入った。1ドル360円とすると、4089億円。

そして、日本の産業界が得たのは金だけではなかった。国連軍は不良品を一切、受け付けなかった。戦場で部品が壊れてトラックが止まったら、兵士の命にかかわるからだ。このため、トヨタ、日産をはじめとする各社は大量生産システムと同時に品質向上を学んだ。トヨタには創業以来の不良品追放の精神があったが、朝鮮戦争の特需生産で不良品を出さないことを徹底する作業を覚えた。

不良品追放はいくら掛け声をかけても実現しない。厳しい客からの指摘、クレームを通じて学ぶことしかない。特需の発注元だった国連軍、つまり、アメリカは金は出したけれど、不良品には非常に厳しい態度で臨んだのである。

景気がよくなると今度は国内の輸送手段であるトラックの需要が高まった。「トラックを今月中に納車してくれ」と言ってくる客は引きも切らず、製造現場は連日、2時間の残業体制を敷くことになったのである。

朝鮮戦争が休戦になってからも、アメリカ軍へのトラック納入は続いた。アメリカ軍が直接、使用したのではなく、フィリピン、タイ、インドネシア、南ベトナムなどへの軍事援助としての車両だった。日産、いすゞも同じようにアメリカ軍への納車を続けたが、もっとも数が多かったのはトヨタだった。

トヨタ自工の第22期事業報告書（1950年4月から9月）は特需による業績の急回復を伝えている。「過去に於いて常に経営上の重い桎梏（しっこく）となって居た自動車の販売統制価格が四月中旬撤廃されたので、朝鮮動乱勃発後素材、部品、タイヤ等累次の価格騰貴にもかかわらず自動車販売価格を改訂することによって随時採算を是正することが出来、需要並に生産の上昇と相俟って、争議解決後、業績は逐月向上するに到った」

アメリカ軍に納めた車の販売代金は必ず払ってもらえる金だ。銀行団は貸した金が戻ってくることを実感したので、社長の石田に「ああしろ、こうしろ」と言うこともなくなったのである。

石田は社内に向かって「わしはこの機会に儲けるだけ儲けてみせる」と声を大きくし、英二を呼ぶと、「提案がある」と言った。

「英二くん、キミはアメリカへ行ってくれたまえ」

英二は黙って、話を聞いた。

石田は上機嫌で演説を始める。

「いいかね、特需が終わったら、トヨタはいよいよ三河から出て、天下を狙う。そのためにキミはフォードを見に行ってくれ。これは本来、喜一郎さんが神谷（正太郎）君に命じて伝えていたと思うが…。

わしは喜一郎さんに成り代わって、キミのアメリカ留学をすすめる。英二くん、本場のやり方を吸収し、本場の生産設備を見てきてくれ」

石田は「トヨタの番頭」と言われている。しかし、番頭ではあっても、使用人根性は持っていなかった。任期中の経営数字を達成することが石田の目的ではなく、トヨタという会社を盤石にするために先を読んでいた。同業の日産、いすゞが目の前の儲け仕事に突き進んでいるうちに、次の一手を考え、将来のトヨタのためになることを実行に移していた。英二をアメリカに送るのは未来のトヨタのためだったのである。

英二が見たアメリカ

英二がアメリカへ向けて出発したのは朝鮮戦争が始まった後だ。飛行機で出かけていったのだが、もろん直行便などはない。グアム島、ハワイを経由してアメリカ本土へ。パスポートも「日本人」ではなかった。「連合軍が占領した国の日本人」と記されており、そのページを見ると、英二は「日本は独立国じゃないんだな」と痛感した。

その年、海外に出た日本人の数はわずか8255人（1950年）である。外務省の職員をはじめとする公務員が大半で、民間企業の人間が技術習得のために出かけるなんてことはほぼなかった。

当時のトヨタは三河の中小ベンチャーだ。それくらいの規模の会社がいくら常務とはいえ、アメリカに視察に行かせるなんてことは分不相応だったのである。そういうところを考えると、石田は田舎の頑固おやじのような風貌だけれど、大財閥の経営者よりもはるかに開明的だったと言える。

当初、英二の渡航はフォードとの技術提携が目的だった。下準備のためにはトヨタ自販社長の神谷が先発していた。英語が得意の神谷が交渉をし、英二は契約書にサインをすればいいといった状態でアメリカに到着することになっていたのである。

ところが、わずか半月、渡航が遅れたために風向きが変わっていた。

現地に着いた英二は神谷の顔を見て、何か良くないことがあったのではないかと直感した。

「神谷さん、ところで、この後はどうすればいい？」

神谷は言いにくそうに打ち明けた。

「英二さん、技術提携は白紙になりました」

「うん、どうして？」

訊ねる英二に神谷は答えた。

「朝鮮戦争です。アメリカ政府はフォードに海外投資をやめさせ、さらに技術を流出させないため、幹部社員を国外に出さないと決めた。事実上の禁足令なんですよ」

「すると、僕はどうすればいいんでしょうか、神谷さん」

「戦争ですからね。フォードもなんともできないでしょう。しかし、向こうも気の毒に思ったようで、提携はできないが、代わりにトヨタの技術者を受け入れるとは言っています。少なくともあなたは技術を学ぶことはできるのです」

結局、英二はトヨタの第一号実習生としてフォード工場を見学することになった。彼は技術のトップだから、視察して帰れば部下に伝えることができる。誰が現場を見るより、もっとも適任だと言えよう。英二はほっとして、勇躍、フォードの工場へ向けて出発した。


フォードの本拠地はデトロイトの西にあるディアボーンだ。そこには本社をはじめ、ルージュ工場、ハイランドパーク工場、マウンドロード工場、キャブレター工場、ピストンリング工場などいくつもの工場が固まっていた。

1日に生産する台数は8000台。一方、当時のトヨタはたったの40台である。フォードが巨人であればトヨタはウサギのような存在だった。

ありがたいことに、英二の目から見ると、フォードの最新工場群は宝の山だった。どこの工場へ行っても、吸収することばかりなのである。

通訳兼案内係を務めたのはジェームズ平田という名前の日系アメリカ人だった。当時、65歳の平田は貨物船で働きながらアメリカに密航したという男で、その時は第一線を引退し、検査部門の顧問をやっていた。

平田は英二をさまざまなところへ連れ回した。まず連れていかれたのは事務職員向けの予算管理講習である。横にいた平田が丁寧に通訳してくれたけれど、まったく理解できなかった。英語がわからないというよりも、予算管理の話が専門的過ぎてつまらないのである。

早々にあきらめて、その次はクォリティコントロールの講義を受けてみた。しかし、これまたちんぷんかんぷん…。結局、英二が楽しみながら学ぶことができたのは生産現場であり、そこで働くワーカーたちとの意見交換だった。

生産現場はむろん、大量生産そしてフォード・システムである。トヨタの工場よりも2倍近い容積を持った巨大工場にはラインが直線的に並び、蛍光灯で明るい現場だった。戦後すぐのトヨタ工場はまだ裸電球であり、英二は現場が明るいことが印象に残った。

ライン際に配置されたワーカーたちはマニュアルに沿って自分がやるべき作業だけを行う。トヨタの現場ではすでに大野が多能工の養成を始めていたけれど、フォードでは旋盤のワーカーは旋盤しかやらない。単能工で、定年まで同じ仕事を続ける。同じ仕事をしているかぎり賃金もずっと同じ額だ。ただし、彼らはそのことに不満を持っていたわけではなかった。

時間通り働いて、定時になったら、やりかけの仕事があっても、すぐに自宅に帰っていく。仕事に不満を持っているわけではなく、現場作業とは時間の切り売りだと納得していたのである。

英二は休憩時間にワーカーに歩み寄り、仕事の内容、一日にどれくらいの部品を作るのかなどを訊ねてみた。

すると、誰もが得意になって、話をしてくれる。

「オレがやっている仕事はこういうことだ」と、実際に作業をやって見せてくれる人間もいた。彼らは仕事にプライドを持っていた。上司に言われて嫌々やっているのではなく、コンベアのスピードに合わせて作業をこなしていることを得意満面に語ったのである。

「コンベアのスピードはどうか？」

そう聞くと、「止めてはいけないから私たちは付いていくしかない。熟練とはスピードについていくことだ」。ワーカーたちは管理職や上司よりもベルトコンベアのスピードを意識していた。

英二は「これがアメリカ人の仕事だ」と思った。日本人は「切りのいいところまでやってから」と考えてしまうけれど、決まった賃金で時間を売っているアメリカ人ワーカーはタダで残業しようとは考えない。何も考えずに手を動かすことが大量生産システムなのだ。

ワーカーは考えずに作業をしていたが、その上のエンジニアクラスになると仕事への取り組み方はまったく違うものだった。英二が見ていると、エンジニアたちは昼食もそこそこに切り上げて、デスクで専門書を読んでいた。彼らは少しでもキャリアを上げようと勉強をしていたのである。

英二は「ひょっとすると、現場の人間、システムはうちの方が進んでいるかもしれない」と思った。

「現場の環境はアメリカが上だ。マシーンも最新式だ。だが、現場の人間は違う。フォードのワーカーは言われたことをやるのが仕事だ。大野が育てているような多能工はいない。

トヨタがやることは、考える人間を育てることだ。上から押しつけても生産性は上がらない。現場からくふうが上がってこなければならない。オレの仕事はそれだ。

また、見ていると、アメリカ人の経営者や管理職は現場に降りてきて、ワーカーと話をすることはない。計画を伝えるだけだ。その点、オレたちは喜一郎のように現場の作業者と話をしている。みんな平等だ。オレたちがフォードに勝とうとするなら経営者も作業者もない。みんな一緒に考えることだ」

1か月半の間、さまざまなフォード工場の現場を見た。ため息が出ることばかり、反省することばかりだったが、アメリカの現場を見ることで、アイデアも出た。トヨタの強みとは現場で働く人間だと思った。ただし、それ以外はすべてアメリカに負けていた。

「特に日本のマシーンの質はよくない。買って帰るしかないな」

英二は自動車工場の見学を切り上げ、アメリカ滞在の残りは工作機械メーカー21社を回ることにした。いい機械があれば日本に輸入しようと思ったのである。

「機械を輸入して工場に据え付ければ、うちだって、もっといい車を作ることができる」

アメリカへの渡航、見学で得たことは生産現場を見てワーカーと話したこと、最新鋭の工作機械の輸入を決断したことだろう。

この時、英二はまだトヨタにふたりいた常務のうちのひとりに過ぎなかったが、喜一郎が辞職したため、豊田家を代表する存在になっていた。

石田は業績が回復すれば喜一郎をもう一度、迎えると約束していたけれど、それとは別に英二を次の時代の経営者として育てようとも思っていた。英二もまたその期待は感じていたのである。

工場の見学、実習を終えた後、彼はこれからの未来と向き合った。

「アメリカのワーカーのために考えられた生産システムをそのまま日本に移植しても、機能しない。オレたちはオレたちのやり方でアメリカに追いつかなければならない。

あとは、あれだな、経営にあたる者は自分の身を捨てても他人を生かす、あるいは会社を生かすという存在になることだ。オレは変わらなければならない」

もうひとつ、印象に残ったことがあった。アメリカ人エンジニアから聞いたことで「昔のフォードは町工場だった」という述懐だった。

「おやじさん（ヘンリー・フォード）がいた頃は支払いの小切手は全部、彼が切っていた。今度、若い二代目になったから、会社にスタッフが増えて、管理、管理とうるさくなった。昔の古いやり方を変えている最中なんだよ、うちは」

アメリカ人エンジニアは「町工場だった頃の方がフォードはいい車を作っていた」と手を広げながら、首を振った。様子を見て、英二は「フォードは間違っている」と感じた。

「トヨタは田舎の会社のままでいいんだ。ナッパ服精神で車を作っていく」

第6章 かんばん

多工程持ち

1950年、朝鮮戦争による特需のため、トヨタの22期決算はプラスマイナスゼロまで持ち直した。特需は翌年も続き、株主に復配できるほどまで回復した。トヨタは倒産寸前から立ち直り、成長性のある企業とも見られるようになったのである。

だが、現場にいた大野は危機感を持ち続けていた。まったく安心していなかった。

豊田紡織から移ってきたとたんに戦争になり、開店休業状態になった。敗戦後、売れる車を作ることができると思ったら、ドッジ不況で会社はつぶれそうになった。人員整理から争議が始まり、頼みの喜一郎は社長を辞任してしまう。

思えばトヨタ自工に来てから、大野は苦労の連続だった。少しくらい景気がよくなったからといって、フォードゆずりの大量生産のまま車を作っていればそれでいいとは到底、思えなかったのである。

アメリカから帰ってきた英二もまた大野と危機感を共有していた。ふたりは仕事が終わってから、他の幹部も入れて話し合いを持ち、「金をかけずに現場のカイゼンをやろう」と決めた。

英二は大野に伝える。

「フォードは物流の改善で節約している。同じ考え方で、うちも構内の物流をコストダウンしようじゃないか」

大野は「ええ」と腕を組んだ。

「輸送のコストダウンなら現場の抵抗も少ないでしょう。だが、英二さん、本丸は現場のカイゼンです。そっちもやらせてください」

「そうだな。だが、金をかけずにやるんだ。それと大野くん、現場の人間の声も忘れてはいかん。一緒になってやらないと結局は根づかない。

最初から答えを与えてはいかん。考えさせる。そして、自分から考えるよう仕向けるのがお前の仕事だ。金をかけないからには何か考えなくてはいかん。考える作業者を作るんだ」

この時にトヨタで始まった「創意くふう」運動は、英二がフォードで見てきたことがきっかけだった。従来、創意くふう運動とトヨタ生産方式とは別の改善運動と思われていたが、めざすところは一緒だ。現場で、それぞれの作業者が考えることが創意くふうであり、しかも、現場の改善なのである。

当初、物流、運搬の改善は「金をかけずにやろう」とスタートしたが、新しい機械も導入している。それまで構内で部品を運ぶ時に使っていたのは手押し車であり、人が押すトロッコだった。それをフォークリフト、トーイング・トラクター（牽引用トラクター）に少しずつ変えていったのである。

フォークリフトの採用にあたっては共通規格の木製パレットを使うことにし、構内を走る際の動線を決めた。加えて、工場内には電気ホイストと呼ばれる電動クレーンを導入し、人力でエンジンなどを引っ張り上げることをやめた。現在、どこの工場でも当たり前になっている構内物流システムを戦後、すぐに整備したのがトヨタの挙母工場だったのである。

機械の更新には金がかかったけれど、大野は「金をかけずに」現場の作業者の考え方を変えていった。たとえば、「多工程持ち」である。ひとつの機械だけでなく、複数の機械を使って仕事をする多工程持ちを定着させるために口を酸っぱくして説得した。争議が終わった頃にはひとりで5台から6台の機械を持つようになったのである。

大野にとって戦う相手はライバルメーカーの日産、いすゞではなかった。現場の作業者が持っていた職人気質であり、製造現場の幹部が信奉しているフォード・システムだった。

「いいか、機械が煙を出してモノを削っているのをそばで見ているのは仕事とは言わんぞ」

大野は「煙を出してモノを削っているのを監督している」ことは自己満足であり、それは仕事ではないと言い切った。そうして、ひとりの作業者が操作する機械の台数を増やしていったのである。

そして、持たせる機械の種類は必ず違う種類のものにした。多工程を始めた頃、同じ種類の機械を2台、持たせてみたら、作業者は2倍、作ってしまった。3台持たせたら、3倍作ってしまう。それほど多くの部品は使わないのだけれど、同じ種類の機械を持たせると、そういうことになってしまう。そこで、大野は違う種類の機械を持たせることにしたのである。

「どうして違う種類の機械を持たせた？」

ある幹部から問われた時、大野はこう答えた。

「作業者はできあがった数が増えると、労働強化のように感じてしまう。働いている時はつらくないのに、できあがった部品を見たとたんに、オレはこき使われたと錯覚してしまう。だから、いらないものをたくさん作らせるようなことはしてはいけない」

幹部は「なるほど」と思った。

「大野、いろいろ考えてるんだな、お前」

こうして大野が工場長を務める機械工場では多工程持ちが進んでいった。アンドンも導入されていた。ただ、大きな問題があった。部品の数は過不足がないようになってきたが、原材料が届く時期が一定しなかった。現場は製鉄所や町工場から届いた原材料を使って部品に加工する。大野は「必要な分だけ」仕入れたかったのだが、外部の協力工場にはまだそこまで要求できなかったのである。

鈴村が感じたこと

大野が改革を進めていた機械工場にいたのが鈴村喜久男だ。鈴村は大野の一番弟子としてトヨタ生産方式を広めた男である。

体格がよく、顔もいかつい。割れがねのような声で部下を怒鳴りつける。大野が相手を観察し、表情を読む男だとすれば、鈴村はストレートに叱る男だった。だが、どかーんと爆発した後は、けろっと忘れる。そして、笑う。見かけは怖いけれど愛嬌のある男でもあった。

鈴村は後にトヨタ生産方式を社内、協力会社、外部に伝道する生産調査室（現・生産調査部）ができると主査を務めた。実働部隊の前線指揮官である。主査とは部長級の職階であり、その役職は彼だけのものではなかったにもかかわらず、かつてトヨタの現場では「主査」といえば鈴村を指した。

現場のライン際に部品が余っていたり、トラブルが起こったら「主査が見つけたら大変なことになる」というのが部下を叱る時の決まり文句だった。

鈴村喜久男は1927年、愛知県西加茂郡挙母町に生まれた。生家の近くに挙母工場ができたのが10歳の時である。愛知県立工業専門学校（現・名古屋工業大学）を卒業し、1948年にトヨタに入社する。

新人で機械工場に配属され、争議、人員整理があった翌年、入社3年目だったにもかかわらず現場の組長に抜擢された。本来ならば入社7年から8年経った者がなる役職だが、人員整理で人がいなかったから大野がリーダーにしたのである。その後は工場技術員として大野の下でトヨタ生産方式の伝道に従事し、1970年に生産調査室ができてからは前述のように前線指揮官になった。

鈴村が組長になった1951年頃の機械工場は職場の雰囲気が良くなかった。

鈴村はこう思い出している。

「あの頃、トヨタ全体で8000人ほどだったうち、2000人の首を切った。出た者も残る者も地獄だった。誰が首を切られるかと戦々恐々で、人が人を信じられなくなる。人間不信の塊だった。二度と争議や人員整理は嫌だというのが僕らの気持ちだった。

そこへ朝鮮特需がどーんときて、さあ作らねばならん。首を切った時には月産700台のつもりだった。ところが特需で1000台を作らなければならなくなった。人が足りないけれど、人員整理をしたばかりだから新しく雇うことはできない」

すぐにでもムダをなくして生産性を高めなくては現場の人員不足を補うことはできなかった。トヨタ生産方式を根づかせなくては、特需に対応できなかったのである。

入社3年目の鈴村の目から見ても現場には数多くのムダがあると思った。

「当時の機械工場は、要するにこっちにはボール盤が群れをなしている。こっちには旋盤が群れをなしている。ボール盤で穴をあけた部品はそこに積んでおいて、旋盤加工が必要なものをそこから運んでいくというムダの塊だった。それを工程順に流して、流れ生産にするためには機械を並べ替えてラインを作らなくてはならなかった。

また、『オレはボール盤なんかやらない、旋盤だけだ、オレは専門工だ』と言ってる連中を説得しなければならない。なんだかんだでムダを省いて流れ生産に持っていくのに5年はかかった」

彼の話を聞いていると、大野は中間倉庫をなくしてから多工程持ちに移っていったのではない。頭のなかでは「中間倉庫の廃止」「多工程持ちの浸透」とそれぞれの項目は整理されていただろう。しかし、現場に行ったら、すべてが関連しているわけだから、一挙に片づけなければならなかった。大野は工長、組長に話し、それを組長である鈴村が現場に下ろすといったふうに進められたのだろう。

そして、多工程持ちとともに標準作業という概念が生まれた。専門工が自らのペースで旋盤を扱っていた時には、ひとつの作業に何秒と決まっていたわけではない。機械の操作にもっとも慣れている専門工の判断で作業時間、仕上げ度合いが決まっていた。

だが、誰もが違う機械を持つ方式に変えたら、標準の作業時間を決めなくてはならない。誰がやっても同じ時間で部品を加工しなければ、流れ作業は成立しないからだ。

戦後から争議までの間、トヨタの現場は専門工の集まりだった。

専門工がそれぞれの機械を使って、自分のペースで部品を作る。できあがったら倉庫Aに持っていく。次の工程である組付け工場は倉庫Aから部品を持ってきて、それを組み付ける。

組み付けが終わったユニット部品は倉庫Bに保管する。総組み立て（組み立て工場）の人間は倉庫Bからユニット部品を持ってきて、1台の車に仕上げる。各工程にベルトコンベアはあったけれど、いちいち倉庫に部品を保管していたから、本格的な流れ作業ではなかったのである。

ドット生産はやめろ

鈴村はこうも言っている。

「トヨタ生産方式を導入し始めた頃、つまり、争議の後のトヨタの機械工場では月末追い込み生産が当たり前だった」

作業者たちは月の初めは部品が揃わないからラインの掃除をしたり、ぶらぶらして時間をつぶした。そうして月の後半になると、「それ行けっ」とねじり鉢巻きでコンベアを回す。まとめてドッと作るドット生産である。

毎日、できあがった部品をラインの出口近辺に置いておくのは当たり前だった。月末が近づくと次の工程の人間がみんなで取りに来る。一時は作業場よりも部品置き場の方が広くなってしまった。

部品が山積みになっていると、誰もが手に取りやすい上の方に置いてある部品だけを持っていく。最初に運ばれてきた部品はいつまでも下の方に置いてあるままだったから、錆びて使い物にならなくなってしまうものもあった。

大野は嘆いた。

仕事をしている時間よりも、部品置き場を作ったり、山のなかから部品を探して運んでくる時間が長いのである。

部品探しや運搬は付加価値の創造ではない。面白くない仕事だから、誰もが疲弊して不機嫌になる。部品の取り合いでケンカも起こる。幹部も作業者も余った部品の山に振り回されていた。

「ドット生産はやめる」

大野はそう宣言して、まずは原材料を納めに来る製鉄所、町工場の人間に会いに行った。

「月末にだけ持ってくるのではなく、せめて1週間一度にしてくれないか」

「大野さん、運搬の費用はあんたのところが持ってくれるのか?」

「いや、そういうわけにはいかん」

「それじゃ材料の値段を上げるしかない」

「いや、そういうわけにはいかない」

大野は平然として言った。ただし、協力工場に損をさせるつもりはない。

「では、こうしよう。運搬費が変わらないよう知恵を出す。オート三輪で運んでいたのを自転車にしてもらってもいい。そして、今はトラックが売れているから毎月、仕入れを増やしている。仕入れを増やせば運搬費も増えるだろう。そうなったら、おたくのオート三輪で月に3回、4回と分けて持ってきてくれ」

業者との交渉は自らやった。そうやって、材料が入って来るのを平準化した。月末に一気に生産するドット生産にならないよう、入るところから制していったのである。

大野が考えていたことは「まず、機械工場で流れを作る」ことだった。それから機械工場と組付け工場を同期化して、その後、総組み立てまで流れを伸ばす。ついには挙母工場全体から部品置き場をなくし、材料から1台の車になるまでの大きな1本の川にする。それからは今度は協力工場に乗り込んでいかなければならない…。

「どうだろう。すべてが完成するには10年はかかるだろうか」

しかし、そんなに時間をかけてはいかんと即座に打ち消した。

——いまのところトヨタは朝鮮特需で持っている。トラックは売れている。だが、乗用車はまだ売れていないし、流れに載せる生産はしていない。乗用車に強いビッグ3がやってきたら、吹き飛んでしまう。いまのうちに現場を整備しておかなくてはならん。

大野はこうした考えを会議にかけて、結論が出るまで議論しようと思わなかった。新しい生産方式を定着させるためには現場で走りながら考えて改善していくしかない。会議で正解が出るまで待つような時間はなかった。「大野は独裁者だ」と他の幹部から批判されても、そこは英二がかばった。大野がやっていたのは正解がわからなくても、とにかく毎日、前進すること、ただひとつでも現場作業を変えることだった。

一方、鈴村たち現場の工長、組長は大野の意図をくみ取って、ふたつのアイデアを出した。

ひとつは「東海道線」である。部品の山から次の工程の人間が適当に運んでいくからジャスト・イン・タイムにならない。そこで、工場と工場を結ぶトロッコ用レールに牽引車を走らせ、荷台をつけた。前の工程の作業者は荷台に載る分だけを作る。完成した部品を置く場所はトロッコの荷台だけと決めたのである。

また、荷台のサイズも決めて、一度に大量に運ぶことを禁じた。東海道線ができたためにラインの出口にあった部品の山は解消した。「かんばん」が始まる前の窮余の一策だった。

もうひとつのアイデアが「ふんどし」だ。ふんどしとは越中ふんどしのように細長い紙に書かれた作業の指示書である。

1枚の紙にその日に作る部品の種類、数量が書いてあるのだけれど、その日に作る合計分を書いてしまうと各現場は「それっ」と一気に作ってしまう。

鈴村は作業を平準化するために少しずつ部品の種類と数量を知らせるようにした。現場の作業者は完成部品を納入したら、鈴村のもとにやってくる。

鈴村は「ふんどし」から次の作業の部分だけを切り取って渡す。こうして、大ロットの生産が小ロットになり、作業も平準化されていった。

大野が全体像を説明したら、現場の人間がアイデア、仕掛けを考えてラインに下ろしていく。トヨタ生産方式は机上で練られたプランではない。東海道線、ふんどしのような単純だけれど実用的なアイデアが形になった方式だった。

喜一郎の死

トヨタの社長を辞任した喜一郎は、東京・世田谷の岡本にあった自宅に研究室を作り、少数の部下と小型ヘリコプターの設計に励む毎日だった。

小型ヘリコプターは圧縮空気を使うエンジンが特徴のもので、喜一郎自身がドイツの航空機メーカー、ユンカースのディーゼルエンジンから思いついたものである。

英二は、後にヘリコプターの設計図を見て、こんな感想を抱いた。

「喜一郎はユンカースのエンジンについてはかなり研究していた。しかし、使い方が斬新だ。普通の使い方とはちょっと違う。思いもよらない使い方だ。喜一郎はいつも人が思いもよらぬことを考えつく人だった」

開発した小型ヘリコプターは荷物を運ぶ「空の運送に使う」と言っていたから、喜一郎はドローン研究の先駆者でもあったわけだ。会社を追われた身だったけれど、無為に過ごしていたわけではなく、エンジニアとしては満ち足りた生活を送っていたのである。

トヨタが立ち直り、株の配当があったから収入も増えた。ヘリコプター研究は趣味ではなく、自己資金で新会社の設立まで計画していた。

そういう状態のところへ、3月のある日、トヨタ自工社長の石田退三がわざわざ名古屋から訪ねてきた。

「御曹司。話があります。私はもう還暦を過ぎた身（当時64歳）です。トヨタの再建はできましたが、実際にはトラックだけの会社です。

次はいよいよ乗用車を開発せねばなりません。あなたに戻ってもらわんと、私は隠居もできん。ひとつよろしくお願いします」

石田はそう言って、頭を下げた。

不意の来訪に驚いた喜一郎だったが、トヨタで乗用車をやることは喜一郎にとっても念願であった。しかし、設計が終わったばかりのヘリコプターを試作して、試験飛行をしたい気持ちが強くなっていた。根っからのエンジニアだけに、事業よりも、技術開発を優先したくなっていた。

「退三さん、おっしゃることはわかる。しかし、私にもやりたいことがあって、少し考えさせてくれないかな…」

石田は声を荒らげた。

「何を言うんですか。いいですか、御曹司。あなたがいなければ乗用車の開発は進まないんです。アメリカがやってきたら、いったい、どうするんですか? ビッグ3が来たらどうするんですか?

私はまたアメリカとの戦争に負けるのは嫌だ。あんな目には遭いたくない。だいたい、あなたでしょう。3年以内に生産性を上げなければ日本の自動車会社はなくなる。そう言ったでしょう?」

問い詰められると、喜一郎も返事ができない。

石田は続けた。

「御曹司。あなたしかいません。織機や自動車の業界では、あなたのことはみんなが知っています。豊田喜一郎、ああ、あの男かと言われている。そこまでの男なんだから、一度、社長をやめたくらい、どうってことはない。あなたじゃなければできないんだ」

喜一郎は腕を組んだ。

様子を見て、石田は説得にかかる。

「御曹司。まだあるんですわ。昔、私が自動車の開発に反対していた頃の話です。『退三さん、あなた、ずいぶんと自動車の開発には反対している。だが、うちは自動車をやらなくては伸びていかない。いつまでも織機の会社ではやっていけないんだ。どうだい、自動車の免許を取ってみたら。そうしたら、私があなたに車を1台プレゼントしたい。むろん私が作った車だ』

御曹司。私はまだその車をもらってませんわ。だから、早く作ってくださいな」

さすがに、ここまで説得されたら、喜一郎もうんと言うしかない。もともと自動車が嫌いなわけではない。ヘリコプターは乗用車の開発と一緒に進めればいい。

「わかった。退三さん、私の身はあなたにまかせる。一緒にやりましょう」

喜一郎は復帰を決めた。

石田は社長を退き、自動織機に戻るつもりだった。安心した退三はすぐに名古屋へ帰っていった。

喜一郎は行動を開始した。

復帰に向けて準備を進め、通産省、銀行、取引先などを回り始めた。会議を招集し、移動中は乗用車の設計アイデアを練った。夜は人と会って酒を飲みながらの打ち合わせだ。

やはり、彼は自動車が好きだったのだろう。あれほどヘリコプターのことばかり話していたのが、復帰を決めてからは自動車の話だけになった。

毎日、夜遅くまで働き、酒を飲む生活が続いた。世田谷の自宅に戻る時間がもったいないと言って、友人が経営していた築地の割烹旅館「やなぎ」に滞在するようになっていた。

そして、社長へ戻ることを退三に伝えてから1か月も経たない3月21日、喜一郎は宿の部屋で倒れ、意識を失った。

持病の高血圧からくる脳出血で、救急措置の後、自宅に搬送された。しかし、昏睡状態は続いたままだった。

退三、英二など幹部たちは病状を心配して名古屋から急ぎ上京してきた。

喜一郎が眠るふとんを家族、退三、英二が囲む。意識はなく、眠り続ける喜一郎。まわりは起き上がるのを祈るしかなかった。

倒れてから1週間が経った3月27日の朝、喜一郎は帰らぬ人となった。享年57。

亡くなるには早すぎる年齢だった。

そして、トヨタのリーダーに復帰する直前だった。

いかにも惜しい死だった。

大野たち現場の人間は挙母工場で悲報を聞いた。

辞任してから2年ほどしか経っていなかったこともあって、働く人間たちはみんな喜一郎のことをよく覚えていた。帰ってくるというニュースを聞いて、「乗用車が始まる」と期待した人間もいた。好景気が続き、現場は2直の交代制で働いていたけれど、その日ばかりはみんな仕事がはかどらなかった。

だからといって、大野は叱り飛ばすわけにはいかない。

「ジャスト・イン・タイムは喜一郎さんが始めた仕事だった…」

やりかけの仕事を仕上げるには自分しかいない。大野は現場でそっと手を合わせた。

死から2か月余りたった6月3日、トヨタ初代社長だった利三郎があとを追うように68歳で亡くなった。利三郎は自動車の開発には渋い顔をしていたが、それでも喜一郎と一緒に歩んできた男である。創業を率いたふたりが相次いで世を去った。

創業からその時まで、トヨタには順風満帆、安寧の日々はなかったと言っていい。

英二は喜一郎の葬儀について報告するために生前、利三郎を訪ねている。病床にいた利三郎は起き上がれる状態ではなかった。

「私が聞いた言葉は『トヨタは乗用車をやれ』だった。自動車をやるのにいちばん反対した利三郎が『今ごろトラックばかりやっていてはいかん。何が何でも乗用車をやれ』と言う。『いま、準備を進めております。間もなく完成するので、必ず御覧に入れます』と励ますために強く言ったが、残念なことに完成した車を見せることはできなかった」

ふたりが生きていたら、その後のトヨタの歴史は変わっただろうか。

わたしは変わらなかったと思う。もし、変わったとすれば昭和の頃にドローンの開発をしていたことだろうか。喜一郎は乗用車をやりながら、ジャスト・イン・タイムを徹底してすすめ、さらに余力をふりしぼって絶対に小型ヘリコプターの開発に突き進んでいただろう。

喜一郎は従来の資料では、理知的な技術者とされているけれど、実像は前に向かって突っ込んでいく根っからの車屋であり、ベンチャー企業家ではなかったか。戦前の自動車業界を知る老齢の人間にインタビューした時、「あの頃、自動車をやろうという人は今の経営者とは違いますよ」と言っていた。

英二が言ったように、喜一郎は人が思いもつかぬことをやる男だった。

第7章 意識の改革

スーパーマーケット方式

トヨタの創業者、豊田喜一郎が世を去った1952年、前年に結ばれた連合国による「日本国との平和条約」、通称サンフランシスコ講和条約が発効した。

日本は晴れて独立国となり、進駐軍と呼ばれていた連合国軍（主体はアメリカ軍）は解散し、撤退した。ただ、同時に日米安全保障条約が結ばれ、アメリカ軍だけは駐留軍と名前を変えて日本に残る。

講和条約、安保条約のふたつがばたばたと締結されたのは米ソ間の冷戦が深刻化したからだった。

同じ年の11月、アメリカはソ連に差をつけ、引き離すために開発していた水素爆弾の実験に成功する。しかし、翌1953年にはソ連、イギリスが後に続き、両国とも水爆の保有国になった。

核兵器は原爆から水爆に変わり、破壊力は増した。ソ連が1961年に実験したツァーリ・ボンバと呼ばれる水爆は広島に落とされた原爆「リトル・ボーイ」の3300倍の爆発力を持つと推計される。原爆の比ではない破壊力を持つのが現在も超大国が保有している核兵器の実体だ。

独立を取り戻したものの日本の周辺は安全とは言えなかった。

1950年に始まった朝鮮戦争は続いており、休戦になったのは1953年のことである。

そして、朝鮮半島の戦火が鎮まる一方で、1946年にベトナムがフランスに対して始めた独立戦争は1954年まで続いた。アメリカ、ソ連の争いはアジア各地に火種をまいていたのである。

ただ、ふたつの超大国は同等の実力を持っていたわけではない。戦後の全盛期であっても、ソ連のGDPはアメリカの3分の1以下だった。自分の国よりも3倍も豊かな国を相手に競争していたのだから、当時のソ連は相当な無理を重ねていたと思える。


当時、トヨタのような日本の民間企業はどうなっていたかといえば、いずれも業績は伸びていた。復興は一段落し、インフラは整ってきた。

敗戦後のベビーブームに生まれた子どもたちは幼児から児童になり、消費者の仲間入りをし始める。子どもたちが大きくなっていくにつれ、巨大な需要が生まれ、それが好景気の継続につながっていった。1954年から始まった神武景気、続く岩戸景気から高度成長に移っていったのは国内の人口増大、消費者の増加が続いたからだ。

その頃、トヨタ製トラックは飛ぶように売れていた。社長の石田退三は「朝鮮戦争の特需が終わってからも車は必ず売れる。わしはこの機会に儲ける」と胸を叩き、現場に「とにかく作れ、作りまくれ」とハッパをかけた。そうして、遮二無二、車を売って金を貯め、無配だった会社を配当を出す企業に変えたのだった。


1953年、機械工場の工場長を務めていた大野耐一は、機械工場と組付け工場の間に、あるシステムを採り入れた。

当初は「スーパーマーケット方式」と大野が呼んだもので、後の工程の人間が前の工程に完成した部品を取りに来るシステムをいう。これまでは後の工程のことなど考えずに、材料があれば、ある分だけ部品にして、次の工程へ送り込んでいたのを後の工程の人間が主体的に引き取りにくるように変えたものだ。

スーパーマーケット方式のヒントは大野が学校時代のクラスメートから聞いた話にあった。

名古屋高等工業学校（現・名古屋工業大学）サッカー部で一緒だった山口という男がアメリカへ行ったと聞いた大野のクラスは級友が集まって、「アメリカ帰りから話を聞く会」を催した。興味を持った大野は会に出席する。

山口は自分が撮影してきたスライドを映しながら見聞してきたアメリカの様子について説明を始めた。大野だけでなく、出席していた同級生の目が留まったのは大きな商店の写真だった。

肉、野菜、缶詰、パン、ミルクと商品の棚にあふれるほどの食料品や雑貨が陳列されていた。そこにいた人間は思わずため息を洩らした。

「アメリカでは缶詰や牛乳がたくさんあるんだな」

大野もまた商品の豊富さに圧倒されたが、それよりも「日本と違うぞ」とひとつの点に気づいた。

「おい、山口、ここには店員さんはいないのか？　店員の姿が映ってないが…」

山口はスライドを止めて答えた。

「ああ、ここは大きな店だった。それなのに売り場には店員はいないんだ。出口に会計をするところがあって、そこに女の店員がいた。お客さんは棚に行って商品を手に取る。それを持ってきて、会計で勘定を払うんだ」

「売り場に人がいないのは不用心だな。こんなにたくさんのモノを置いておいて、盗られたりせんのか？」

「はは、誰もそんなことはせんよ。アメリカだぞ。モノは余ってるんだ。それに、それほど高価なモノは置いていない。せいぜい野菜や肉や牛乳のたぐいだ」

大野は腕を組んで、山口に聞いた。

「おい、ここは何という店なんだ？」

「大野、ずいぶん、気に入ったようだな。ここだけじゃない。アメリカの食料品店はどれもこうなっているんだ。スーパーマーケットという。マーケットとは英語で市場のことだ。

日本みたいに八百屋や魚屋の小僧が御用聞きに来るんじゃない。自分で必要なモノだけを買いに行くんだ。店員に品物をくれと言うんじゃない。黙って持ってきて、金を払ってくればいいんだ。さて…」

スライドは次へ移っていった。だが、大野はいつまでもスーパーマーケットのスライドについて考えた。

――アメリカ人は合理的だ。客は冷蔵庫の大きさを考えて、今晩食べるモノだけを買って、持ち帰ればいい。アメリカにはモノがある。いつでもある。だから、欲しくなったら取りに行けばいい。店の方は持っていかれたら、そこだけ補充すればいいんだ。必要なモノは必要な時にあればいいわけだ…。

大野は工場の効率化を考えるなかで、この時のことを思い出し、膝を打つ。

「喜一郎さんが言ったジャスト・イン・タイムもこの方式ならできるかもしらん。…なるほど、そういうことか」

大野は現場の工長、組長を集めて「これからスーパーマーケット方式というものを始める」と宣言した。

だが、そこにいる者はただ、ポカーンとしているだけだ。何しろ、見たことも聞いたこともない話だったのだから。

スーパーマーケットと言われても誰もが混乱した。この年、東京・青山にはセルフレジのスーパーマーケット紀ノ國屋が開店している。東京のごく一部の富裕層ならスーパーマーケットという概念を理解できたかもしれない。しかし、挙母町の工場で働く人間にそんな言葉を持ち出したって、わかるはずはなかった。

ある工長が言った。そこにいたみんなを代表した意見だ。

「工場長、スーパーとは何ですか？何のことかわからんです。わしたちは何をすればいいんですか？」

大野は「いいか、アメリカにはスーパーマーケットと言って、売り場に人がいない店がある」と説明した後で、「それをまねるんだ。オレたちはこうやる」とシステムを説明した。

「これまでは前の工程が部品を作って、どんどん積み上げていた。後の工程のことはおかまいなしだった。

だが、今日からは変える。いいか、後の工程は『お客さん』、前の工程は『スーパーマーケット』。お客さんは手元の部品が足りなくなったら、スーパーマーケットへ行って、使う分だけを補充してくる。いいか、ラインの横に山ができるほど部品をたくさん持ってきてはいかんぞ。必要な分だけ取りに行くんだ」

工長は訊ねた。

「いままでとはどこが違うのですか？」

大野はちょっと怒った。

「説明がわかりにくいか？つまりな、余分な部品を作りたくはないんだ。前の工程は必要な分だけ作ればいいんだ。持っていってもらうということだ」

そこにいた者たちはまだ理解していない。

「あのう、スーパーなんたらの話ですが、売り場には売り子がいなくて、出口に会計がいるわけですか？」

「そうだ。その通りだ」

「すると、工場長、入っていって、なかで金を払わずにまんじゅうやらパンやら食っちまったら、どうなるんですかね？」

困ったのは大野である。自分だってスーパーマーケットをよく知っているわけではない。スライドで見ただけだ。こんな説明をするしかなかった。

「バカもん。いいか、アメリカは紳士の国だ。金を払わんで店のなかでまんじゅうを食うようなやつはおらんのだ。ああ、オレはそう思うぞ。

まあ、いい。オレが言いたいのは、後の工程が前へ引き取りに行く。それだけやるんだ」

そこにいた全員はスーパーマーケットとは何かを結局、わからなかったと思われる。

ただし、実際に現場にあてはめてみると、これが意外にスムーズに運んだのである。

生産目標が増えたわけではない。コンベアのスピードを上げたわけでもない。目に見えて変わったのはライン横に積んでいた部品がなくなったことだ。

これまで遮二無二、仕事をしていたのが、後の工程のことを考えて、必要な量だけ作った。つまり自分自身で仕事をコントロールするわけである。つまり、作業者の視野が広くなった証拠だ。

もっと言えば、考えながら仕事をするようになったのである。ただし、それでも手元に部品がないのが不安で、足元に部品を隠す連中はいた。すると、今度は大野が現場を回って、部品を隠していた作業者を叱ったのである。

結局、後工程の人が前工程へ引き取りに行くことは時間はかかったが実現する。しかし、スーパーマーケット方式という名前は消えてしまった。

1か月が経った。現場がスムーズに流れ出してから、大野はふたたび工長、組長を集めた。

「いいか、後の工程が引き取りに来ることに慣れてきたから、今後はこれを使う」

そう言って、部品の数量が書かれた30センチ掛ける45センチの板を見せた。それを部品を入れた荷物かごの前面に取りつけた。

大野は手元の紙に図を描いて、周りの人間に説明する。

「できあがった部品にはこのかんばんを付けておく。すると、後の工程の人間が取りに来る」

後の工程の人間は部品をもらったらかんばんだけを外して、前の工程に戻す。前の工程は、かんばんが戻ってきたら、そこに書いてある数量だけ部品を作る。部品ができたら、かんばんを付けて後の工程が取りに来るのを待つ。

要するに、作った部品に指示票が付くというシステムだ。

かんばんという指示票が付いているため、前の工程は、後の工程が必要とする量しか作らない。この時は機械工場から組付け工場へ持っていく場合だけの、かんばんだったが、全工場へ行きわたるにつれて、かんばんにはさまざまな種類が生まれてくる。

この時、大野は言っている。

「スーパーマーケット方式で流れを作るのが先だった。かんばんを思い付いたのは、その後のこと」

大野は当初、かんばんという名前が知られるようになるとは思わなかった。ところが数年以上、経ってから「トヨタの現場が変な名前のものを使っている」ことが噂になり、同業の人間、業界紙の記者が

「かんばん方式」と呼び始め、世の中に知られていったのである。

「かんばんと言う名前が独り歩きしたことに当惑した」

大野は後にそう語っている。

「かんばんは重要だけれど、あくまでジャスト・イン・タイムを実現するための運用手段だ。だから、かんばんだけを真似しても現場は混乱する。かんばんを付ける前に工場全体に流れを作らなければならない。また、トヨタ生産方式という考え方を理解しないで、部品にかんばんを付けることには意味はない」

「かんばん方式」が世の中に取り沙汰されるようになってから、さまざまな解説本が出た。それを読んだ大野は現場に来て、わざわざ部下にくぎを刺した。

「いま、かんばんについてまとめた本がいくつも出ている。私も読んだ。だが、これは実践をやっていない者にはわからん。キミらは実践で学んでいるのだから、私の書いた文章も含めて本は一切、読まんでいい。読んだって理解できんのだから」

かんばん方式とは何か

確かに、世の中には「かんばん方式」あるいは「トヨタ生産方式」を解説した本がたくさんある。大野自身、大野の弟子たち、そして研究者、新聞・雑誌記者も書いている。

いずれの本も「ロット生産」「タクトタイム」「リードタイム」などの専門用語を駆使してある。一般読者は専門用語が出てきただけでもう読む気が起こらなくなるし、理解もできない。

確かに、この手の本は読むだけでは頭のなかに工場現場の映像が浮かんでこない。まして、「後ろの工程が前の工程へ引き取りに行く」と言われても、それがどう画期的なのかちっともわからないのである。

本当に理解しようと思ったら工場へ行くしかない。それもトヨタの工場だけではダメだ。トヨタの工場と他の自動車会社の工場を見比べることだ。そうでないとトヨタ生産方式のどこが革命的なのか見当がつかない。

トヨタ生産方式を採用している工場へ行くと、中間倉庫がない。また、工場内の部品置き場がなくなるか小さなスペースになっている。そこを見るのだ。

では、なぜ、大野は「本を読まなくともいい」と言ったのか。

それは、大野はわざと読者が理解しにくいように説明しているからだ。

読んでもわからないようにした理由はトヨタ独自のノーハウだから、広まることを恐れたのである。

本人はこう言っている。

「アメリカの自動車会社に真似されるといけないから外部の人間にイメージがわかないような名前を付けた。それが『かんばん』だ」

大野が語るように、当初、彼がトヨタ生産方式を解説した文章には外の人間が理解できないような造語やテクニカルタームを使っている。

「それならば本を書かなくともいいじゃないか」

だれもがそう思うだろう。彼自身、本を書く気持ちは持っていなかった。

だが、「トヨタ生産方式が効果を上げている」と聞いた他のメーカーの人間が勝手な推量でかんばんらしきものを導入し、工場の作業者にとっては混乱が起こった。そして、「下請けいじめだ」と国会で議論されるまでになった。それで、大野は本当のトヨタ生産方式について本を書いたのである。しかし万人向けにはしていない。

多くの資料には、大野がトヨタ生産方式を導入した当初、現場は反対したとされている。では、現場の人間は生産システムのなかのどの部分に反発したのだろうか。

複数の機械を操作できる作業者になること、標準作業の設定、アンドンの導入、不具合があったらラインを止めること、後ろの工程が前の工程へ引き取りに行くこと…。

この5つについてはどれも肉体的にストレスがかかる新方針ではない。この5つを導入したからといって、それまでよりも重いものを運んだり、速いスピードで仕事をこなすことを要求されるわけではないからだ。

ある時、後ろの工程の人間が部品を取りに来るより前に、前の工程の人間が荷物かご一杯の部品を作り終わってしまった。前の工程の工長が「このままでは手待ちになるから、もう少し作業をさせて部品を作りたい」と大野に言ってきた。

大野はこう答えた。

「ヒマな者は余分な仕事をしないでいい。その場で休んでおれ。機械の掃除などもしなくていい」

ある幹部が大野の言葉を聞いて、「なぜ、作業者を休ませるのか」と難詰したところ、「ムダにコンベアを動かしたら、電気代がかかる」としれっとした顔で答えた。幹部は二の句が継げなかった。

大野が導入したトヨタ生産方式は仕事が忙しくなるわけではない。ムダな労働が減るのだ。

実体はそうなのだが、それでも作業者は反発した。

では、いったい、どこが気に食わなかったのか？

反発した点はふたつ。

作業者が嫌がった第一は、これまでやっていた仕事に対して、他人からノーと言われることだった。

「ひとつの機械でなく、いくつもの機械を操作しろ」

「ラインの出口に部品を置くな」

「大きなロットで生産するな。なるべく小さなロットで作れ」

人間は自らが現実にやっていることを肯定する。たとえ、ムダが多い作業をやっていても、他人から「やめろ」と言われると頭に来るのである。

トヨタ生産方式の導入とはこれまでの生産風土を否定することであり、意識の改革だ。しかも、作業者が自ら変わりたいと思ってもらわなくてはならない。

大野は毎日、怒鳴りつけて現場を変えたわけではなかった。いくら怒鳴っても、現場がやろうと思わなければ生産性は上がらないのである。

もうひとつ、作業者の癇に障ったのは、標準作業を設定するために工長あるいは管理職がストップウォッチを持ち、背後に立って計測することだった。

当時の作業者はまだ職人だ。決められた生産目標に従ってはいたけれど、部品の加工については自分で案配して作業を進めていた。ひとつの仕事にかかる時間が遅くなったら、次は少し手を早めて加工するといった具合に、自分で作業時間を調節していたのである。

そうなると、どうしても品質にバラつきが生まれてしまう。標準作業が必要なのはラインのスピードを決めるだけではなく、品質のバラつきを防ぐ意味もあった。

作業者は動作をじっと見つめられ、結果として、「この作業は1分15秒が標準だ」と告げられる。以降は同じ時間で同じ動作をしなければならない。慣れるまでは窮屈だし、自由を奪われた気持ちになるのだろう。

そして、仕事をしている人間を観察していると、ムダは限りなくある。ただし、やっている方はたとえ上司からでも「それはムダだ」と指摘されると、腹が立つのである。それが人間だし、人間がやっていることからムダを完全に取り去ることはできない。

だが、大野はできるかぎり、ムダをやめて、仕事の本質だけを追求しろと言った。みんな、頭ではわかっているけれど、「そこに部品を置くな」「ネジやボルトをたくさん抱え込んでいるのをやめろ」と言われると、こんちくしょうと思ってしまうのだ。

だが、わたしたちは反発した作業者を笑うことはできない。

現在、日本で働く人間の大多数はやっている仕事を他人からノーと言われたら「コノヤロー」と感じるし、新しいことをやらされるのも決してうれしいとは思っていない。誰もがたくさんのムダなことのうえにあぐらをかいて仕事をしている。それを否定することはできない。

直近の統計では日本の正社員は年間2000時間は働いている。有給休暇の消化率は全産業平均で47パーセントから48パーセントだ。年間に与えられた有給休暇を全部、使っている人はどこの職場でもまずいないのである。

一方、ヨーロッパのビジネスパーソンは1300時間から1500時間しか働かない。そのうえ誰もが少なくとも1か月のバカンス休暇を取る。休暇を取らない人間はおかしな目で見られる。

それなのに、IMF（国際通貨基金）の経済見通しによればユーロ圏の経済成長率は1・5パーセントで、日本は0・6パーセント。日本の労働者の仕事のなかにはやたらとムダがある。日本人は勤勉とされているが、効率的な仕事をしているわけではない。

大野はそんな日本人の国民性に挑戦した。トヨタ生産方式を現場に根づかせるために彼がエネルギーを使った点はシステムの説明ではなく、働く者の意識改革だった。

大野は「お前がいまやっている仕事を疑え」と言って歩いたのである。「日本人の働き方にはムダが多い」とも公言した。それで、建前の好きなマスコミ人からは攻撃を受けた。「労働強化だ」「労働者の人権無視だ」と叩かれたのは、日本人がいちばん言われたくないことを主張し続けたからだった。

第8章 クラウン発売

朝鮮戦争後の自動車業界

１９５１年頃から日本の道路を走る車の種類は増えていった。敗戦直後の主役だったジープ、その後に続くオート三輪、国産トラックに加えて、海外の自動車会社が設計した乗用車が登場してきたのである。

ただし、個人が買ったものではない。タクシー会社が業務用に購入したものがほとんどである。それも、海外で生産された車ではなかった。海外メーカーと技術提携した日本の自動車会社が部品を輸入してノックダウン生産したものだった。

１９５１年には三菱重工から分割された東日本重工がアメリカのカイザー・フレーザー社との提携により、乗用車ヘンリーJを発売。１９５３年には日野ヂーゼル工業がフランスのルノー４ＣＶを組み立てて生産した。同じ年には日産がイギリスのオースチン、いすゞがイギリスのヒルマン・ミンクスをそれぞれノックダウンして売り出した。

こうした車はいずれも日本の道路事情に合わせた小型車で、オースチンは１２００cc、ルノーは７５０ccである。価格はオースチンが１１２万円でルノーが73万円。対して、トヨタが売っていたＳＦ型トヨペット（1000cc）は95万円だった。公務員初任給が7650円（1952年）の時代である。

これより少し前のこと、国内を走る自動車の増加に伴って、日本の交通規制が大きく変わった。GHQの指導により、「人は右、車は左」という対面通行が実施されたのである。

明治時代から敗戦直後まで日本の道路では人、車（人力車、軽車両、自動車）はどちらも道路の左側を通行することになっていた。人は道路の左側を歩き、後ろから自動車が追い越していったのである。なぜ、人が左側を歩いていたかと言えば、刀を差した武士がすれ違う時、右側通行だと「刀と刀がぶつかる」からだという。それで、日本人は左側を歩くことになっていた。

占領を始めた当初、GHQはアメリカに合わせて車は右側を走らせようとした。だが、信号や標識を変えるには膨大な予算がかかることがわかり、「貧乏な敗戦国には不可能」と判断する。そこで、人は右、車は左という英連邦の国家と同じ対面通行が始まったのである。

そうしたなか、国内の自動車各社は海外メーカーと提携して、性能のいい車を日本に導入しようとしたのだが、トヨタだけはその道を選ばなかった。

「日本人の頭と腕で自動車をつくる」のが創業者・豊田喜一郎の本懐だったから、社長の石田退三、常務の豊田英二も提携などはなから考えていなかった。

そして、社内では生前、喜一郎が指示した乗用車の開発が始まっていた。しかし、まだ社内の大勢がそれを知っていたわけではない。

現場の改革に奔走していた大野耐一もその新型車のことは噂に聞いていたけれど、ラインではトラックの生産を増やすことに集中していた。

クラウン開発

豊田織機時代から喜一郎の夢は日本人の頭と腕で本格的な大衆車を作ることだった。しかし、結局、生きている間に夢はかなわず、志を受け継いだのは副社長となり技術を総括していた英二である。

英二は本格的な国産乗用車を開発するために設計部だけではなく、生産技術からも技術者を呼び、横断的な開発集団を作った。トップに開発主査という新しい名称をつけ、清新な気持ちを技術者集団に与えた。初代の開発主査になったのは途中入社のエンジニア、中村健也だった。

中村は兵庫県西宮市の出身。長岡高等工業学校電気工学科（現・新潟大学工学部）を出て、最初はクライスラーの車を組み立てていた共立自動車製作所に入った。組み立てだけではつまらない、国産自動車の開発をしてみたいと思い、中村は4年で同社をやめた。失業中、自動車雑誌に載っていた喜一郎の投稿記事を読む。

「この人の下で働きたい」と直感し、トヨタを訪ねた。運のいいことに、トヨタは挙母工場を作ったばかりで、技術者を探していた。喜一郎の面接を受けた中村は無事、入社し、車体工場で溶接機の担当となる。

その後、中村は住友機械製作（現・住友重機械工業）と協力して挙母工場で使うための2000トンプレス機の開発に着手した。戦争で一時中断したけれど、戦後の1951年にはこれを完成させている。当時、日本最大の鋼板用で寿命は長く、現在もタイにある協力会社でトヨタ車のフレームを打ち出している。

ポートレートを見ると、中村の風貌は映画『王様と私』で知られるロシア生まれの俳優、ユル・ブリンナーにそっくりだ。目鼻立ちがくっきりとした男で、頭はスキンヘッド。いかにも鼻っ柱の強そうな顔をしている。事実、そうだったようで、さまざまなエピソードが残っている。

背広やネクタイとは無縁だったが、服装にだらしがないわけではなかった。現場でも事務所でもカーキ色のナッパ服に、パリッとした真っ白のワイシャツを着る。それが中村流のおしゃれだった。合理的というのか、変人なのか、かなりの雨が降っても絶対に傘をささなかったことで知られていた。どしゃ降りのなかでも、両手を身体の側面にピタリとつけてどんどん歩いていく。

彼の部下だったこともある豊田章一郎は不思議に思って聞いてみた。

「中村さん、どうして傘を差さないのですか？」

中村は「うん」と嬉しそうな顔で答えた。

「章一郎くん、いいかい、雨の日に手を振って歩くと袖まで濡れる。しかし、ほーら、ぴたりとくっつけていれば頭と肩しか濡れないんだ。なっ、いい考えだろう？」

章一郎はそんなことをせずに傘を差せばいいのにと思ったけれど、余計なお世話だと思ったから、「はあ？」と答えておいた。

だが、鼻っ柱の強さと人と違うユニークな考え方をするくらいが新車の開発には向いていたのだろう。英二に抜擢されて主査になった中村は「時流に先んじて創造する」という豊田綱領を体現して独自の開発方法を作り上げた。

英二が中村に与えた新車のコンセプトは「日本の道路を走っても、乗り心地のいい車を開発する」ことだった。

昭和30年代初めの道路舗装率はわずか1パーセントにすぎない。幹線道路以外はすべて砂利道だった。雨が降った日はぬかるみになり、風が吹けばホコリが舞い上がる。乾いた後、路面はでこぼこになる。

そんな道を走っても、人が心地よくなる車を作ることが中村に課せられた仕事だった。

中村は開発メンバーを集めて、「みんなで市場調査をする」と宣言した。そうして、タクシー会社、トヨタ自販の販売店を回り、新型乗用車の大きさ、スタイルなどへの意見を集めて回った。トヨタが新車開発で本格的に顧客調査、市場調査を採り入れたのはこの時が初めてである。

一方、車の乗り心地をよくするために先進技術を取り入れた。前輪をコイルスプリング独立懸架方式にすることで、車体が上下に揺れることを減衰させた。中村が指示した設計だったが、当初、配下のエンジニアは「それは無理です」と反論した。

「コイルスプリングを使うと乗り心地はよくなります。しかし、耐久力はまだ証明されていません」

エンジニアの意見を聞いた中村はちょっと黙ってから首を振った。

「オレはもともと金属の専門家だ。鉄のことならみんなよりもよくわかっている。コイルスプリングの材質はよくなっているから、ちょっとやそっとじゃ壊れない。今回はこれで行く」

もうひとつ、中村が固執したのがフロントに曲面のカーブガラスを使うことだった。それまでの車は直線のガラスを継ぎ合わせた2枚ガラスだったが、サプライヤーの旭硝子に無理を言って、曲面のガラスを開発してもらったのである。フロントが曲面ガラスになったので、前方が見やすくなったし、また室内が広く感じられるようになった。新車の大きなセールスポイントとなったのである。

開発中、中村はスタッフの話に耳を貸したが、「日本で初めて」「世界でも初めて」という技術を取り入れる時だけは自分の意見を通した。

乗用車を作っていたのはトヨタだけではない。日産、いすゞ、三菱もやっていた。世界を見ればビッグ3をはじめとするアメリカ勢、そして、ヨーロッパの自動車会社…。モデルチェンジが当たり前の自動車業界では新車に何らかの新しい試みがなければたちまち陳腐化してしまうのである。

日本の小さな会社が真似ばかりしていたら、世界との競争力を獲得できない。特需で儲けたとはいえ、開発資金はビッグ3に比べたら雀の涙だったし、人材だって寄せ集めだ。

　それでも、中村たちは創意くふうとチームワークで新車、クラウンを作り上げた。


　1955年、トヨタはクラウンを発売した。前輪独立懸架の他、後輪は3枚板バネ懸架方式を採用。前輪と相まって悪路での乗り心地のよさを達成した。

　操作ではダブルクラッチを踏まなくても変速できるシンクロメッシュ付きの常時かみ合い式トランスミッションを採用。運転しながらのクラッチ操作がぐっと楽になった。

　また、なんといっても特徴は「観音開き」と呼ばれたドアの採用だ。観音像を納めた厨子(ずし)の扉が両開きになっていることから付けられた名前だが、タクシー会社は「乗客が乗り降りしやすい」と歓迎した。業務用を意識したドア設計だったのである。

　このように中村たち開発グループは市場調査をした結果を踏まえ、さらに世界でも最先端の技術を組み込んでクラウンを作った。

　なんといっても当時、日本でノックダウン生産されていた海外メーカーの車はいずれも設計が古いものばかりである。日産のオースチンA40は本国では1947年に発売された型の後継モデルだし、日野のルノーは1946年に設計されたものだった。日本人は「外国製品は上等」と思っていたけれど、新車のクラウンはヨーロッパの車と比べてもそん色がないどころか、性能では上回っていた。

　売り出されたクラウンには2種類があった。RS型トヨペット・クラウンは自家用車向け、RR型トヨペット・マスターはタクシー、つまり営業車向けだった。どちらにもRが付くのはR型という新型エンジンを積んでいるためである。

発売した1955年、「両車種を合わせて月産1000台」が目標だったが、実際には600台しか売れなかった。「本格的国産乗用車」と玄人には評判がよかったのだけれど、売れ行きはなかなか伸びていかなかった。

だが、年が明けたら販売台数は急増する。発売と同時に買ったタクシー会社の運転手たちが「お客さんが乗り心地がいいと言っている」とアナウンスしたため、追随して購入するタクシー会社が増えたのだった。

クラウンは月産約800台のヒットとなり、10月には自家用車向けのクラウンだけで月産1000台になった。すると、今度はまた顧客のタクシー会社から「営業車用のマスターより、お客さんは乗用車のクラウンに乗りたがっている」と要望が出た。

そこで、個人オーナー向けを改良したクラウンのデラックス版（RSD型）を出したところ、この車もまた売れに売れ、タクシー会社もまたこちらのデラックス版を購入した。

結局、初代クラウンはマイナーチェンジを繰り返し、7年の間、国産乗用車としてもっとも売れた車になった。

ちなみにRSD型クラウンの販売価格は101万4860円。公務員初任給が8700円だったから、その116倍にあたる。普通のサラリーマンが10年間、懸命に働いてやっと買うことのできる価格だった。

ロンドンドライブと対米輸出

クラウンが出る前まで、トヨタの乗用車はAA型、SA型といったアルファベットや数字が車名だった。SA型は毎日新聞が主催した名古屋から大阪までの急行列車との競争で知られたが、世間の人々が認識したのはトヨタという社名であり、車の型式までは記憶にとどめていない。

ところが、1956年に朝日新聞が打ち上げた「ロンドン・東京5万キロ・ドライブ」の場合、人々の頭に残ったのは「クラウン」という車名だった。そして、このイベントをとおして、日本人はトヨタという名古屋の小さな会社がロンドンから東京までを走っても壊れない国産乗用車を作っている事実をやっと知ったのである。

その頃の人々は、豊田佐吉という発明王のことは知っていた。だが、その息子が自動車会社を創ったこと、そのトヨタという会社が名古屋にあることを知っていたとは言い難い。

特に首都圏に住む人々にとっての自動車会社は日産だった。トヨタはライバルというよりも格下の会社というイメージだったのである。

だが、ロンドン、東京間を走破するイベントが朝日新聞に載り、しかも、一冊の本にまとめられ、ベストセラーになった。そこで、クラウンは国産車のなかではポピュラーな存在になったのだった。

イベントの概要はこうだ。ロンドンに駐在していた朝日新聞の辻豊記者、東京から合流した土崎一カメラマンはクラウン・デラックスに乗り、同年4月にロンドンを出発。中近東、インド、東南アジアの幹線道路を走って、ベトナムへ。ベトナムからは船で山口県に入り、そこから東京まで運転してきた。車の性能を宣伝するとともに、ヨーロッパ、中近東、アジアの風物を日本の読者に紹介する旅行記事で、それもまた人気となった要因だった。

中東からアジアへ抜ける山岳地帯、砂漠、荒れ地を走ったクラウンは軽微な故障はあったものの、全旅程を走り切っている。

いま考えると、「昭和30年の国産車がアジアの山岳地帯をよく走ったものだ」と思ってしまう。しかし、よくよく考えてみると、日本の道路はアジアの山岳地帯の道路と変わらないくらいの悪路だったたから、クラウンが故障しなかったのは当たり前だった。むしろビッグ3が作った大型乗用車が砂漠のような悪路を走ろうとしたならば、たちまちトラブルで動けなくなってしまっただろう。

このイベントの成功でクラウンはさらに売れるようになった。そこで、社長の石田は自販社長の神谷正太郎と話し合い、クラウンをアメリカに輸出することを決めた。輸出を主導したのは神谷である。

1957年にはカリフォルニアに米国トヨタ販売を設立して、輸出の準備を始めた。だが、その手続きが実に煩雑だったのである。

アメリカでは州によって車両法規が微妙に異なっている。そのため、各州の車両認定を取るという事務手続きが必要で、それに時間がかかった。たとえば本社を置いたカリフォルニアではハイウェイパトロールの認証が義務となっていて、駐在した社員は1年近く、認証を取得するためにお役所巡りをしなければならなかった。

認証を取得し、「やれやれ、これでやっと輸出できる」と思って、日本側は輸出のために船積みの準備を始めた。

ところが、船が出る直前、カリフォルニアのハイウェイパトロールが「ヘッドライトが暗い」と言ってきたのである。アメリカで普及していたシールドビーム（レンズ、リフレクター付き電球）に比べると、クラウンに装備された日本製ヘッドライトは明らかに輝度が足りなかった。

「クラウンのヘッドライトではハイウェイを安全に走行することができない」

そう指摘されたが、船はもう港を出ていこうとしていた。それでも結局、ヘッドライトを外すしかなかった。あらためて船積みされた左ハンドルのクラウンにはヘッドライトが付いていなかった。アメリカに陸揚げした後、GE製シールドビームを付け、売り出したのである。

国内でのテストドライブも行い、左ハンドルにして、さらにいくつかの個所を作り直して、やっと売り出したクラウンだったが、アメリカでの評判は散々だった。

「馬力が足りないから、合流する時、後ろの車に追突されそうになる」

「ハイウェイに入ろうとしても加速しない。入り口が上り坂だとエンストしてしまう」

「高速になると車体が振動する」

クラウンは悪路には強い車だったけれど、エンジンが非力で、加速性能が弱かった。クレームが続出したので、神谷はいったん、アメリカでの販売をやめた。

クラウンの開発を統括した英二は「乱暴なことをした」と後に思い出している。

「なんといっても馬力がないから高速に入れない。一日も早くまともな車を輸出しないと米国トヨタはつぶれると思った」

また、章一郎は後にニューヨークでソニーの井深大、盛田昭夫に会った時、クラウンについて親身なアドバイスを受けた。

「章一郎さん、アメリカに輸出するならもう少し大きなエンジンの方がいい。それと、やっぱりアメリカ人はAT（オートマチック・トランスミッション）じゃないと運転しないよ」

そこで、技術陣は必死になって高速性能を上げようとしたのだが、トヨタの車（コロナAT車）がアメリカで受け入れられるようになったのはほぼ10年後のことになる。日本に高速道路ができて（1963年）、実地走行が可能になってからのことだった。

クラウンのアメリカ市場進出は失敗だった。だが、英二はクラウンは不評だったけれど、それでも進出の判断自体は間違っていないと言っている。

「当時、米国市場は欧州車がどんどん侵食していた。いちばん多かったのは西ドイツのフォルクスワーゲンで、一時期、欧州車のシェアは10パーセントに近づいた。このままでいけばアメリカが怒るのは目に見えている。

それを見た自販の神谷さんは、『もし米国が輸入規制に踏み切れば、トヨタは永久に米市場に入れなくなる。つばをつけるのはいまのうちだ』と言いだした。米国進出はそういう計算からともかく船積みした」

クラウンを売ろうとしたというよりも、つま先だけでもいいからアメリカの市場に足を突っ込んでおこうというのが神谷の判断だったわけだ。しかし、英二は内心、ひやひやしたことだろう。日本国内ではベストセラーカーとなったクラウンだったけれど、アメリカへの輸出は失敗した。だが、トヨタはアメリカ国民の乗用車に対する嗜好を知ることができた。クラウンの輸出で得たものとはそういうものだった。


クラウンが輸出された頃だったが、大野は初めてアメリカの地を踏んだ。フォードをはじめとする自動車会社の工場を見学し、フォード・システム、つまり大量生産システムを自分の目で見た。

その時の感想が残っているが、大野が注目したのは生産方式とワーカーの様子だった。

「アメリカ人の作業者と日本人では働きぶりが違っている。向こうの作業者は屈託がない。見学した私と目があったらハーイと声をかけてきたり、手を振ったりする。

これが日本ならそうはいかんだろう。うちの工場では私と視線が合うとなにかゴソゴソやりはじめる。ボロであっちこっちを拭いたり、機械に油をさしたり…。日本人は勤勉だ、よく働くというのが国民性になっておるのか、視線が合うとすぐ俺は一生懸命やっていると見せたがる。だが、アメリカの作業者はそんなことはしない。（略）

さて、作業者の動きのなかから、ムダな動き、あるいはやってはならない動き、これをどうやったら取り去ることができるのだろうか。

せっかく8時間、勤勉に働く意志のある作業者を、つまらぬ動きでほんとの働きをさせない企業はいくらでもある」

アメリカの現場で大野が感じたのは、日本の労働者がやっているムダな動きだった。

アメリカ人ワーカーはカネをもらった分だけラインで働いて、やるだけのことをやる。時間が来たら帰る。

一方、日本の労働者は要領よくやれば1時間で済むかもしれない仕事を退屈せずに、勤勉を装って8時間もかけてやっている。意識を改革しなければジャスト・イン・タイムでラインを流すことは無理だと思った。

「悪いのは作業者じゃない。働き方を教えていない管理者の方だ」

大野はそう感じた。

大野がアメリカで見たものは工場の現場だけだった。後工程からの部品引き取りを発想した本場のスーパーマーケットを視察することはなかった。

名古屋に戻ってきた後、部下から「スーパーマーケットはどうでしたか?」と問われた時、彼は答えた。

「いや、行っていない。イメージが壊れると思ったから行かなかった。それと、オレたちはいまからスーパーマーケット方式と呼ぶのはやめる。そうだな、後工程引き取りとか同期化方式とか…」

すると、部下が言った。

「うちの連中はかんばんを使い慣れました。ですから勝手に、かんばん方式と呼んでますよ」

その頃はまだトヨタ生産方式とも呼んでいなかった。現場では「流れ生産」もしくは「かんばん方式」と仮の名前を付けていた。それがいつの間にか広がっていたのだが大野自身は「かんばんは道具に過ぎない」と言い続けた。理屈にうるさい彼にとっては、最初から「トヨタ生産方式」だったのだろう。

第9章 7つのムダ

自動車工場の仕組み

高度成長のさなかの1960年代から現在まで自動車工場の基本的な仕組みは変わっていない。特定の場所だけを効率的に冷房するスポットエアコンの導入など労働環境は整備され快適になった。また、各作業者にタブレットが配られたりはしている。だが、工場のレイアウト、全体工程はほぼ同じだ。

では、自動車ができるまではどういった流れになっているのだろうか。トヨタ生産方式を理解するには頭のなかに自動車工場の全体図が必要だろう。

自動車の製造工程は大きく3つに分けられる。

①車両製造工程
②エンジン製造工程
③樹脂部品成形工程

車両製造工程では車体（ボデー）の部品の製造に始まり、完成車までを作る。ちなみに、車体をボデーと呼ぶのはトヨタ独特の呼称で、同業他社ではボディと言う。

エンジン製造工程は車の心臓であり、多種類の部品の集まりであるエンジンを作る。できあがったエンジンは組み立てラインで車体に載せる。

樹脂部品とはバンパー、インパネ（インストゥルパネル＝計器盤）などを言う。車にはこれ以外にも、窓ガラス、タイヤ、シート、ライト、カーナビといったものが必要だけれど、こうしたものは協力工場が製造したものが輸送されてきて、組み立てラインで合体する。

車両製造工程は5つの工程からなる。プレス、溶接、塗装、組み立て、検査。

エンジン製造工程は4つだ。鋳造、鍛造、機械加工、エンジン組付けである。

樹脂部品成形は成形と塗装の2工程だ。

車両製造におけるプレスとは自動車用鋼板を巨大なプレス機で上下からがっしゃーんと挟み込んで押しつぶし、ルーフやドアなどボデー用の部品を作ること。溶接工程ではプレスされた部品を溶接して車の形状にする。いまはロボット溶接がほとんどだ。塗装は文字通りボデーが錆びないよう、また見栄えをよくするよう塗装を施すこと。

エンジン製造の場合、鋳造、鍛造というふたつの部品作りの工程がある。

鋳造は複雑な形状の製品を作る時の方法で、エンジンブロックは鋳造だ。以前は鉄製だったが、いまではアルミ製が多くなっている。

鍛造は強度の要る部品を作る。鋳造は溶かした金属を型に流し込むことだが、鍛造は棒状などの材料をハンマーやプレス機で叩いたり、型打ちして作ること。叩かれた鉄は金属組織が稠密になり強度が増す。鍛造部品にはカムシャフト、クランクシャフト、ピストンとクランクシャフトを結ぶコンロッド（コネクティングロッドの略）といった高速で長時間の運動に耐えうるものがある。

鋳造部品、鍛造部品を切削加工するのが機械工場で、それを合わせるのが組付けだ。

組み立てラインでは塗装されたボデーにシート、ハンドル、エンジンなどすべてを取り付けて車を完成させる。その後、検査を経て車はユーザーに届く。

こうしてみると、わたしたちがイメージしている自動車工場とはすなわち組み立てラインのことだと思われる。ベルトコンベアがあり、作業者が部品を車体に載せることが自動車作りのように感じている。しかし、それも仕方がない。

自動車工場を見学に行くと、見せてくれるのはほぼ組み立てラインだけだ。溶接、鋳造、鍛造といったところは見せてもらえないか、もしくはビデオ見学になる。この工程は火花が飛んだり、金属を熱していたりするから危険であり、かつ製造ノーハウがある。見せるわけにはいかない工程とも言える。

覚えておいていただきたいのは自動車工場だからといって、すべてにベルトコンベアが設置されているわけではないことだ。鋳造、鍛造、機械加工はセル（細胞のこと）生産と呼ばれる小さなセクション内で作業するところが多い。できあがった部品は自動搬送もしくは人間が運ぶようになっている。

トヨタの創業者、豊田喜一郎が提唱したトヨタ生産方式を体系化した大野耐一は、すべての工程にこのトヨタ生産方式を適用した。

ベルトコンベアの流れ生産になっているところは導入しやすい。中間在庫をなくし、標準作業を決め、ムダを省いていけばいい。

問題はプレス、鍛造といったベルトコンベアがない工程だ。ここでは作業者がチームを組んで、それぞれ決められた数を自分たちのペースで作っていた。ムダを見つけるにはまず製造工程を熟知しなければならなかったのである。

また、ベルトコンベアのない工程はいずれも職人技を発揮する職場だ。いくら「こうやれ」と言っても、「うちにはうちのルールがある」と、大野や彼の部下である鈴村喜久男の言うことなど歯牙にもかけない職人の親玉がいたのである。

しごかれる男たち

張富士夫と池渕浩介は1960年代の後半に相次いで、大野の部下となった。張は東京大学法学部を出た事務系社員、池渕は大阪大学工学部を出た技術系社員である。のちに張は社長、会長、名誉会長となり、池渕は副会長になっている。

張が入社したのは1960年だ。ただし、その頃のトヨタは東大法学部を出た学生が喜んで行く会社とは言えなかった。東海地方にある自動車会社で、労働争議で紛糾した会社というイメージだった。東大生がめざした官庁、銀行、商社よりはランクが落ちるというのが客観的な評価だったろう。

そして、もし、東大生が自動車会社を選ぶとすれば、それは日産だった。「技術の日産」というキャッチフレーズで知られ、本社も東京にあった。そして、日産は官庁や金融資本とも距離が近い。メインバンクは日本興業銀行。東大生にとっては真っ先に就職したい銀行だった。

日産はエリートがめざす会社だった。一方、当時のトヨタはそうではなかった。名古屋のあか抜けない企業で、しかも本社は名古屋市から1時間近くかかる豊田市だ。

それに、当時は豊田市と言っても、地元の人間でさえ、「えっ」と聞き返すような町だった。豊田と改称されたのは1959年。東海地方に住む人間も「トヨタの工場があるのは挙母市」とばかり思っていたのである。

張が入社した頃のトヨタおよび豊田市とはそういう場所だった。

むろん、新幹線など走っていない。東京から名古屋に行くのでさえ一日がかりだったのである。

東大の剣道部で一緒に汗を流した元警察庁長官の國松孝次は工場の近くにある独身寮に張を訪ねたことがある。

「夜、ふたりで酒を飲みに出たけれど、真っ暗な道を歩いていくと一軒のスナックにたどり着いた。張に聞いたら、ここしかないんだという。そこでふたりで酒を飲んだけれど、ラジオから水原弘の歌が流れてきたのを覚えている。うらぶれていたというか。昭和35年頃の豊田市は真っ暗だった」

こう書くと当時のトヨタはまったくいいところがないように感じてしまうが、決してそんなことはない。トヨタのいいところと言えばいまもそうだが、35万人の従業員が一丸となって頑張るところだ。それは学閥や派閥がないからだろう。外から見れば無愛想な会社だが、中に入ってみれば風通しがいい。

なんといっても、中学しか出ていない現場から叩き上げた人間が副社長になっている。そんな自動車会社は世界中で同社だけだ。学歴など関係なく、がんばって結果を出せば誰にでも出世のチャンスはある。

ただし、それも実力次第だ。張は社長になったけれど、東大卒という肩書は他の民間企業ほどは役に立たなかった。出世したのは彼自身の力であり、彼を徹底的に鍛えた大野、鈴村が偉かったと言える。

張が入社したのは東大剣道部の先輩から引っ張られたからだった。先輩は張の温和な性格を評価し、また、食いついたら目的を果たすまで努力する敢闘精神も認めていた。入社後も張の面倒を見ていたのだが、「大野の下に配属された」と聞いた時、飛んできたという。

「張、まずいことになった。オレが人事にかけあってやる。あの人の下に行ったら、お前、殺されるかもしれん。とにかく将来のためにならん。全社の嫌われ者だぞ、大野は」

しかし、張は「いいえ、私は行きます」と答えた。どれほど厳しい上司であっても、裏工作などしたくはなかったし、どんな命令も自分の運命だと前向きに考えるタイプだったからだ。また、張は入社式で社長の石田退三が話したことを覚えていた。どこに配属されても逃げるわけにはいかないと思った。

石田は声を振り絞った。

「諸君、当社はやっと月産1万台を達成した。年間では10万台だ。喜ばしいとは言える。しかし、GMは369万台だ。いいかね、貿易が自由化されて、GM以下のビッグ3が日本のマーケットに入ってきたら、我々はひとたまりもなくやられてしまう。諸君、我々はこれから死ぬ覚悟で闘わなきゃならん」

太平洋戦争の開戦前のような、悲壮なメッセージだった。

石田の言葉を聞いた池渕も当時のトヨタについて「会社中に危機感が満ちていた」ことを覚えている。

「私たちは戦後世代です。実際の戦争は知りません。だが、入社してみたら、アメリカと戦場で闘っていた人たちがまだたくさんいました。軍隊帰りですよ。その人たちはアメリカの強さを戦場で体験していた。自動車作りでアメリカに勝とうと思ったら生半可な努力ではダメだとわかっていたのでしょう。そんな人たちから見たら、僕らは戦場を知らない、へなちょこの若造だった。あの人たちが俺たちを見る目は『こんな若造でも徹底的に鍛えてやらにゃならん。そうしないと、トヨタはつぶれる』というものだった。大野さんは戦争には行ってません。でも、僕たちを鍛える時はスパルタ教育そのものでした」

入社して数年後、大野の下に配属された張と池渕のふたりはトヨタ生産方式を徹底的に叩き込まれた。それも座学で教わったわけではない。現場である。

「ついてこい」と言われて大野の後を歩く。大野は現場を回ってムダを見つけ、カミナリを落とす。大野でなければ同じことを部下の鈴村がやる。張と池渕のふたりは黙って見ているか、もしくはその後のフォローを担当した。

道場主（大野）と師範代（鈴村）が弟子を連れて、実戦の場で教育したのである。

張と池渕の体験

張は大野に出会ったとたんに雷を落とされた。入社後、総務部の広報課に勤務し、社内報の編集をしたり、工場見学に来る小学生を相手にしていた彼は7年目に生産管理部に移った。係長になってやったことは先輩に言われたまま、トヨタ社内で作っていた部品の数々を社外の協力企業に発注することだった。

先輩からの申し送りは次のようなものだった。

「少量で、しかも作るのに技術が要る部品はすべてサプライヤーに頼め。社内で作るのは量産しやすい単純な部品だけだ」

なるほどと思った張は車の部品で難しそうなものを見つけたら、「外注します」と稟議書を書いては上司に持っていった。上司も素直にハンコを押す。それが毎日の仕事だった。

半年後、生産管理の担当役員が大野に変わった。上司は真っ青になった。

「おい、大変なことになった。鬼がやってくる。いいか、お前のような若造は近寄らないようにしとけ。何を言われても、下を向いてろ。絶対に返事はするな。はい、いいえも言うな。黙ってろ。怒らせたら大変なことになるぞ」

大野が部屋にやってきた。

張が書き上げた書類を見ているうちに、真っ赤な顔になるのがわかった。机を叩いた。

「きさまら、これはいったい、何の真似だ」

上司が飛び上がって、「常務、何か間違いがありましたか？」とおそるおそる訊ねた。

大野が怒鳴った。

「バカもん、お前たちはどうして、やりにくい品物ばかり外注に出すんだ？　うちの工場はどうして、こんな簡単な部品ばかりを作らにゃならんのだ」

「常務、申し訳ありません。張は文科系だから、技術のことはよくわからんのです。すぐに書き換えさせます。なっ、張、お前、常務に謝れ」

はしごを外された形の張はわけもわからず、とにかく頭を下げた。

大野はだいたいの事情はわかっとるといった顔で、珍しく温和な表情で説明を始めた。

「いいか、キミ。車の部品、3万点のうち7割は購入部品だ。7割を安くしなければ原価は下がらない。だから、作りやすい部品こそ外製にするんだ。

作りやすいから彼らはがんばって原価を下げる。社内で作る3割は手間のかかる部品だけにする。難しいものに挑戦して原価を下げるのが俺たちトヨタ社員の仕事だ。

わかったら、稟議書をいますぐ全部、書き直せ」

張は「わかりました」と答えた後、このおっさん、言ってることは実にまっとうだなと思った。おっさんのことは信頼できると感じた。

その後、大野が亡くなるまで、ふたりは師弟として長い付き合いをすることになる。

池渕の場合は現場の技術員として大野に出会った。

「僕ら技術員は工場のなかにある狭い部屋で、朝、一服してから仕事を始めるんです。ある日、みんなでタバコを吸っていたら、突然、大野さんが入ってこられた。みんな、慌ててタバコを消して、立ち上がり、直立不動ですよ。なかにはぶるぶる震えている人もいました。それくらい、怖い人だったんです。

大野さんはどすんと腰を下ろした。じろっと見上げて言いました。

『お前ら、なんで立ってるんだ。いいから、タバコを吸ってろ。いらない気を遣うことはない』

でも、誰ひとり座ろうとしないし、手が震えてるから、タバコなんか吸う気にならんですよ。もう存在そのものが怖かったんです」

池渕はもうひとつ、大野が命じた仕事を覚えている。

「ある先輩は大野さんから『ラインについているあの作業者を見ていろ。動作のなかからムダを発見しろ』と指示されたんです。

そして、大野さんはチョークで半径1メートルくらいの円を描きました。先輩に向かって、『いいか、このなかでずっと立ってろ。トイレは行ってもいい』。

その先輩は半日以上、丸のなかで立って、何かを見つけようとしていました」

いまなら間違いなく、パワハラで訴えられるだろう。しかし、その頃はまだびんたを張ったり、頭をごつんとやるような上司はトヨタに限らず、どこの会社にもいたのである。

だが、大野は部下だけを叱ったわけではなかった。理屈に合わないことを言ってくる人間にはたとえ上部権力であっても立ち向かう男だった。

池渕は言う。

「車のエンジンにはフレームナンバーという番号をふります。ナンバーは書類に残すための大切な数字だから、紙を載せて鉛筆で数字を浮き出させる。僕らは『石刷りを取る』と言っています。

社内で車を完成させて検査したら石刷りを取る。その後、運輸省から検査員が来て、また石刷りを取る。大野さんに言わせればムダだと。うちは工程で車を作り込んでいるから、石刷りを二度も取るなんておかしい、と。

それで運輸省の検査員を怒鳴り上げるわけですよ。検査員だって、大野さんに声を荒らげる。あの頃の人たちはみんな、かんかんがくがくの議論ですよ。

社内で役員同士が怒鳴り合うなんて当たり前でした。部下がいたって、堂々と、お前がいかんとやり合うわけだから」

そして、池渕はつぶやいた。

「私は大野さんと同じくらいの年齢で役員になりました。瞬間湯沸かし器と渾名がついたくらい、部下を叱る男でした。しかし、入社したばかりの若者や数年経ったくらいの社員を叱ったことはないんです。管理職を呼んで叱責するくらいなんですよ。真っ赤になって怒鳴るなんてことは、ようせんかった。

ところが大野さんは違った。相手が自分の子どもくらいの年齢であっても、情熱を込めて烈火のごとく怒る。こっちは怖くて、天地が逆になったんじゃないかと思うくらいでした。身がすくんで口もきけない。あれだけの使命感を持った人はもう出てきませんよ」

張、池渕ともに長いあいだ、大野の下で働いた。30年以上にもなった。それだけ一緒にいて、可愛がられたにもかかわらず、ふたりともただの一度もほめられたことはなかった。せいぜい、「お前たち、元気があるな」といなされたくらいだ。どれほど厳しい上司でも、年に二度か三度は「よくやった」くらいは言うだろう。だが、大野が部下をほめることはなかった。

結局のところ、社内で大野を理解していた人間はほんの少数だった。敗戦後から20年以上もトヨタ生産方式の定着のために必死で現場を指導していたにもかかわらず、それでも、社内の大勢は「大野は自分勝手にやっている」と思っていた。

ただし、表立って大野を非難する人間は多くはない。喜一郎や5代社長となる英二が大野を支持していたからだ。

ただ、なかには猛者もいた。ある工場の部長は「常務が来ても、うちの工場に入れるな」と部下に言いつけて、大野の車が来たら、門を閉じてしまう。

大野は車を降りて、歩いて工場に入ってくる。部長は迎えにもいかない。意地の張り合いのようなことが行われていたのである。

当初、労働組合は面と向かって大野を非難し、敵視した。

「工場に丸を描いて、そのなかに立たせるなんてことは人権蹂躙（じゅうりん）だ」

組合はそう言って、大野、鈴村の現場指導を攻撃したが、英二はそれをはねつけた。

張が覚えているのは珍しく鈴村が大野の前で弱音を吐いたことだ。

「大野さん、オレたちは一生懸命、会社のためにやっている。ですが、大野の一派は会社をつぶすと言われました」

よほど悔しい思いをしたのだろう、鈴村の目には涙が光っていた。大野は「そうか」と鈴村の肩に手をかける。

「鈴村、お前は泣けばそれで済む。しかし、わしはどうすればいいんだ。泣くこともできんぞ」

張、池渕たち直属の部下はまわりから孤立したが、かえって結束した。それがトヨタ生産方式を進化させることにつながった。大野一派は会社にいる間じゅう、生産性を向上させることしか考えていなかったのである。

ただし、休日は違う。彼らは休みの日に仕事を家に持って帰ったりせず、大野一派で遊びに興じた。

張、池渕、内川晋、好川純一などの若い世代は休みの日になると大野の自宅を訪ねた。大野夫婦は子どもに恵まれていなかったこともあって、職場の若者がやってくると歓迎したのである。

家では仕事の話は一切出なかった。麻雀をやったり、ゴルフの素振りをしたり、食事をしたり、酒を飲んだり…。休みの日の大野一派は肩書の上下も関係なく、話す、遊ぶ、食べる、飲むの繰り返しだった。

しかし、毎週のように若い社員がやってくるようになると、夫人は大野を叱った。

「あなた、みなさん、ガールフレンドもいるんです。他に行きたいところもあるのだから、毎週、呼びつけてはダメ」

そうすると、大野は少しだけすまなそうな顔をして飼い猫のチョロを抱き寄せ、「言われてみればそうだな」と反省したふりをするのだった。

彼らが休みの日も行動を共にしていたのは使命感で結ばれていたことだけではない。社内では敬して遠ざけられていた存在だったから、それなりにうっぷんを吐き出す機会も欲しかったのだろう。

ふたりは異口同音に語る。

張、池渕が口を揃えて言うのは「危機感と使命感」である。

「アメリカからビッグ3がやってきたらトヨタはつぶれる。それは大野さんだけでなく、経営陣も社員もみんなが感じていたことでした。あれだけ戦争でコテンパンにやられたのだから、アメリカが全力でやってきたら、日本はかなわないに決まっている。

しかし、かなわないまでも闘わなきゃいかん。大野さんはトヨタ生産方式を軌道に乗せて、なんとかつぶれない会社を作らなければならんと思っていたのです」

抵抗の理由

トヨタ生産方式が導入された順序はまず機械工場であり、次が組み立て工場、それから塗装、プレス、鍛造(鋳造)といった順番だった。

機械工場はエンジン、ミッションを作り、組み付ける工場のこと。機械工場、組み立て工場にはベルトコンベアもしくは床面が動くスラットコンベアが入っている。一方、塗装はオーバーヘッドコンベアと台車、溶接は台車でプレスから検査工程へはベルトコンベア。こうした工程では搬送のムダを解決することで生産性を上げることができる。

対して鍛造、鋳造といったところはできあがった部品をローラーの滑り台のようなシューターで流すだけだ。作業それ自体を見つめて動作のムダを発見しなくてはならない。

搬送装置があるかないか、もしくはどういった搬送装置を使っている工程なのかによってムダを発見するアプローチは違ってくる。

大野は自分が機械工場の担当だったこともあるけれど、まずはベルトコンベアが入っている機械工場の工程から導入を開始した。

次いで、組み立て工程だ。組み立て工程は単純作業の繰り返しだから、標準作業も設定しやすい。また素人がやっても次第に習熟する仕事で、システム化すれば誰もが同じ時間で作業ができるようになる。

一方、鍛造、鋳造の工程は職人仕事だ。仮に標準作業を設定して、作業にかかる秒数を決めたとしても、熟練者と新人ではできあがりがまったく違ってくる。板前が刺身を切る標準時間を決めても、誰もがおいしい刺身を調理できるとは限らないのと同じだ。

ここから本題になるけれど、トヨタ生産方式を導入する際、もっとも現場が抵抗したのは標準作業の設定だった。組み立て工程では「監視されてるみたいで嫌だ」という反発を受け、鍛造、プレスの工程では「標準作業の設定に意味はない」と言われたのである。

標準作業を設定するには担当が作業者の後ろに立つ。そして、作業にかかわる動作をストップウォッチで計測し、記録する。現場の人間にとっては熟練、非熟練を問わず、それがいちばんやりにくかったという。

ただし「やりにくい」と答えたのは日本の工場で働いている人間だけだった。

ためしにケンタッキーの工場で数人に聞いてみたところ、「ストップウォッチの計測？　そんなことはノープロブレムだ」と全員が答えたのである。人に見られていたからといって作業が滞ることはないと言い切った。

「どうして、そんなことを聞くのか？」

そう言ったチームメンバーもいた。

日本人は見られることが嫌だけれど、アメリカ人作業者は「仕事の一環だから当たり前」という反応だった。

もっと言えば、日本人は第三者が見ていると、ついつい、いいカッコしようと思って張り切ってしまうのである。張り切ってやることが嫌だから計測をされたくないというのが本音だろう。

一方、アメリカ人作業者は「オレは給料分だけ働く」とはっきり決めている。誰が見ていようが、ストップウォッチで計測されようが、切り売りした時間だから、文句を言うことに意味はないと割り切っている。誰かが見ていたからと言って、いつもより頑張って仕事をすることもない。

かつて大野はこう言っていた。

「アメリカの自動車工場（フォード）を見学した時、ワーカーは平気でタバコを吸っていた。だが、日本人は上司が来ると、急にタバコを消して働いているふりを始める」

つまり、日本人は自意識過剰ともいえる。働いているところを見られると落ち着かなくなる。監視されて自分の作業にムダな部分があると指摘されると、むきになって否定する。指摘されたことをカイゼンして、作業の手順が楽になったとしても、それでも、なんとなく面白くないと感じるのが日本人一般なのである。

トヨタ生産方式の導入で現場が抵抗したのは他人から見られること、自分の仕事のムダな部分があらわになること、そして、現在やっている作業を変えることへの恐れだった。いつまでも現状維持でいたいというのが本音だった。

大野たち一派が闘っていたのはトヨタの社内ではなく、現状維持をよしとする日本社会の風土だった。だから、導入には時間がかかったし、また、一方的に押しつけるだけでは定着しなかったのである。現場の人間を大切にし、毎日、しつこいくらいに足を運ばなければカイゼンは進まなかった。

それでも大野一派の努力でトヨタ生産方式は少しずつ浸透していった。繰り返しになるが、最初は機械工場、それから組み立て工場に受け入れられ、プレス、鍛造といった部門は最後になった。

そして、全工場で導入されてからもカイゼンは続いた。現場はつねに変化していたから、その都度、新たなムダを見つけてはカイゼンしなくてはならなかったのである。

たとえば、クラウンを製造する全工程でトヨタ生産方式がある程度、形になったとする。だが、クラウンがモデルチェンジすれば部品は変わる。部品が変われば工程が変わり、新たなムダが生まれる。もう一度、大野や鈴村が出かけていき、ムダをつぶしていかなくてはならない。

モデルチェンジに限らず、作業者だって、1年ごとに新しい人間が入ってくる。メンバーが変われば作業の習熟度合いが違うから、ラインを組み直さなくてはならない。

つまり、現場から生まれたトヨタ生産方式は永遠に完成することはない。現場における前提条件が変われば運用を見直さなくてはならないから、生産方式が完成したり固定されることはない。

では、大野一派が現場を歩いて見つけるムダとはどういったものなのだろうか。

大野自身は7つに分類している。いずれもどこの工場の生産現場、事務所でもよくあることだ。

7つのムダ
ひとつ　つくりすぎのムダ
ふたつ　手待ちのムダ
三つ　運搬のムダ
四つ　加工そのもののムダ
五つ　在庫のムダ
六つ　動作のムダ
七つ　不良をつくるムダ

このうち、大野がもっとも排除しようとしたのは「つくりすぎのムダ」である。

「どうして、つくりすぎがムダになるんだ。足りないより、多い方がいいじゃないか」

それが一般的な判断だろう。だが、大野は足りないことはよくないが、必要以上にモノを作ることは犯罪にも等しいとさえ言っている。

つくりすぎを排除することについては大野本人だけでなく多くの関係者が説明しているが、もっともわかりやすいのは、張富士夫のそれだ。

張は文科系の出身だ。技術系の人間とは違う角度で大野に質問している。張は技術についてはほぼ素人だったから、大野に対して初歩的な質問を繰り返したのである。

技術系の人間はついついテクニカルタームやトヨタ語（見える化、自工程完結など）で説明しようとするけれど、張は説明に際して小学校5年生が理解できるような平易な言葉しか使わない。

つくりすぎのムダについて、張は次のような例話を引いている。

「ある兄弟がおります。兄は社長で弟は生産担当の専務。カーペットの生産をやっている会社です。社長は『売れ行きに従って小さなロットで作れ』と言うけれど、弟は『高い金を出して買った工作機械の稼働率が落ちるから、大きなロットでしか作れない』と反論する。お兄さんはほとほと困っている。こういう例は枚挙にいとまがないのではないでしょうか。

また、こんなこともあります。

赤い色の製品を大ロットで作るとします。その間、ひとつしかないラインでは青や黄色の製品は作ることはできません。しかし、市場では赤だけでなく、青や黄色の製品も売れているわけだから、青や黄色の製品も持っていなくてはならない。そのためには各種類を半月分、一か月分、持つということになる。

売れ行きは工場が大ロットで生産しようが、小ロットで生産しようが変わりはありません。しかし、出費は変わってくる。大ロットで作ると在庫が増え、倉庫に製品が積み上がる。製品は寝ているが金利はかかる。また、製品が汚れないように棚を作ったりしなくてはならない。何がいくつ在庫されているかを勘定するための人員も必要になる…」

つまり、つくりすぎのムダは在庫というムダを生み、在庫がたまると管理する場所や人間を確保しなくてはならなくなる。つくりすぎのムダはさまざまに波及するから諸悪の根源なのだ。

次に、手待ちのムダとは何か。手待ちとは作業をしたいけれど、部品が届かず、ラインでやることがない状態をいう。ラインに必要以上の人間がいると起こるムダだ。解決するにはラインの人員を減らすしかない。

ただし、「人を減らす」という指示は現場の反発を受けた。現場にしてみれば、せっかく仲良く働いていたチームのなかから仲間が抜けていくわけだ。

抜けたからといって、クビになるわけではない。違うラインに行くだけのことなのだが、残った人間にしてみれば寂しいし、また、仕事が増えることが懸念される。

手待ちのムダについて、張は大野がバレーボールを例に挙げたと説明している。

「大野さんがある日、張、お前はバレーボールを知っているか、と。はい、僕らの学生時代は9人制でしたけれど、いまは6人制ですね。そう答えたら、そうだ、その通りだ、と。

コートのなかに9人もいるのは、果たして強いのだろうか。回転レシーブをやったらぶつかるんじゃないか？　オレ（大野）は聞いたことはないけれど、6人のチームと9人のチームが試合をしたら、勝つのは6人じゃないか。

これは現場でも同じだと大野さんは言いました。人が増えればモノがたくさんできるかと言えば、そんなことはない。私（張）にも経験があるのですが、能力が足りません、どうしても数が出ませんというところへ行って、いろいろ直して、結果的に人を減らしたら、できるようになったということは何度も経験している」

搬送、物流のムダとは何か。

現場に中間倉庫、あるいは部品の山があるとする。すると、作業者は仕事の合間に部品を取りに行かなくてはならない。トヨタ生産方式を導入した当時、まだ中間在庫の置き場が現場にあった。大野が見ていると、作業者が部品を組み付けている時間よりも、部品を探しに行ったり、運んでいる時間の方が長かったのである。それもあって、大野は倉庫や部品置き場を一掃しようと決めた。

動作のムダとは現場の人の動きを見て、ムダを見つけることだ。

たとえば、ある部品が作業者の背中側に置いてあったとする。すると、取り上げる時にいちいち振り向かなくてはならない。こうした、「振り向き作業」などをチェックして、部品を置く位置を変えることでムダをなくす。作業台の高さを変えたり、ベルトコンベアの速度なども調整する。ムダのない作業とは作業者を働かせることではなく、作業をやりやすくすることだ。

トヨタ生産方式と聞くと、ベルトコンベアのスピードを上げて生産台数を増やすことだと書いてある記事もあるけれど、書いた人はまったく理解していない。

いくらベルトコンベアのスピードを上げたからといって生産性が向上することはない。人は自分が嫌だと思った作業を長くやることはできないし、必ずどこかでサボタージュを始める。

動作のムダについて、「どこまでがムダなのですか?」と訊ねた張に対して大野は次のように答えた。

ある時、ふたりは組み立てラインの横にいた。大野は張に向かって、「目をつぶれ」と言った。

「目をつぶって、耳を澄ませ」

いったい、なんのことかと目を閉じたら、大野が言った。

「張、ウィーンという音は聞こえたか」

「はい」

張は答えた。

「あれはインパクトレンチがネジを締めている音だ。いいか、仕事とはインパクトレンチがネジを締めている時間のことだ。あとの時間はすべてムダだ」

現実には、労働時間すべてを仕事時間にすることは不可能だ。だが、ゼロにするくらいの気持ちでムダを見つけろと檄を飛ばしたのである。

見る目が大事

張、池渕のようなトヨタ生産方式を伝える者たちは「現場に行け、帰ってくるな」と命じられている。社会人だからむろんスーツは持っていたけれど、仕事中に着ることはなかった。朝から晩まで作業服を着て、現場にいた。「ムダを見つけろ」と言われているから、ラインの横に立っているのだが、ただ立っているだけでは現場の人間から「邪魔だ」と怒鳴られる。

張も池渕もラインが止まったら飛んで行って、一緒になって不具合を見つけたり、作業者が「部品を持ってきてくれ」と言ったら、急いで取りに行ったり…。作業服を油で汚すことで作業者との距離を詰め、そして、世間話ができる関係になってから、ムダを見つけたのである。

見つける、指摘するという上から目線ではなく、相談にのったり、教えてもらうことで現場のカイゼンを行った。

大野や鈴村ならばひと目見て、管理者を一喝すればカイゼンは行われるのだが、入社8年前後の張、池渕にはそういった手法は取れない。愚直に「教えを請う」という姿勢でなくては作業者は話をしてくれない。

考えてみれば、最初のうちは手を動かすこともなく、冷たい視線のなかで、ただ立っているしかない仕事だ。しかし、彼らはそこから始めたのである。

わたし自身、7年の間に70回、トヨタの工場を見学し、ラインを見つめた。では、何かムダを発見できたかと問われたら、まったくできなかったと答えるほかはない。ひとつくらい見つけられるんじゃないかと思って、現場に立ったけれど、現実は甘くなかった。いつ見ても、現場のライン作業は同じように見えたし、たとえ、ラインが止まったとしても、そこで何が起こったかは、作業者に聞いてみない限り、まったくわからなかった。

ある時、生産調査室室長だった二之夕裕美（現・常務役員兼元町工場長）と一緒に元町工場の組み立てラインを見ていたことがある。

見学コースからラインを眺めていたのだが、二之夕は突然、立ち止まり、「あそこを変えなきゃ」とつぶやいた。

えっ、どこですかと訊ねたら、「あの作業者が見えますか？」と言った。

「ほら、彼です。バンパーを取り付ける前に包装のセロファンを外しているでしょう？」

確かに、その人はいちいちセロファンをはがしてからバンパーを車体に取り付けていた。

「張りついたセロファンをひきはがすのは面倒です。一日に何度もやっていると嫌になる。あれはセロファンを外す工程をどこかに作らなきゃいけない。もしくはセロファンではない包装材に変えることも考えなくてはならない」

二之夕はラインを一瞥しただけで、問題点を発見し、同時に改善案を考え出し、次の瞬間には部下を呼んで、すぐに実現化するよう言い渡していた。もっと言えば、カイゼンが進んでいる現在でさえ、ラインを見つめればムダを発見することができるわけだ。

トヨタ生産方式を定着させる仕事とは、つまりこういうことだ。見る目を持ったプロが、人がやりにくそうにしているところを探し、ひとつずつ、その場で解決する。

「カイゼンの方法と本質」といったマニュアルを作って配ればそれで済むことではない。現場のカイゼンは大野、鈴村が張や池渕に伝授したように人から人へ手渡しで教えていくことだ。その後に体系化を考える。こうして細かな現場の技術は会社全体に蓄積され、系統立てて教育されていく。トヨタ生産方式の伝承とは現場から始まり、解決した事例を全社に伝えていくことだ。

結び方はわかっても

トヨタ生産方式が浸透していくと、ラインは流れるようになる。部品を足元に置く作業者もいなくなる。素人が見ても、トヨタの工場は整然としているのだが、同業他社の人間にとっては居心地はよくないようだ。

ある外資系ディーラーの人間から聞いた話だ。彼はベンツ、フォルクスワーゲン、日産、ホンダといったメーカー各社の部長クラスの数人とトヨタの元町工場を見学したことがある。

現場の管理職だった各社の部長たちは「トヨタ生産方式にはムダがない」と感想を洩らした。

「作業者の動きに感心した」「手元の部品が少ない。うちじゃ、ああはいかない」「掃除が完璧だ。通路にはなにも物がない」「設備、機械はうちの方がいい。だが、トヨタはチームワークでモノを作っている」

やはり現場の人間たちだから、見るべきところはちゃんと見ていたのである。ただし、語り合った後、ひとりが言った。

「トヨタはすごい。でも、オレはここでは働きたくない」

その発言を機に、そこにいた全員が大きくうなずいた。

トヨタ生産方式は現場をわかる人間ならば、さまざまなムダがないことは見て取れるだろう。高価な最新鋭の機械を導入して生産性を上げるのではなく、あくまでムダの排除とチームワークでモノづくりをしているのがトヨタの現場だからだ。

たとえて言えばトヨタの現場は個人技に優れた選手が集まるドリームチームではない。無名の選手がそれぞれのポジションで素早く動き、的確にパスを重ねる。最新鋭の工作機械という個人技ではなく、あくまでも連携に優れたチームだ。確実にパスを重ね、相手のゴールに近づいていく。そのためには日々の鍛錬が必要だ。

一流の仕事をするとは容易なことではない。やってやろうと思った人間でなければ、できない仕事とも言える。同業他社の部長たちがため息をついたのは、肉体的に仕事が厳しいと思ったからではない。ムダのない動きができるまでには膨大な努力と鍛錬があることを肌で感じたからだ。

大野は後に『トヨタ生産方式』という著書をあらわす。しかし、直属の部下たちには「お前たちは現場で実践しているから読まなくていい」と断言した。

生産工程は日々、進化するものだから、書き留めたものは陳腐化してしまうという趣旨がひとつ。また、同方式の運用は文字や言葉では伝えきれるはずがないともわかっていたのだろう。

ビジネス書の世界的ベストセラー『ザ・ゴール』の著者、エリヤフ・ゴールドラットは大野を尊敬し、『トヨタ生産方式』が出たとたん、自ら翻訳させて熟読した。彼は大野とトヨタ生産方式について、いくつもの論文を書いているが、なかにこんな一節がある。

「さて、『知る』ことと、『やれる』こと。どちらが難しいだろうか。

『知る』ことよりも、その知ったことを『やれる』ようになるほうが難しいのは明らかだ。

では、『やれる』ことと、『やれるように教える』こと。どちらが難しいだろうか?

『やれる』ようになった人でも、それを他の人に『やれるように教えること』は本当に難しいことに気づく」

自分でやれることを人に教える難しさについて、ゴールドラットは、よく次の質問をした。

「靴ひもを結ぶことができるかい？　じゃあ、その結び方を口で説明してくれるかい？」

トヨタ生産方式を全社あるいは協力工場に受け入れさせるにはマニュアルを作っただけでは不可能だった。人間が手取り足取り、実地にやってみなければ現場の人間たちは絶対にやろうとはしなかった。ある時は大野や鈴村が怒鳴り、その後は張や池渕がじっくりと説明する。生け花の宗匠が弟子たちに花の活け方を教えるように、人から人に伝えるのがトヨタ生産方式だ。

それでも、大野とトヨタ生産方式に対する抗議は毎月のように組合などから提示された。張、池渕は嫌味を言われたり、無視されたり、「お前らは出世させない」と面と向かって怒鳴られたこともあった。

だが、経営のトップにいた豊田英二は受け付けなかった。

「ジャスト・イン・タイムは喜一郎の発案だ。大野はそれを広めているだけだ」と頑として、大野とそのチームを守った。

大野はチームが社内で孤立していたことを感じていた。一方、英二の庇護に感謝していた。張や池渕がうなだれて帰ってきたとしても、やさしい言葉はかけていない。「何をしている。持ち場に戻れ」と叱咤した。英二の庇護に対しても面と向かって感謝の言葉を述べたこともない。大野という男は自分の内面を人に知らせることを良しとしなかった。

その理由をこう言っている。

「上司が心配をしてくれているのは、実感としてわかった。ストップをかけようとしたこともあったに違いない。しかし、『こうしろ、ああしろ』とは一言もなかった。私も『こうやりたい』と言わずに、当然のこととしてやった。上司にOKをもらってやると、こちらの覚悟が薄れる。気持ちが楽になってしまうから。どちらが言葉を発しても（信頼関係は）崩れたと思う」

大野は使命感というよりも、命がけで工場に立っていた。

現場で鬼の形相で管理職を叱咤する。それが大野耐一の毎日だった。その姿を池渕は忘れていない。

「大野さん、工場では絶対に帽子をかぶらないんですよ。かぶらなきゃいけないのが会社のルールだけれど、自分はかぶらない。あれだけルールをうるさく言う人が絶対にかぶらない。お客さんを案内する時は帽子をしていたけれど、ふだんは絶対につけなかった。

こわかったけれど、おそるおそる理由を聞いてみたことがあるんです。そうしたら、こんなことを言ってました。

池渕、オレはみんなから憎まれているのをよく知ってる。ハンマーで殴りつけたいやつだっているだろう。その時、帽子をかぶっていたのではいさぎよくない。どっからでもかかってこいだ。だから、オレは絶対に帽子はかぶらない」

第10章 カローラの年

カローラ発売

1966年、トヨタは大衆車のベストセラー、カローラを発売した。開発主査は長谷川龍雄。元飛行機のエンジニアで後にトヨタの専務になる。

カローラは世界140カ国で3000万台以上を売り、日本のモータリゼーションのシンボルとなった車だ。

当時、1台の価格はスタンダードが43万2000円。同時代のサラリーマンの平均年収、48万6500円よりも安かった。ローンで支払えば中流層ならば充分、手が届く初めてのマイカーだった。

長谷川はカローラの特徴について「80点主義プラスアルファの思想」と言っている。

「大衆車は性能、居住性、価格などあらゆる面で80点以上の合格点でなくてはならない。あとは、どの項目を90点を超えるものとし、そして、お客さまの心をつかむかだ」

長谷川が考えた「90点を超える」項目とは排気量、スポーティなデザイン、そして現代性だった。日産サニーよりも排気量で100cc上回るエンジンを載せ、シフトレバーはフロアに置いた。実際に買うのはファミリー層だが、若者が好むようなスポーティなデザイン、パワフルな仕様にしたことがヒットにつながった。

同じ年、大衆はどういった耐久消費財を自宅で所有していたのか。洗濯機や冷蔵庫など、それぞれの世帯普及率は次の通りである（「朝日年鑑」より。カッコ内は1980年の数字）。

電気洗濯機　75・5％（98・8％）
電気冷蔵庫　61・6％（99・1％）
電気掃除機　41・2％（95・8％）
カラーテレビ　2・1％（98・2％）
ルームエアコン　2・0％（39・2％）
自家用車　12・1％（57・2％）

カラーテレビやエアコンより自家用車を持っている家庭の方が多かった。それくらい、乗用車は身近な製品になりつつあったのがその時代だった。


その年、日本では平和が続いていたが、世界は激動のなかにあった。

アメリカではベトナム戦争が泥沼化し、同国内では反戦デモが頻発していた。中国は文化大革命の真っただ中である。中東では6日間戦争と言われた第三次中東戦争が起こる（1967年）。同年にはヨーロッパでEC（ヨーロッパ共同体）が成立する一方、翌68年には東欧のチェコスロバキアにソ連が率いるワルシャワ条約軍が侵攻した。

世界が動いている間、日本はまったく平和で、経済は成長を続けた。世界のなかで日本人だけは経済活動に邁進し、好景気を謳歌していたのである。それは第二次世界大戦の敗戦直後に政権を担った首相、吉田茂が考え出した「軽武装、経済成長優先」という方針が間違っていなかったからだった。

1968年には日本の名目GDP（国内総生産）がアメリカに次ぐ世界第2位となる。敗戦から23年が経ち、ゼロから出発した日本は戦勝国アメリカに次ぐ経済大国になった。

自動車会社が置かれた環境も変わった。日本が世界第2位の経済大国である以上、自動車は船舶や家電製品と並ぶ輸出商品になることを期待された。

国内ナンバーワンメーカーになっていたトヨタは国内の乗用車普及だけではなく、世界マーケットを見据えた経営戦略を立てなくてはならなかった。また、ベストセラーカーとなったカローラは世界戦略車として打って出ることを求められた。

敗戦後、創業者の豊田喜一郎は「3年でアメリカに追いつかないと、トヨタはつぶれる」と言った。その喜一郎の辞任にまで至った激しい労働争議の後、社長になった石田退三は「ビッグ3がやってきたら、うちはおしまいだ」と入社式であいさつするのが常だった。

それくらいトヨタはアメリカの自動車会社を恐れていた。巨象が本気にならないように、ひそかに力を蓄えていたのだが、今度は巨象の土俵であるアメリカへ踏み込んでいかなくてはならなくなった。自らの陣地を出て、巨大な相手と戦う幕開けの象徴がカローラの発売だった。

河合満、入社

カローラが発売された1966年の3月、トヨタ技能者養成所（現・トヨタ工業学園）を卒業した河合満が入社した。彼の卒業資格は中学校卒である。しかし、彼はそこから上り詰めた。現場から叩き上げ、班長、組長、工長、管理職を経て副工場長に。そして技術系の役員である技監を経て、2015年に専務役員、2017年に副社長となった。

生まれたのは1948年、生家はトヨタ挙母工場から少し離れたところにある。河合は小学校4年の時に父親を亡くした。母親は働きながら、河合と妹ふたりを育てている。

トヨタに入ったのは、勉強が嫌いだからだった。地元の松平中学3年の時、彼は母親に次のように言った。

「オレは高校へ行きたくない。勉強は大嫌いだし、妹がいるだろ。ふたりを学校に通わすのは大変だ。だから、オレはトヨタの養成所へ行くわ」

「あんた、なんてことというの。お母さんがなんのために働いてきたと思ってるの。満(みつる)、お願いだから高校だけは出て」

母親は泣いて、息子の気持ちを変えようとした。

だが、満は頑固だ。

「かあさん、トヨタはいい会社だし、工場はうちから近いじゃないか。死んだ親父が勤めていたこともある。オレ、成績は良くないけど、近所で生まれたからなんとか入れてくれるんじゃないかと思うんだ」

母親はあくまで反対した。しかし、河合は翌朝、中学校の担任に話をした。

「トヨタの養成所を受けます」

担任は「本気か?」と言った。

「やめとけ。お前のようなバカが行けるわけがない。だが、死ぬ気で勉強するか? 一縷(いちる)ののぞみってやつもあるから、お前がやるならつきあうぞ」

河合はくそっと思って生まれて初めて本気になって、少しだけ勉強したら、なんとか試験に通ることができた。

養成所は給料が出る。1964年当時の記録によると、養成所1年生には8500円、2年生には1

万500円、3年生には1万2500円が支給された。当時の大卒初任給は2万円前後だから、決して少ない額ではない。

「配属は本社工場（元・挙母工場）の鍛造部。といっても、まだあの頃は町工場に毛の生えたような規模だった。

だいたい、挙母町自体が田舎だった。工場はトヨタくらいのものだし、あとは田んぼと桑畑があったくらい。細い道が一本しかなくて、昼でもタヌキやキツネがうろうろしてた。

鍛造とは真っ赤に焼けた材料（鉄）をハンマーで叩いて形を作る仕事だ。エンジンのリアシャフト、コンロッドとか、頑丈に作らないといけない部品だ。いまは自動ハンマーで叩くけれど、あの頃は主に手作業。ハンマーでガンガン叩いて成形していく。うるさいし、煤煙はすごいし、最初はなんでこんなところに配属されたのかと…。

養成所の頃はトヨタの工場でエンジンをばらして組み立てるなんて作業もやりました。あれは楽しいですよ。自分でばらしたエンジンを組み立てたら、もう一度、うなりを上げて回り出すんだから。何かを作り上げたという喜びがある。しかし、最初の頃、鍛造にはそんな喜びは感じなかった」

鍛造工場には鉄を熱する炉がある。夏になると、現場は頭がくらくらするくらいの暑さになった。大型扇風機は回っていたけれど、とてもそんなものでは間に合わない。熱風をかきまわすだけの代物（しろもの）である。

では、冬は快適かと言えばそんなことはない。作ったばかりの鍛造部品は高熱を発している。だから工場の外に持っていって冷やさなくてはならない。そのため、工場の戸はいつも開けっぱなし。風はびゅうびゅう吹き込んでくる。冬になると手に息を吹きかけながらの仕事だった。

暖房といえば火鉢である。それも一週間に一俵の木炭と決まっていた。炭を節約しながら暖を取るのが彼らの日常だった。明治時代の話ではない。昭和の高度成長真っただ中の頃だ。

河合が鍛造工場に配属されたのはビートルズが来日して、日本武道館でライブをやった年である。にもかかわらず、トヨタ本社工場鍛造部の男たちは暑さに泣き、寒さに震えながらコンロッドを作っていた。

翌年の夏、河合は現場の先輩たちに「何かくふうしませんか」と持ち掛けた。

彼がくふうという言葉を使ったのはトヨタ生産方式とともにすすめられていた「創意くふう提案制度」が頭にあったからだ。

同制度は全員参加型の改善提案制度だ。1951年の発足以来、現在まで5400万件が提案され、ほとんどが採用されている。入社した人間は先輩たちから「何か提案しろ」と叩き込まれるわけだ。

ついでに言えばこの制度は採用されれば賞金がもらえる。大金ではないが、モノによっては何人かで居酒屋へ行けるくらいの金にはなる。

話を戻すと、河合は自分なりのくふうを職場の先輩たちに話した。

「扇風機の上から水をぽたぽた垂らすようにくふうしたら、どうでしょう」

扇風機の上にホースを垂らして、ときどき、ちょっとだけ蛇口をゆるめるだけだ。くふうともいえない単純な試みだったけれど、やってみたら、水が霧状に出てきて、快適そのものである。つまり、河合が作ったのは原始的なミスト発生機だった。

鍛造の現場

その頃、トヨタはモータリゼーションの真っただ中にいた。既存の本社工場、元町工場に加え、65年には エンジンを作る上郷工場、66年にはカローラを作る高岡工場が完成した。68年には三好工場、70年には堤工場、その後も明知工場（73年）、下山工場（75年）、衣浦工場（78年）、田原工場（79年）と毎年のように工場を増設している。

トヨタがライバルと呼ばれた日産を突き放したのはひとつひとつの車種が売れたというよりも、この頃の工場増設のおかげだろう。生産能力が大きいから、売れている車を売れている時期にマーケットに送り出すことができたのだった。

1966年、大野耐一は常務だった。やっていたことは相変わらずトヨタ生産方式を推進し、社内に定着させることだ。

戦後すぐに機械工場で機械の2台持ちから始まったトヨタ生産方式はおおよそ、次のように進行していた。そして全工場でトヨタ生産方式が定着したのは70年代に入ってからのことになる。

①後工程の引き取り（48年）
②エンジン組付けラインにアンドン採用（50年）
③標準作業の設定（53年）
④かんばん方式導入（機械工場　53年）
⑤組み立て工場と車体工場の同期化が完成、全工場へのトヨタ生産方式の導入に着手（60年）
⑥全社で、かんばん方式を全面的に採用（62年）、プレス段取り替えの短縮（62年）

66年頃にはトヨタ生産方式の主な手法はすでに開発されており、それを各工場に導入しているところだった。大野はビジョンを語り、補佐役の鈴村喜久男が号令を発する。その下にいた張富士夫、池渕浩介、さらに好川純一、内川晋といった人間が現場へ出向いていって指導をした。

しかし、66年、河合満がいた鍛造部門にはトヨタ生産方式はまだ浸透していない。鍛造はひとつの型の部品を鉄が焼けているうちに打ち出す。ひとつの型を使い、短時間でなるべく多くの部品を打ち出すのが常識とされていた。小ロット生産をめざすトヨタ生産方式を導入しにくい職場状況だったのである。

当時の鍛造現場はこんな様子だったなと河合は思い出す。

「鍛造の現場はラインではない。3人から4人が一組になって仕事をする。簡単に言えば鉄でできた丸棒の素材を部品に仕立てるわけだ。

『棒芯』という係がリーダーだ。この人が指示を出す。次は『窯焼き師』。ピザ窯みたいな窯の前で丸棒を焼く係。窯焼き師は1260度まで熱した鉄の棒材を取り出すと、棒芯と『型打ち師』がペダル式のスタンプハンマーで型打ちして、部品にする。もうひとり、『バリ抜き』って係が部品をトリミングする。つまり、型からはみ出した鉄のバリを取る。

そりゃ、熱いよ。窯焼き師は重油とエアを混ぜた燃料で真っ赤に燃えてる炉の前で仕事をするわけだからね。ただ、時々、係は交替する。そうでないと熱くてやってられん。

僕らは作業服に安全メガネをしてたけれど、戦後すぐの頃の写真を見たら、越中ふんどしを締めて、前掛けをかけた窯焼き師が下駄を履いて、火をかぶりながら仕事をしていた。自動車工場のなかでも、もっとも過酷な職場だよ。だって、他の職場の作業者よりも1時間当たり12円か13円、給料が高かったもの」

真っ赤に焼けた鉄の塊をハンマーで4回か5回打つと組織がしまり、強靭になる。鍛造現場の男たちは毎日、同じことをやる。もし、足の上に焼けた鉄を落としでもしたら大やけどを負ってしまう。

「昔の人はものすごく手が速かった。炉から棒材を出すのも速いし、型打ちもあっという間のスピードだ。いまの人間がいくら頑張ってもあれほど速く動くことはできない」

現在はほぼ自動になっているけれど、河合によれば自動の機械よりも熟練した人間の方がはるかに動きがスムーズでムダがなかったという。

河合は「独特の才能が必要な職場だった」という。

「試し打ちっていうのをやるんですよ。焼けた鉄を下の型に載せ、上の型と挟んで打つ。どうしたって、初回は0・3ミリくらいはズレてしまうから不良品ができる。型の位置をずらしてピタリと合わせるのが技術であり、才能なんです。たいていは2回から3回、試し打ちをしないと、型が合わない。ところが、熟練職人のなかには初回からピタリと型を合わせて打てる職人がいるんです」

鍛造現場はそんな具合で、組み立て現場とは作業環境が異なる。

過酷な職場だけに、そこで働く人間はプライドを持っていた。トヨタ生産方式に簡単に「うん」という男たちではなかったともいえる。それだけに導入には時間がかかった。

何しろ、標準作業の設定が難しかった。熟練職人は自動機械よりも素早く作業ができる。一方、新人は時間がかかる。平均時間を設定したら、熟練職人が「そんなタラタラした仕事ができるか」とへそを曲げてしまう。鍛造現場へのトヨタ生産方式の導入は現場の人間の話を聞き、意見を取り入れなくては進んでいかなかったのである。

花壇に埋めろ

河合が入社してから3、4年が経った頃だった。河合はリアシャフトを作る現場の棒芯になっていた。完成したものを50個ずつパレットに入れ、パレットがふたつたまると、次の工程から人が取りに来ることになっていた。

作業をしていたら、頑丈な身体をした赤ら顔の男がやってきた。くわえタバコで、作業服の腰には手拭いを下げていた。男は河合のそばに来ると、2個置いてあったパレットを見つけ、差してあった、かんばんを取り出した。

「おい、若造」

男は河合に向かって、ニヤッと笑った。

「はい？」

「若造、お前な、ここにかんばんがふたつ差してある。これを工場の外にある花壇に埋めてこい」

河合は男が何を言っているのかわからなかった。だが、ものすごく怒っていることだけは伝わってきた。

「すみません、かんばんは大切なものですから、埋めるなんてことはできません」

その男、鈴村喜久男は大声で「なんだと」と言うなり、「班長を呼べ」と怒鳴った。周りの人間は押し黙り、手を止めて鈴村と河合を見ている。

あわてて班長が飛んできた。すると、鈴村は猛然と叱責するのだった。

「お前は若造にどんな教育をしている。アホ。なんでパレットを2台もためてるんだ。何のためにかんばんを付けたんだ」

班長は冷や汗を流しながら、あのですねと反論しようとするのだが、鈴村は受け付けない。アホ、ちゃんとやれと怒鳴るばかりだ。横で茫然としていた河合は次第にむかついてきた。

「なんだ、このおっさん、突然、あらわれて、怒鳴りまくって。最低だな。だいたい、悪いのはオレなのに、なんで班長がこんなに叱られるんだ」

しかし、口に出すことはできない。鈴村が帰った後、班長がみんなを集めて言った。

「おい、これからリアシャフトはパレットがひとつできたら、取りに来てもらうことにする。ふたつはためるな」

　年かさの人間が不満の声を上げた。

「班長、それじゃ運搬が煩雑になりますよ。うちの部署のルールはパレットふたつじゃないですか」

「いや、いま、ルールが変わった。鈴村さんがまずはパレットひとつにしろ、と。そして、パレットの数も50でなく30にしろと言うんだ」

「そんな無茶な」

　誰もが口々に言ったけれど、決まりは決まりである。現場のルーティンはすぐに変更され、小ロットの搬送になった。

　しかし、河合は何となく面白くなかった。なぜ、部品のロットを小さくしたかという意味がよくつかめなかったからである。

　翌日のことだ。張が現場を見に来た。張ならば年齢も近いし、鈴村のように怖くはない。河合は訊ねてみることにした。

「張さん」

「なんだい」

「昨日、鈴村さんに怒鳴られたんですけどね。うちの現場はパレットふたつたまったら引いてもらうと決めていたんですわ。どうして、決めた通りにやったのに、怒られなきゃいかんのですか？」

　張はニヤッと笑った。こいつ、元気なやつだなといった感想を持ったようだった。

「河合、いいか」

　張はその場で実物を手に取って説明した。

「いいか、お前がここにふたつのパレットをためておいたら、それは中間在庫なんだ。部品をためておくのは金をためておくのと同じことだ。できあがったら、すぐに引き取りに来てもらわなけりゃならない。後工程の人間はお客さんだ。お前が作った部品は手元に置いておかないで、すぐにお客さんに渡さなきゃならん。鈴村さんはそういうことを言いたかったんだよ」

トヨタ生産方式にある「後工程引き取り」とは後工程の人間が前工程に部品を引き取りに行くことだ。普通は前工程から後工程へ部品を送る。物理的に言えば部品の移動は同じだ。

張が河合に教えたのは「後工程はお客さんだ」。つまり、「お前たちは部品を寝かせていないで、すぐに金にする意識を持て」ということになる。後工程引き取りは部品をジャスト・イン・タイムで移動させることだけが目的ではなく、客のことを考えて製品を作れという意識改革でもあった。

河合はそこでトヨタ生産方式を実感として理解した。在庫を持たないこと、そのためには小ロットで少しずつでも搬送しなくてはならないこと。流れるような生産現場を作ることが大野がやろうとしたことだとわかった。

同じ鍛造で河合の先輩だった小田桐勝巳は「大野さんたちは恐れられていた」と言う。

「一番怖かった瞬間は（のちに大野が発足させる）生産調査室一族が現場に来た時だった。指摘されたことは翌日、確認しにくるので、夜を徹してやっていた。なかでも怖かったのが、大野さんを筆頭に生調室が主導する会議。悪いところを部長が指摘される。『今日はどこどこの部長がやられたぞ』と噂はあっという間に工場中を駆けめぐった」

同じく河合の先輩にあたる現場の人間、石川義之もまた「生産調査室の人たちには参った」と思い出す。

「生調室の人は怖かった。大野さん、鈴村さん、張さん…。大野さんが来て言う、鈴村さんは怒鳴りつける、張さんがなだめる、こんな感じだった。鈴村さんは本当によく怒鳴る人だった。機械から油漏れすると原因がわかるまで、バケツを持って1時間以上立たされたこともある」

おかしな場所、ムダがある個所を鈴村が発見して、爆弾を落とす。叱る相手は作業者ではなく班長、組長といった上長だ。それも、徹底的に怒る、怒鳴る。その後、現場に張のような若手を派遣して、現場に説明をしたうえで、現場からカイゼン提案をつのる。

怖い刑事と優しい刑事が犯人を自白させる手法で、鈴村が怒鳴る役、若手が低姿勢で現場をカイゼンする役である。

どちらにせよ、主役は現場の人間だ。あくまで作業する者たちに考えさせて回答を引き出すのが正しい手順だった。

当時、河合のような現場の社員はトヨタ生産方式を学んではいたけれど、理路整然と理解していたわけではない。だが、現場にいたからムダをなくすこと、提案をすること、工程のなかで作り込んでいくこと、流れるようなラインを作ることをだんだん理解していった。

「あの頃、なるほどと思ったのは、班長から言われたことですよ。ムダがあったら、金にならんと言われた。

『河合、うちは現金で材料を買っている。材料が部品になって、それが車になって、お客さんが買ってくれたら初めて金が戻ってくる。材料をたくさん置いたり、いらないものを作ったらムダになる。金が寝ているのと同じだ』」

大野自身はこうした考え方を自著のなかで次のように表現している。

「我々がしているのは、客から注文を受けた瞬間から、その代金を回収する時点までのタイムラインを見ることだけだ。そして、そのタイムラインを限りなく短くすることだ」

段取り替えの苦労

「最後まで抵抗があったのがプレスと鍛造だった」

大野自身がそう洩らしているように、プレス、鍛造現場では物流のムダを減らしても、部品を仕上げる時間を縮めることはできなかった。また、どちらの職場にも頑固な職人が大勢働いていた。標準作業の設定は機械化が進まなくては浸透しなかったのである。

そこで大野が目をつけたのは段取り替えの時間を短くすることだった。プレスでも鍛造でも強度のある鉄製の金型を使って鋼板あるいは棒材を圧迫、打刻して部品にする。

鍛造部品で例えればクラウンのギアとカローラのギアでは形が異なるから、金型を取り換えなくてはならない。戦後すぐの頃、金型の交換には2時間近くかかっていた。大野は交換時間を短縮しろと現場に命じた。

だが、反応は…。

当初、現場の管理職、工長は一斉に「無理です」と答えるのだった。

「無理です。玄人の俺たちがやって、いまの時間なんですから。これ以上は無理ですよ」

大野は「そうか」と言った後で、でも、やってくれと続けた。

「できないと言わず、まずやってみろ。突進すれば解決の糸口はある」

みんな、それぞれに「無茶だ」とこぼしたが、カイゼンが形になるまで、大野は毎日、鍛造工場にやってくる。何かアイデアがないかと問いかける。そして、大野が来られない時は補佐役の鈴村がやってきた。鈴村が忙しい時は若手が様子を見に来る。

そうなると、現場は何か提案せざるを得ない。そうして、短縮するための方法論を手探りで探していった。

河合は「鍛造部門のカイゼンでもっとも効果を上げたのは段取り替えの時間を短くすることだった」と言う。

「段取り替えはいわゆる型を取り換えることです。鍛造は1260度に焼けた鉄を上下から挟んで打つ。何度も叩いているうちに型がダレてくるから修正しなくてはいけない。また、試し打ちをする時間もある。単に型を交換するだけでなく、準備作業に時間がかかる。私たちはそれを2年間かけて、1時間半から9分に縮めたんです。

まずは型の修正時間を短縮しました。それから試し打ちを少なくするよう、一度でいい品物が出るようにくふうをした。あとは外段取りの準備です。

F1のレースを見たことあるでしょう? レースカーがピットインしたら、みんなで寄ってたかってタイヤを外して、新しいのに取り換えてコースに戻す。外段取りもあれと要領は一緒。取り換える金型をすべて用意しておく。そして、外したとたんに換える。

そして最後はマニュアルの見直し。当時、鍛造現場で使っていたハンマーなどの工作機械はアメリカから買ってきたものだった。フォードが使っていたのと同じ工作機械を輸入したわけです。当時としては世界最新鋭の機械だったけれど、同じ型を大量に打つための機械だった。フォード・システムに合わせたものだから、少量生産のトヨタ生産方式のためのものじゃない。マニュアルを読み込んで、毎日、手順を変えて試し打ちしてみた。そうして時間を短縮した。

僕らが現場でカイゼンしたことを生調の人に見せるんです。でも、彼らに見せると、『河合くん、これはまだカイゼンしとらんな。カイゼン前だな』と。何度、カイゼンしても、『これはカイゼン前だ』と言われて…。そういうやりとりをしているうちに1時間半が9分になったんだけれど、生調やうちの管理職は『まだダメだ。カイゼン前だ』…」

鍛造現場のカイゼンでわかるように、トヨタ生産方式におけるムダを省くことは労働強化ではない。「手を早める」のではなく、機械の使い方を変更したことで、作業時間を減らす。

また、よく言われるような「職人仕事をなくした」こともない。窯焼き師は熱した棒材をひと目見て、温度を当てられる。感覚で温度を確かめて、素早く窯から取り出して型打ち師に渡す。

「ひと目で鉄の温度を当てる」という職人の技術はトヨタ生産方式を導入しても、そのまま温存される。トヨタ生産方式が入ってから職人仕事が減って、単純作業ばかりになったというのは事実を見ていない。いまもなお、トヨタの現場には恐ろしいほどの技術を持った職人が大勢、仕事をしている。

河合は現在、トヨタの副社長になったわけだが、しかし、彼自身はグローバル企業の副社長という肩書よりも、鍛造の職人としての自分に誇りを持っている。そして、現場にいる多くの職人に敬意を持っている。

「官能試験ってのがあるんだ。オレたちが組み上げたエンジンを回してみる試験だ。ある時、組み上がったエンジンの音を聞いて、おかしいという担当がいたんだよ。『河合さん、このエンジンのどこかにキズがある』と言うんだ。

そんなことないだろうと思ったけれど、念のために全部ばらして、ファイバースコープを入れてシリンダーを見たら、0・1ミリもないキズが内部に1本あった。ファイバースコープでやっと見つけたキズだけれど、そいつは、冷酷にこれはダメだとか言うんだよ。冷酷なやつだよな。でも、音が違うからダメだって。それくらい、うちの現場は精密にやってるんだけれど、でも、自動車ってやつは面白いんだ。

オレの知ってるやつが一度、最高のエンジンを作りたいと言って、極上の部品を選りすぐって組み上げてみたことがある。ひとつひとつ、精密な部品ばかり集めてエンジンを組んだけれど、回してみたら、これがまったくよくない。音も悪い。最高のモノを集めたからって、いい自動車ができるわけじゃない。部品もまた適材適所が必要だ」

こういう話ができる職人がいなければ、いくらＩＴが発達しても、トヨタはいい車を作ることはできないのである。

これまでトヨタ生産方式を解説する本で強調されてきたのは組み立て工程のムダを省くことだった。そのため、同方式は組み立て工程のある生産現場にあてはまるものと思われている。しかし、鍛造現場のカイゼンを知ると、同方式はベルトコンベアのない現場でも充分に通用することがわかる。

大野が同方式を鍛造、プレスの現場に導入するまで、「ひとつの金型で数多く打つことが効率的で、コストダウンにつながる」とされてきた。それが常識だったのである。

だが、大野はまず従来の常識を疑った。そして、ライン作業と同じように小ロットの生産に取り組ませた。ムダを省くために段取り替えの時間を短くさせた。

つまり、既定の作業をやめさせて、真逆のことをやらせてみたのである。しかも、大野は経営トップではない。また、彼は機械工場については専門家だったけれど、プレス、鍛造については玄人ではない。それなのに、現場の考え方を変えた。それまでより部品を作る時間が短縮できたからよかったものの、もし、成果を上げることができなかったら、役員を退任させられていただろう。

トヨタ生産方式の本質とはかんばんを使うことでもなく、アンドンを整備することでもない。プレス、鍛造の現場で大野がやったように、常識とされていたことを疑い、新しい方法を考えることだ。いまやっていることを否定し、新しいくふうを導入することだ。

「表現はよくないかも知らんけど、優等生よりも横着なやつの方がくふうを生む」

河合はそう言った。

「現場にいると、これは面倒だな、なんとかできんかなと思うことがたくさんある。振り向き作業を何度もやっていたら、振り向かないで済むようにしたい。そうすれば作業時間は短縮されるだろう…。楽なことをやりたいという横着な人間の方がいいプランを生むんだ」

トヨタ生産方式を現場で進化させていったのは真面目な優等生タイプではなく、要領がよくて機転の利く人間だった。また、鍛造のような職人仕事の現場ではムダの排除よりも、むしろ、からくりを使った作業や搬送のくふうが作業時間の短縮、コストの削減に結びついた。

電動の搬送機を入れるのではなく、シューターを使って、重力だけで部品を送り出すのはからくりの技を使ったものだ。電動搬送しなければ、電気関係の故障は起きない。鍛造の現場に限らず、トヨタの工場にはこうした、からくりを使った設備がそこかしこにある。そして、からくりとは豊田佐吉が重要視したものだ。

佐吉がトヨタの工場に植え付けたのは、自働化と言われているけれど、わたしは、からくりを使う精神だと思っている。それくらい、トヨタの現場には自然の動力を使った、からくり仕掛けの搬送機が多く存在している。

これまで、からくりはみみっちい仕掛けと思われてきた。最新式の電動搬送機を使うことが工場現場の進化と思われてきた。しかし、エコの時代に通用するのは電気が必要な機械ではなく、自然の動力を用いた、からくりだ。佐吉は自働化という考え方だけでなく、からくりという技術を残している。

累計1000万台へ

１９６０年代から70年代、大野たちが現場で格闘している間、モータリゼーションはトヨタをはじめとする国内の自動車会社を潤した。

国内におけるトヨタ自動車の生産台数は１９６０年が15万５０００台だったのに対して、１９７０年には１６０万台となっている。自動車の国内各社を合わせた生産台数も１９６０年は48万台だったが、１９７０年には５２９万台を記録している。

この間、１９６７年には日本は西ドイツを抜き去り、アメリカに次ぐ世界第2位の自動車生産国になった。どの会社も自動車を作れば、誰かが買ってくれる時代だった。

モータリゼーションが進んだのは高度成長でそれぞれの懐が豊かになったことがあるが、道路舗装が進んだことも忘れてはならない。

もともと石畳の道路があったヨーロッパと違い、日本の道は土を踏み固めたものだった。雨が降ればぬかるみになる。敗戦後の日本でデラックスなアメリカ車よりもジープが活躍したのは道路の舗装が進んでいなかったため、車体が低く重量があるアメリカ車はたちまち動きが取れなくなってしまったからだ。

それが１９７０年には全国の一般道路の約15パーセントが舗装されるに至る。15パーセントというと、「なんだ、それだけか」と思ってしまう。しかし、国道の78・6パーセントの舗装が済んだことになる。主要道路が舗装されたために、日本は自動車に乗ってどこまでも行ける国になり、かつ、悪天候でも車を走らせることができるようになった。道路整備が進んだことは車の普及に拍車をかけたのだった。

車が飛ぶように売れていた時代だったから、現場は増産に次ぐ増産である。大野は「人を増やさなくても生産は増やせる」と思っていたが、毎年、2割、3割と販売が増えていったら、工場を増設しなくては車が欲しい客に対応できない。しかも、カローラだけでなく、それに続くスプリンター、コロナマークⅡ、セリカ、カリーナとヒットが続いた。

日本人の生活が豊かになり、道路のインフラ整備も進んだから、自家用車の保有台数が増えたのだが、もうひとつの理由はトヨタにある。カローラ専用の工場だけでふたつ作ったことだ。カローラが出た翌1967年、社長になった豊田英二はこう言っている。

「カローラはモータリゼーションの波に乗ったという見方もあるが、私はカローラでモータリゼーションを起こそうと思い、実際に起こしたと思っている。トヨタはカローラのためにエンジン（上郷工場）と組み立て（高岡工場）の二つの工場を建設した。うまくいったからこそ、いまごろのんきなことを言っていられるが、もし、モータリゼーションが起きていなければ、今ごろトヨタは過剰設備に悩まされていただろう」

ふたつの工場の成功を見ていた同業他社も工場の増設に動いた。競争に拍車がかかったため、どの社もインフレなのに車の価格を上げることはできなかった。給料は上がる一方なのに、車の価格は据え置かれ、しかも性能はよくなる。そこで消費者は買う。モデルチェンジをするたびに車を買い替える。日本のモータリゼーションはこういったメカニズムで進んでいった。

自動車が売れたので、工場を増設し、働く人を集める。毎年の新入社員が入ってくるのを待てなかったから、1960年代から70年代の自動車各社は臨時工、期間工を集めた。トヨタもまた例外ではない。

「あの頃、炭鉱の閉山が続いた。すると、炭鉱で働いた人たちがトヨタにやってきた」

河合はそう思い出すが、炭鉱労働者、農家からの出稼ぎといった人々がトヨタの工場に続々と移ってきたのである。

河合のように近所にあった自宅から通ってくる人間もいたが、単身者は寮に暮らし、工場の食堂で食事を摂った。

勤務形態は主に昼夜二交替である。昼勤は午前8時に出勤して、昼食の休みの後、午後4時まで働く。夜勤は午後10時に来て、翌朝午前6時に終わる。昼勤と夜勤は時々、入れ替わる。

また、この間隙(かんげき)を埋めるのは三交替の人員だ。いまから考えると、遅番から早番に移った日は辛かっただろう。だが、高度成長の頃はどこの工場でもほぼこういった勤務だったから、働いていた人間は特別、「自分は苦労している」とは考えなかった。

河合が自動車会社に入って「他よりもよかった」とつくづく感謝したところは自家用車が安く買えることだった。

「あの頃の若いやつはみんな、自分の車が欲しかった。オレは入社した年、18歳で中古のコロナを買ったけど、そりゃ、とんでもなく嬉しかった。たしか30万かな。オレだけでなく、30人いた組（班のひとつ上の職域単位）の連中、とくに組長が喜んだ」

河合が自家用車を買ったのは１９６６年のことだ。それより6年前に入社した池渕は「従業員が１万人いたけれど、部長以下で車を持っていたのは4人だけ」と言っている。１９６０年からの数年間でいかに車が普及したかがわかる。

さて、車を買ったのは河合なのに、組長はどうして、それほど喜んだのか。

「それまで30人の組のうち、車を持っていたのはふたりだった。組長が、河合が車を買ったから、忘年会に行くのに便利だ、と。あの頃、忘年会というと蒲郡(がまごおり)に行っていた。蒲郡で競艇をやって、近くの温泉に泊まる。オレはまず蒲郡競艇まで仲間を乗せていって、一度、戻ってくる。そして、今度は競艇をやらない連中を温泉に連れていく。他の2台も同じ。2台しかないと、何度も往復しなければならないけれど、3台あれば競艇へ送るのと、温泉へ行くだけでいい。車があれば便利だし、楽しさが増すと実感した時代だった」

河合は自家用車を持っていただけでも恵まれていたのである。

先述の池渕の場合は自分の車を持つまでは社内の「グリーンクラブ」に入っていた。何十人かで金を出し合って、数台の中古車を買う。それを年に何度か使うことができる。

使うことができる日はみんな、休暇を申請した。すると、上司は「お前、当たったのか。よかったな」とにっこり笑う。そうして、家族と一緒にドライブに出かける。車に乗ることができる日は大っぴらに会社を休んでかまわなかったのである。

食事と寮

トヨタの現場で働いていた人間にとって喜びとは働いて金を稼ぐことだが、工場生活で重要なのが食事だった。

工場がある場所は市街地ではない。荒れ地、林を開拓して作ったわけだから、まわりには商店や飲食店はない。食べるところはないから、トヨタの生協（トヨタ生活協同組合）が出す工場の食事が何よりも楽しみだった。

工場が増えるにしたがって、生協が運営する食堂の数も増えていった。1962年から4年間で18の食堂を設営し、組合員は1万729名（1961年）から10年間で5万5647名になった。生協もまた現場の人間にたくさん食べてもらおうと奮闘していたのである。

1960年代の工場の食事は麦飯とおかずがついた定食が1種類だけである。

当時から生協にいる萬壽幹雄は「麦飯です。オートライマーという弁当箱に張った麦飯を水蒸気で加熱して炊いたものでした。炊飯器よりも味は落ちます」という。

ただし、鮭、サバ、ニシンといった焼き魚はいまよりも格段においしかった。なんといっても、その頃、炭火で焼いていたのである。食べる時には冷めていたけれど、それでも炭火でこんがりと焼いた魚だ。ガスのロースター、グリルよりもそれはおいしいはずだ。

１９７０年代に入ると、定食の数は増え、麺類などのアラカルトメニューが登場した。ご飯は麦飯から炊飯器で炊いた白米になった。量は多い。ご飯茶碗で2杯と半分（３００グラム超）が一人前という から、現場の人間はよく食べたということなのだろう。しかも、おかわりは自由である。

おかずも魚からとんかつ、しょうが焼きといった肉類に変わっていった。いまと違っているのは食卓に「トヨタ」と書かれた大きな灰皿があること。食後の一服は当たり前だったわけだ。

萬壽によれば「とんかつがいちばん人気でした。とんかつが出た日には一度食べた人がまた行列の最後に並んでもう一度、食べる。それもひとりやふたりじゃなかった」

トヨタの食堂で話を聞いた後、１９７０年当時から残っている寮を見学した。

個室の広さは四畳半プラス玄関部分が１・５畳。部屋に風呂、トイレ、ガスの調理器などはない。当時は畳敷きだが今はフローリング。部屋代は水道光熱費別で８９００円（高卒の新人は６１００円）。近所の民間アパートの8分の1といったところだろう。

当時も安かったから出稼ぎでやってきた人間は喜んでいたという。民間アパートの方が気分的には楽だろうけれど、戸数も少なく、部屋代は安くない。寮の入居の年限は一応、30歳までと決まっていたが、長く居座る人もいた。

「いまはあり得ないけれど、過去には期間従業員から正社員になった方で、定年近くまで住んだ人もいました。なんでも節約して貯めた金で家を一軒建てた人らしいです」。昔を知る担当者が苦笑しながら教えてくれた。

寮の風呂は大浴場で、トイレは外にある。長く暮らすには不便だけれど、高校を出て、数年間暮らすには悪くはないと言える。

なぜ、トヨタ生産方式の話をするのに、給食や寮生活に触れたか。それは働く人間たちに余裕がなければ同方式を浸透、定着させることはできないからだ。人間、頭が動くには衣食住が足りていなくてはならない。腹が減っては戦(いくさ)はできないという格言通り、ラインに付いている人間に余裕がなければ考えたり、くふうを提案することなどできないのである。

「作業者がやりやすいように整備する」。食堂や住まいの環境整備も広い意味で言えば、トヨタ生産方式を定着させるための条件だ。飲まず食わずで働かせて、「カイゼンしろ」と言っても、人間は動かない。

見学をした後、正門のところで数人の寮生とすれ違った。いずれも新人だから18歳である。アディダスやナイキのジャージを着て、同じブランドのジョギングシューズを履いていた。「どこへ行くの?」と聞いたら、「ジョギング」と答えたので、わたしも彼らも笑った。

中年のわたしから見たら18歳は高校生だ。思春期がそろそろ終わり、大人になる前といったところだろう。

そして、トヨタに限らず、どこのメーカーでも働く主力は若い人たちだ。10代後半から20代の若者がラインに付いて働いている。いまでこそライン作業をする人間は高齢化しているが、高度成長時代は大半が10代、20代だったろう。もしくは臨時に雇われた人たちだ。つまり、トヨタ生産方式を理解しても

ら う相手とは高校を出たばかりの社会人だ。誰もがすぐに理解できるものでなくてはならない。

当時は教育研修に1か月も時間を費やしているわけにはいかなかったから、難解な生産方式では現場は動いていかないのである。つまり、本来のトヨタ生産方式とは簡単な理屈のそれだ。学者や専門家が論じるような精緻な生産方式ではなかった。

現場で繰り返し教えた本質とは「ジャスト・イン・タイム」であり、そのために「ムダを省くためのくふうをしろ」と繰り返す。そのふたつを噛んで含めるように教え、しかも、情熱を込めて真剣に叱らなければ通じなかった。大野耐一たちが指導した相手とは社会人になったばかりの若者だったのである。

敵は国内だけではない

1968年、日本のGNPはアメリカに次いで世界第2位となった。自動車の生産台数もアメリカに次いで2位である。

敗戦国と自覚していた日本は勝利した側のソ連、イギリス、フランスよりも経済力が大きくなった。そうなると、これまで政府から庇護されていた自動車業界も外国との競争を迫られるようになる。自動車生産世界第2位の国が海外の車に高関税をかけたり、非関税障壁を設けることは許されないからだ。

これに先立つ1962年には外国車の輸入枠が拡大され、65年には完成自動車の輸入が全面的に自由化されている。

70年には進出する外資が合弁会社を新設する場合、比率を50パーセントまで認めることになった。そして、73年には50パーセント規制もなくなり、資本の完全自由化が決まった。76年には外国製乗用車の関税が10パーセントから6・4パーセントに引き下げられ、ついに78年、乗用車の関税はゼロになった。

GMやフォード、フォルクスワーゲン、メルセデスといった海外メーカーの車とトヨタ車は同じ土俵で戦うことになったのである。かつて喜一郎や石田退三がもっとも恐れていた「ビッグ3が日本にやってくる」日が現実になった。

日本の自動車産業界は資本自由化をにらんで動き出した。ひとつはトヨタが推し進めたような工場の増設による生産力の増強だ。この時、トヨタは「乾いたタオルを絞って」貯めた金を使って、工場を増やしている。一方、日産、いすゞなどは欧米の金融機関から借り入れをして設備投資をすすめた。

続いての策は合併、提携で競争力を高めることだった。66年には日産とプリンス自動車が合併した。スカイラインは日産の車として認識されているけれど、もともとはブリヂストン傘下のプリンス自動車が生み出した傑作車である。トヨタは同年に日野自動車、翌年にダイハツ工業と業務提携を結んだ。

トヨタ、日産の2強に対抗して、いすゞ、富士重工、三菱自動車の3社は提携話をすすめたが、こちらは破談となった。しかし、いすゞ、三菱といった中堅自動車メーカーは一社単独では先行きが見込めず、外国資本との提携を決める。いすゞはGM、三菱自動車はクライスラーと、いずれも71年に提携。そしてマツダはフォードと79年に提携した。

自動車業界が海外メーカーとの競争に直面した1967年、わたしは10歳で東京の世田谷区に住む小学生だった。父は職業軍人で、戦後は富士重工に勤務。ラビットスクーターとスバル360の開発担当者だった。

だが、42歳で病死。母親が代わりに入社して、月給嘱託社員として勤務していた。小学校のクラス40人のなかで、母親が働いていたのは3人だけ。うちをのぞいたふたりの母親は生命保険の外交員をしていた。当時、夫を亡くした女性が働くところと言えば生命保険の外交員くらいしかなかったのである。

うちの家は決して貧しくはなかったけれど、余裕があったわけではなかった。母親の給料と父親の恩給が一家を支える収入だったからだ。

東京オリンピックが開催され、新幹線が走り、首都高速が整備されたことは身近に感じていた。だが、世田谷には高層ビルがあったわけではないから都市化の真っただ中にいたとは言えない。

そして、当時のことを思い出してみる。時代の記憶を呼び覚ますキーワードは高層ビル、モータリゼーションといった高度成長にかかわるものではない。わたしがいまも忘れられないのは敗戦の気配がここかしこに残っていたことだ。

戦争から帰ってきた人が社会の中核にいたし、近所の公園には防空壕が残っていた。テレビアニメや漫画誌には戦闘機や戦艦が出てくる物語がいくつも載っていた。

日ごろ接していた小学校の先生のなかで、年長者はシンガポールや中国大陸に出征していたと語っていた。商店街のおじさんや母親が勤めた富士重工にも戦場を知る人が少なからずいた。

彼らがわたしたち子どもに語ることと言えば戦争そのものについてではない。「戦時中に比べればいまは贅沢だ」という日々の生活態度に対する訓戒だった。

モノがないことに文句を言ってはいけないとしつけられ、洋服でも靴でも文具でも大切に扱えと教えられた。外食は贅沢であり、出前を取ることは主婦の怠慢とされた。金持ちだからといって山海の珍味を食べていたわけではなく、洋服だって、とっかえひっかえ着ている人はいなかった。金を持っていても、他人にそれとわかる使い方はしていなかった。

そんな時代である。モータリゼーションは進行していたけれど、自家用車は贅沢品の範疇だった。

小学生時代、わたしのクラスのなかで自家用車を持っていた家庭がどのくらいだったかといえば、数人程度だった。しかも、その半数は青果店、精肉店といった人たちが乗っていた商用車だ。世田谷の中流家庭の人間が暮らす地域だったが、１９６０年代の自家用車保有率とは1クラス40人にせいぜい数台といったところだった。

ただし、自家用車を持つ家庭の数はわたしが中学、高校に進むにつれて、みるみる高くなっていった。高校を卒業する1975年には、半数以上の家庭が自家用車を持っていた。ちなみに同年の世帯当たり普及台数は0・475。つまり、2軒に1軒は自動車を持っていたことになる。

大学生になったら、アルバイトをして、安い中古車を買う者もいた。80万円程度の車だったら、アルバイトを掛け持ちして、親から少しお金をもらえば買えない額ではなかった。ちなみに、わたしは亡くなった父親の友人から大学1年の時に中古車をもらった。買い受けたのではなく、「乗ってないからあげるよ」と言われたのである。

わたしの実感で言えばモータリゼーションが進んだのは大学生がアルバイトをして車を買えるようになった1970年代後半だと思う。

東京におけるトヨタ

では、その頃の東京におけるトヨタというメーカーの存在はどうだったろう。グローバル企業というイメージではなかった。日本のトップ企業ではあったが、東京におけるトヨタの存在は日産よりも目立たなかった。

カローラやトヨタ2000GT（1967年発売）は知っていた。しかし、日産に比べればあか抜けない会社ではないかと感じていた。首都圏では「技術の日産」がトップブランドで、トヨタ、いすゞ、マツダ、三菱自動車、富士重工はそれに次ぐものと感じていた。東京の人間にとってトヨタは名古屋にある企業で、親近感はない。「よその町の会社」だった。

ここでわたしが言いたいこととは、トヨタは当時はまだ外国メーカーを恐れていたということだ。1

970年代、トヨタに限らず、日本の自動車会社の車は売れていた。資本自由化で外国車が日本のマーケットに入ってきたにもかかわらず、売れるのは日本車だった。消費者は日本車を支持していた。にもかかわらず、日本のメーカーは、それでも外国メーカーに対して危機感を抱いていたのである。

「外車にはかなわない」という潜在的な意識はなかなか拭い去れないものだった。それは、日本社会にまだ敗戦の記憶が残っていたことと相通ずる。

「物量豊かなアメリカにかなうはずがない」という常識はバブル経済が始まる1980年代末まで、明確に日本に残っていた。

アメリカにはかなわないという「常識」をわたし自身もかつて持っていた。

小学校5年生だった1968年のある日のことだ。母親が暗い顔をして帰ってきた。

いつもならすぐに台所へ行って夕ご飯を作るのだけれど、畳の上にぺたんと座った。姉とわたしは尋常ではない様子に息をのんだ。

「会社がなくなるかもしれない」

低い声で続けた。

「アメリカからGMが進出してくる。そうなると、勝ち目がないから、富士重工はいすゞと合併しなきゃならない。いすゞの方が大きいから富士重工の社員は居場所がなくなる」

そうして、わたしの目を見た。

「勉強しなさい」

母は涙を流していた。

「お母さん、土方をしても大学に行かせるからね。亡くなったお父さんと約束したんだから」

GMが来たら、うちの家庭はさんざんな目に遭うのだと思ったら、身体がふるえた。

トヨタの経営陣や大野が感じていた危機感とは彼らだけが持っていたものではない。あの時代の日本人はアメリカをどうしようもないほど強くて大きな存在と思っていた。

大野がトヨタ生産方式を展開するのに必死だったのは仕事への使命感だけではない。アメリカがやってきたら、トヨタはつぶれてしまうと本気で恐れていたのである。

捨て身の覚悟でぶつかるしかないと決めていたのだろう。鬼と呼ばれても、簡単に引き下がるわけにはいかなかった。彼はどうしてもトヨタ生産方式を根付かせなくてはならなかった。

「負けるにしても、やるだけやってからだ。それでダメなら死ぬしかない」

大野は思い詰めていた。いまのトヨタ社員にはわからない感情かもしれないけれど、当時の社員たちは自分たちを非力だと思っていたから、資本自由化になった後も、ますます自分に鞭を振るったのである。

小さな会社の武器

話は少し戻る。

1966年、トヨタは中堅メーカーの日野自動車との提携を決めた。当時、日野はフランスのルノー公団の技術を基にしたコンテッサという小型乗用車を出していたが、ひと時代前の設計だったこともあり、販売不振に陥っていたのである。

コンテッサを生産中止にすればよかったのだが、後継車種を用意していなかったし、また、用意したかったのだが、資金不足で新車を開発する余裕がなかった。

苦境を脱するために日野はトヨタと手を結んだ。コンテッサをやめ、空いたラインでトヨタ製小型トラックを受託生産することを決めた。

提携したこともあり、また、トヨタの車を作るわけだから、工場のラインにはトヨタ生産方式を全面的に導入する。日野の経営陣はそう決めて、同社の羽村工場に大野を迎えた。

経営陣はトヨタが「トヨタ生産方式」と名づけた新しい方法を導入して成果を上げていること、同方式を伝道しているのは大野だとうわさに聞いて知っていたのである。

羽村工場の責任者、深澤俊勇は名古屋高等工業学校の出身で、大野の後輩だった。

深澤は自ら大野を出迎え、「先輩のおっしゃるとおりにやります」とトヨタ生産方式を学ぶことを約束した。大野もまた後輩のために現場に入り、つきっきりで指導する。

日野の経営陣はそれだけでは足りずに、1200人もの社員を豊田市まで派遣し、トヨタ生産方式を学ばせた。会社を立て直すための起死回生の策が同方式の導入であり、経営陣、社員とも、少しでも早く同方式をマスターしようと必死だった。

提携してから10年後、社長の荒川政司は次のように成果を語っている。

「われわれは貴重なノウハウを取得し、日野の体質改善は急速に進んだ。工場の生産性は倍加し、仕掛品は3分の1に減少した。(略)

提携直後17パーセントにすぎなかった日野のトラック・シェアは、年を追って伸び昭和48年（1973年）にはトップメーカーの地位を占めるに至った」

工場の生産性が向上し、コストを減らすことができたため、日野製トラックはお値打ちの商品になった。結果として、消費者は日野のトラックを買うようになった。

トヨタ生産方式を導入する利点とは日野自動車の例でわかるように、コストが下がることだ。同方式を導入して原価を下げれば、他社製よりも安く売ることができる。

大企業ならば部品などを外部に大量発注して、コストを下げるという方法がある。一方、小さな会社にはそれができない。けれども、ムダを省いて、生産の流れを整えれば小さな会社だって製造原価を下げることは不可能ではない。

日野自動車がやったことがそれだった。トヨタ生産方式は小さな会社が大会社と戦うための武器と言ってもいい。日野の経営者はトヨタと提携したことで、武器をもらったようなものだった。

また、日野自動車は原価を下げた分を利益に回したのではなく、消費者に還元している。そうして、お値打ちの車を作りさえすれば消費者は買ってくれる。原価を下げて目先の利益を確保することではなく、いい車を安く売ることを同社は学んだ。

日野自動車の他にも、大野は協力企業のカイゼン指導に赴いたことがあったが、すべてがスムーズにいったわけではない。しかし、日野は社長、工場長が大野に心酔していたこともあって、導入がうまくいった。

以降、大野は「トヨタ生産方式を協力企業にも広げていかなければならない」と決心する。トヨタの工場内だけでなく、外部まで生産の流れをつくればさらに原価を下げることができるからだ。

25年目の「生調」

1970年、大野は自らがトップを務める生産調査室というセクションを作った。

同年7月に専務となる大野以下、常務の稲川達、主査は大野の一番弟子、鈴村喜久男。張富士夫は係長で、後にダイハツの社長になる箕浦輝幸は入社4年目の課員だった。

この時、張と同期の池渕浩介は本社工場のエンジニアをやっていて、発足時は配属されていない。しかし、のちに生産調査室の主査になっている。

「生調」と呼ばれるそのセクションの目的はトヨタ生産方式を社内、社外へ展開することだ。所属する課員を現場に派遣して、受け入れ先の人間と一緒に問題解決をする仕事で、派遣の期間は長かった。行きっぱなしではないけれど、時には3年もある会社に派遣されることさえあった。

大野の役目はそれぞれのメンバーに仕事を与え、「自分自身で解決しろ。成果が出るまで戻らんでいい」と放り出すことだった。鈴村もまた「それがお前たちの仕事だ」と念を押す。ただし、ふたりとも時々、派遣先まで出かけていき、張や箕浦の仕事をフォローした。

生調ができたことで、大野たちの仕事は認められたと言っていい。大野一派にとっては仕事がやりやすくなった。それにしても、大野が改革を始めてから生産調査室ができるまでに、実に25年という年月が必要だった。

第11章 規制とショックと

アメリカへの輸出と排出ガス規制

1966年、トヨタはアメリカ市場にアタックをかけるためにRT43-L型と名づけたコロナを送り出した。ソニー創業者の盛田昭夫が「アメリカはオートマチック車でなければだめですよ」とアドバイスしてから10年目、技術陣はその通りの車を開発したのである。

同型コロナは輸出用の車として初めてオートマチック・トランスミッションを搭載したもので、排気量は1900cc。アメリカのハイウェイを長時間、高速走行してもエンジンは快調だし、車体がふるえることもなかった。酷評されたクラウンとは性能も段違いだったため、アメリカの消費者には「コンパクトで良質のセカンドカー」と好評だった。価格は1台が1860ドル。2000ドル以上のアメリカ車と1600ドル前後のヨーロッパ車とのちょうど中間の価格だった。

同型コロナの評判がよかったため、トヨタ車の輸出台数は次第に増えていく。

1964年、アメリカ市場で売れたトヨタ車は約4000台だったのに、66年には2万6000台となっている。また、68年からはコロナに加えてカローラの輸出が始まった。69年には両車種とランドクルーザーなど15万5000台を売り、輸入乗用車会社の第2位となっている（1位はフォルクスワーゲン）。71年には40万4000台、72年には累計100万台を達成し、75年にはついにフォルクスワーゲンを押さえてアメリカが輸入する乗用車のトップとなった。
あくまで輸入乗用車というカテゴリーだったから、アメリカの車に勝ったとまでは言えない。しかし、それでも日本車の品質が悪くないことを証明したのがトヨタの車だった。

また、ここで重要なのはドイツ、イタリア、フランスの車と違い、日本車はアメリカに輸出する場合、ハンドル、ブレーキ、アクセルなどの位置を変えなくてはならなかったことだ。右ハンドルから左ハンドルにすると、さまざまな部品の位置を変更する必要がある。むろん、生産工程も変わる。大野たちは左ハンドルの輸出車を生産するために、一からカイゼンをやり直したのである。

輸出が増えていくにしたがって、トヨタはドメスティックな会社からの脱皮を迫られるようになっていく。世界のことを考えるセクションを作り、それに合わせた従業員を雇う。世界の情勢に敏感になったトヨタの耳に入ってきたのが大気汚染と排出ガスの問題だった。


1970年、アメリカでは大気清浄法（マスキー法）が成立した。マスキーとは同法案を提出した上院議員の名前で、法案は自動車の排出ガスに対しての規制である。

具体的にはその年から5年後にはHC（炭化水素）、CO（一酸化炭素）、加えてNOx（窒素酸化物）をそれぞれ1970年、71年規制の10分の1の量にすることを義務づけるものだ。

自動車会社はそれまで排出ガスの規制には積極的とは言えなかった。だが、市民の声がマスキー議員を動かし、規制法を成立させたのである。

アメリカの1960年代は経済の拡大が続く時代だった。黄金の10年と呼ばれた1950年代ほどではなかったにせよ、繁栄は途切れていない。

しかし、一方で、ベトナム戦争の泥沼化は市民の気持ちを変えた。富裕層、中間層は多大な国費の投入、アメリカ国民の戦死、戦傷の増加に対して怒りの声を上げた。また、同じアメリカ国民でも、大学生とリベラル層はベトナム戦争への反対とベトナム国民への連帯を表明した。

当時の大学生、リベラル層は排出ガス規制を含む環境問題にも注目する人々で、この人たちがマスキー法を推進する中核だった。彼らは自然エネルギーを評価し、自然回帰とサブカルチャーをテーマにした『ホール・アース・カタログ』（１９６８年）を支持した。

同カタログは１５０万部のベストセラーにもなり、アップルの創業者、スティーブ・ジョブズは熱心な読者だった。彼の座右の銘、「Stay Hungry. Stay Foolish.」は、この雑誌の裏表紙に載っていた言葉だ。

アメリカで始まった試みはすぐに日本にも波及してくる。排出ガスの規制も同様で、１９７１年には環境庁が発足し、翌72年には日本における排出ガス規制基準が決まった。

豊田英二は排出ガス規制をクリアする努力を次のように思い出している。

「排出ガス規制値は少しずつ厳しくなっていく仕組みになっていた。走り高跳びと一緒で、初めはバーが低いが徐々に上がっていく。最大の難問とされた乗用車のＮＯｘ排出量は最初は走行１キロメートル当たり2・18グラムから始まり、最終目標値は０・25グラムとなっている。スタート時の数値をクリアするのは比較的簡単だが、メーカーの立場からすれば初めから０・25グラムの高いバーを想定しなければならない。（しかも）排出ガス規制を達成しても、肝心の性能が落ちては何もならない。（略）

自動車という以上、少なくとも従来の性能を維持しながら、しかも規制数値を達成しなければ意味がない。（略）

しかし環境庁に自動車業界が押し切られ、規制が先行したものだから、スタート時の排出ガス対策車は性能が悪く、スピードも出ず、ガソリンをガブ飲みするだけの車ができてしまった」

ここにあるように、ＨＣ、ＣＯ、ＮＯｘのなかではＮＯｘを除去あるいは低減することがもっとも難しかった。

ＮＯｘは人間が大量に取り入れると細胞を損傷させる物質で、気管支炎、肺水腫の原因になるとも言われている。

「そんなことなら最初から規制しなきゃダメじゃないか」と思ってしまうけれど、規制が始まったのは実はマスキー法ができてからだった。

自動車会社は知恵を絞った。いまでは燃焼法を改善する低ＮＯｘ燃焼法、排気ガスのなかからＮＯｘそのものを除去する排煙脱硝法が開発され、そのふたつが主流となっている。

ただし、排出ガス関連の技術開発には時間がかかった。特に日本の環境規制は世界でもっとも厳しい基準だっただけに、クリアするには研究する時間と開発陣の努力の両方が不可欠だったのである。

また、量産するための技術だから、大野以下、生産調査室のスタッフも一緒に取り組まなくてはならなかった。そして、排出ガスを除去する部品の搭載が決まったら、こんどは生産工程を考えなくてはならなかった。

「トヨタ生産方式に完成はない」とは大野の口癖だったけれど、現場で働く張や池渕にしてみれば、新しい価値が付加されるたびに仕事は増えるのだった。

排出ガス規制は自動車開発の方向性を変えるものだった。

それまでの新車開発とはつまり、進化である。スピードアップ、搭載量の増大、流行デザインの採用、乗り心地の追求…。いずれも１台の車自体をそれまでよりも進んだものに変えていく作業だった。

ところが、排出ガスを規制することは車が持つ能力を上げていくことではない。

しかも、排出ガスの規制とは車の外側に出ていく排気をきれいにし、大気を清浄化しようというのが目的だ。自動車工学の権威や技術者だけでは目的を完遂するアプローチは出てこない。地球環境について詳しい人間もチームに入れなくてはならなくなった。排出ガスの規制以後、自動車開発の仕事は領域が拡大したと言える。

そして、この後に起こった石油ショックはガソリンをガブ飲みする車の価値を低下させていく。排出ガス規制と石油ショックに端を発した資源のムダ遣いをやめる潮流は自動車産業の針路を転換させ、最終的にはガソリンエンジン車から電気自動車へという流れにつながっていく。

第四次中東戦争と石油危機

1973年10月、エジプトのサダト大統領はイスラエルに奇襲攻撃をかけた。前回の戦争（第三次中東戦争）でイスラエルに奪われた土地を取り戻すための戦いで、第四次中東戦争と呼ぶ。

結果的には奇襲攻撃を受けたものの、短時日で立ち直ったイスラエルが有利なまま戦闘行動は終了した。

しかし、劣勢だったものの、戦後、アラブ諸国の発言権は大きくなっていく。この時、彼らは石油という資源が武器として有効だと気づいたからだ。

第四次中東戦争の開戦時、OPEC（石油輸出国機構）に参加していたアラブ産油国は、石油戦略と呼ばれる石油禁輸策と値上げを発表した。イスラエル支援国へは禁輸を宣言し、その他の消費国に対しては公示価格を2倍に引き上げたのである。

そして、戦略的に始まった石油価格の上昇は2倍では済まなかった。1973年に1バーレルが2・59ドルだったのが翌年には11・65ドルになっている。実勢はおよそ4倍の価格になったのだった。

日本のガソリン小売価格も1リットル当たり66・2円（1973年）だったのが、翌年には97・6円、翌々年には112・4円となった。石油自給率の高いアメリカはそれほどの影響は受けなかったが、中東の石油に頼っていた日本やヨーロッパの経済は大きな打撃を受けた。

石油が上がればさまざまな製品が値上げとなる。日本では「手に入らなくなる」と噂が広まった洗剤、トイレットペーパーがたちまち店頭から消えた。「石油を節約しろ」という合い言葉とともに繁華街のネオンは消され、テレビ放送も短縮され、消費マインドは冷え込んだ。

車は売れなくなり、特に燃費の良くない車はユーザーから敬遠されるようになった。

販売が伸び悩む一方、石油価格の上昇は日本の自動車産業に大きな影響を及ぼした。原油が上がればガソリンだけでなく、鉄、ガラス、プラスチック、ゴム製品の価格も上昇し、製造コストが増える。自動車各社は在庫を抱え込むようになった。

それまで車は売れに売れていたから、いずれの会社も人員を増やし、設備を拡張していた。アクセルを全開にしていたのに急ブレーキを踏まなくてはならない…。

自動車会社は減産と余剰人員をコントロールすることに悪戦苦闘せざるを得なくなった。ただ、そのなかでトヨタだけはうまく対応することができたのである。

まずはアメリカ向け輸出が絶好調だったため、売り上げが落ちなかったこともある。だが、何よりも効果を発揮したのはトヨタ生産方式が導入されていたため、現場は減産に素早く対応することができたのだった。

そして減産の後、わずかの期間で需要が戻り、今度は増産となる。その時もまた人員を増やすことなく増産することができた。

なんといってもトヨタ生産方式は状況の変化にフレキシブルに対応できるという特徴を持っていた。それが石油危機に際して、効果を発揮したのだった。

英二はこの頃のことを次のように説明している。

「トヨタが減産を始めたころ（1974年1月）、他社では大増産の号令をかけていたところもあった。減産に関していえばトヨタが一番早かったのではないか。

在庫調整はほぼ三月で終わり、四月から一転して増産に入った。いち早く減産していたこともあり、われわれが心配したほど事態は悪化しなかったからである。

増産の旗頭はカローラである。国内販売は四十八年（1973年）がピークで四十九年（1974年）からは落ちてきたが、カローラだけはよく売れた。その一方で輸出にも力を入れた。だから輸出は四十九年から五十年（1975年）にかけてどんどん伸びた」

石油自給率の高いアメリカではガソリンの価格は上がらなかったけれど、心理的には節約ムードとなり、燃費のいい車に人気が集まっていった。

その筆頭が日本製の車であり、なかでもカローラだった。

では、トヨタ生産方式は石油危機で、いかに効果を発揮したのか。トヨタは石油危機に際して増産、減産に素早い対応ができた。減産に際して大野はラインを手直ししたり、作業者を他のラインに送り出したりした。

トヨタの作業者は多能工だから、本来の持ち場のほか、となりのポジションの仕事はできる。他のポジションをまかせても柔軟に対応することができた。

また、それでもラインで余剰になった人員には「その場で他の人間が働くのを見学していろ」と指示したのである。作業者に対して、何もせずに仕事を見ていろなどという業務命令を出した男は前代未聞のことだった。しかし、そういった対応策のおかげで、トヨタは一時帰休などという手段を取らなくとも、減産に対応することができた。

そして、一転、増産になった時は、他の地区にある工場から応援の人員を手当てした。加えて、最初から中間在庫を持たなかったから、急に減産したからといって、工場内に部品の山ができたことはなかったのである。

他社とまったく違ったのは余剰の人員への対処だったろう。

大野は言った。

「仕事がないときはじっとしているのがいちばんだ」

現場には、仕事がなければ何もするな、その場に立って他の作業者の仕事をじっと見ていろと指示したのである。

ただ、この指示を聞いた役員のなかには「大野さん、それはないでしょう」と文句をつけた人間がいた。思えばそれも正論と言える。何もやらずにただ立っているだけの人間に給料を払うのだから…。

この時、重役室のなかでは大野と他の役員の間で次のような会話が交わされた。

「大野さん、手が空いているのなら、空き地の草取りをさせるとか、窓ガラスを拭かせるとか…」

「いや、それをしてはなりません」

「どうして？　だって、やることがないのでしょう？」

「いいですか、本人が草むしりをしたい、窓を拭きたいというのなら、それはやらせればいい。だが、会社が命令したら、それは仕事です。別に賃金を払わなければならんし、ちゃんとした掃除用具を買わなくてはいけません」

「では、大野さんはどうしたいのですか？」

「私はじっとしているのがいいと思ってます」

「そんなバカな」

大野は「いいですか、こういうことなんです」と丁寧に話をし始めた。

「この間から私たち役員は石油危機の対応について会議ばかりしている。まだ2割の人間が余りそうだから、終業を早めて教育しよう、あるいはスポーツをやらせようという意見がありました。私は反対しました。また、ついこの間は空き地に芋を植えようなんてことを言った人間もおる」

「うむ。そうでしたかな」

「だが、どれもダメです。教育するといっても何を教えるんですか？ 会社の辞め方を教えるなら結構だ。どんどんやってほしい。しかし、そういうわけにはいかん。

じゃ、野球でもやらせるかとなったら、バットを買ったり、グローブを買ったりしなければならん。バットとグローブを買った金はカローラの原価にのっかる。すると、カローラの値段を上げなきゃいかん。

そんなことはしちゃいかんのですよ。芋を植えるのは結構です。しかし、これまた労働だ。賃金を払わなければならん」

「大野さんの言ってることはむちゃくちゃじゃないですか」

「なんの。2割減産するのなら、いまの人数から2割を抜いて、2割少なく作る。いつでもそういうことができるような体制を整えてきた。それに、いつかまた増産になるのだから、芋を植えたり、野球をやってる時間はないんです。

仕事が早く終わったら、なにもしないで、邪魔にならんように仲間の作業をじっと眺めればいいんです。じっと見ていたら、作業にムダがあることに気づく。次の日、自分の作業からムダを省けばいい。これがいちばん金がかからんのです」

大野が戦後すぐに始めたカイゼンは石油危機の時の減産、増産にうまく対応することができ、日の目を見た。同業者の一部は「トヨタが、かんばんを使った変なことを始めた」とは認識していた。しかし、石油ショックを乗り越えたことで、経済誌が注目し、トヨタのかんばん方式を取り上げるようになったのである。

自動車の歴史のなかで排出ガス規制と石油危機への対応は大きな分かれ目となった。日本、ヨーロッパの自動車会社は当初、大きな打撃を受けたけれど、くふうを重ねてなんとか乗り切ることができた。

英二は「いきなり海にほうり込まれて泳ぎを覚えさせられた」と言ったが、日本、ヨーロッパの自動車会社は苦闘しながらも排気ガスを少なくしていき、さらに車の省エネ性能を高めていった。

一方、東側諸国の自動車会社はこのふたつの問題に対応できなかった。東側諸国の場合は石油危機の後も安い石油を手に入れることができた。産油国であるソ連が原油、天然ガスを従来通りの低価格で同盟国に供給したのである。ソ連は西側諸国があたふたしているのを見て、計画経済がいかに効率がよいかという優位性を見せつけたかったのだろう。

ところが、原油の価格が上がっていく間に、西側の企業は対応策を取り、体質改善をした。自動車会社に限らず、省エネ技術を追求し、技術革新が進んだのである。英二が言ったように、荒海にほうり込まれ、もがいているうちに泳ぎが上達したといえる。

それに対して東側諸国の企業は原油を安価に潤沢に使えたので、燃費の悪い車を改善する努力を怠り、省エネ技術を確立しようとも考えなかった。そうしているうちに時が経ち、気がついたら、技術格差は決定的になっていたのである。そのため、東ドイツの車、チェコの車などいまではほぼ残っていない。

アメリカの自動車会社もまた体質改善には消極的だった。アメリカは産油国であり、石油自給率が高かった。日本やヨーロッパよりも安い石油を利用することができたのである。燃費を向上させるために血の汗を流していた日本の自動車会社とはそもそもモチベーションが違っていた。

ただし、アメリカの場合は環境保護論者が声を上げたために、自動車会社は燃費改善、排出ガス規制に立ち向かわざるを得なかった。

排出ガス規制と石油危機は車の価値を大きく変えた。スピード、デザイン、機能性といった魅力だけではもはや車の価値をはかることができなくなったのである。

化石燃料の使用を減らすこと、さらに、地球環境を守ることが自動車というマシンの価値に加わった。自動車会社の経営者はこれまでよりも、さらに社会的な意識を問われる時代になったのである。

最新鋭のロボットや工作機械を揃えている工場が近代的なのではない。化石燃料をもとにした電力を使わない、小さくて旧式の工作機械をうまく利用している工場が未来の姿ともいえる。

戦後すぐの頃から大野は「高性能大型機械の導入は危険」と主張していた。それは現場の省力化には結びつかないと思っていたからだ。しかし、いまになってみると、彼の発言は今後も続く省エネ時代に適合するものだ。これからの生産現場はエネルギーを減らす方向に動くしかない。

大野の考えが石油危機で脚光を浴びたのは、トヨタが利益を減らさなかったことと、単純な大量生産とは相いれないトヨタ生産方式の思想が時代にぴったり合っていたからだ。

こうしてトヨタはふたつの危機を乗り切った。

同社の歴史を見ると、危機の連続だ。創業時の自動車開発の苦労、戦時の経済統制への対処、倒産危機、労働争議などせっぱつまった状況が続いた。だが、その度に危機以前よりも強い筋肉をつけて成長している。

排出ガス、石油危機の後も、トヨタはやはり成長した。危機がトヨタの現場を鍛えたと言っていい。もっと言うと、トヨタを成長させるには同社にすり寄って賛美するより、大きな危機を与えた方がいい。

第12章 誤解と評価と

国会審議とバッシング

「トヨタ生産方式は石油危機で注目された」

同社の資料も含め、そう書いてあるものは多い。しかし実際には、1973年の石油危機の直後に同方式に注目したのは自動車業界と経済マスコミに過ぎなかった。

その後、一般のビジネスマンもかんばん方式という名称を知るに至るのだが、それは決して肯定的な報道からではなかった。「かんばん方式は下請けいじめの道具」という報道から、名称が広まっていったのである。かんばん方式という名称からなかなか実態を推測することができず、誤解した人間の評価が出回ったとも言える。

「かんばん方式（トヨタ生産方式）は在庫を持たない。ムダを省く」

誤解した人間もここまではわかっていた。しかし、その後の話の持って行き方が違ったのである。たとえば、次のように…。

「かんばん方式は、使い方によって両刃の剣になりかねない。車の組み立てメーカーが下請けメーカーに部品をジャスト・イン・タイムで持ってこいと発注する。下請けはいつどんな注文が来るのか不安なので、つねにいろいろな部品の在庫を抱える。つまり、かんばん方式は在庫を下請けに押しつけるシステムだ」

「かんばん方式は小ロットで下請けに発注する。そのためには下請けは何度もトヨタの工場へトラックを走らせなくてはならない。そうすると、工場の前にトラックの列ができる。トヨタは天下の公道を自分の工場の敷地と勘違いしている」

大新聞、ジャーナリストでさえ、「トヨタのかんばん方式は運用の仕方で下請けをいじめる道具になる」としている。

大野にしてみれば「彼らはまったく理解していない」としか考えられなかった。

事実、トヨタは協力業者にもちゃんとした運用の仕方を教えるので、協力会社もまたジャスト・イン・タイムで部品を生産するようになるし、また部品の運搬もそれぞれの会社が行うのではなく、物流システムもトヨタの担当が協力会社とともに計画を立てる。運送トラックが工場の門前に列を作ることはない。そんなムダを大野が許すはずがない。

しかし、誤解する人間は増えていった。世間からは大野のもとへ「会いたい」という連絡がいくつもあり、相手によっては、誤解を解くために大野が説明に行かなくてはならなかった。

イトーヨーカドー創業者の伊藤雅俊からも連絡が入った。

「大野さんから、トヨタ生産方式の詳細を聞きたい」

伊藤が訪ねてきたので、大野は豊田市の本社で面会した。

伊藤はこう切り出した。

「大野さんの言われるように在庫をゼロにしたら、スーパーでは欠品が出てしまう。すると、お客さんを他の店に奪われてしまいます」

「いいえ違います、伊藤さん。在庫をゼロにとは私は言っていません。必要最小限の在庫は持ってかまわないんです。問題はその在庫の数を増やしてはいけないし、減らしてもいけない。在庫の増減はプラス・マイナス・ゼロを保持する。これが大切なんです」

面と向かって、ちゃんと説明したのだが、伊藤は在庫については納得したものの、すべてをわかった顔つきではなかった。

伊藤が帰った後、大野はソファに沈み込む。

「政治家や評論家がわからんのは仕方がない。しかし、伊藤さんほどの優秀な経営者が誤解するようなことではいかん。どうも私の説明の仕方が悪いんじゃないだろうか。これは…」

その後も大野の耳に入ってきたのはトヨタに協力を仰ぐことなく、遮二無二、在庫ゼロだけを目的とした会社の失敗事例だった。

「在庫をなくすと利益が出る」と思い、在庫と倉庫をなくしたのはいいけれど、工場内に在庫が隠され、製品の品質が低下した会社…。

「標準作業を導入する」と従業員の仕事をストップウォッチで計測し、「作業タイムを短縮しろ」と労働強化した会社…。

「かんばんを導入すれば利益が出る」と協力会社に無理やり、かんばんに似たような帳票を送りつけた会社…。

そうしたことが行われるようになり、誤解した事例ばかりが注目され、ついには国会で問題視されるに至った。

民間企業が法を破ったわけでもなく、働き方の問題で追及を受けたのは稀な事例だろう。

1977年10月7日の衆院本会議、愛知一区選出の田中美智子が質問に立った。答える立場の首相は福田赳夫。

田中美智子は福祉、女性問題の専門家で、日本共産党の党員だ。選挙には無所属で出馬したが、当選してからは日本共産党・革新共同に所属している。

彼女は首相の福田に質問した。

「トヨタ自動車は二千百億円という史上空前の経常利益を上げました。この膨大な利益の陰にどれほど多くの下請け業者の涙が流されたことでしょう」

そう口火を切ると、マスコミで取り上げられたようなトヨタの「過酷な要求」について述べたのち、こう続けた。

「このトヨタ方式がいま産業界に広がりつつあり、広範な下請け業者が犠牲にさらされようとしています」

「このような優越的な地位を利用したあくどいやり方に対してどう対処するのか」

福田は「これは公正取引委員会でいま会社に対しまして指導を行っておるそうでございます。政府におきましても、下請け事業者の利益を損なうという形で親企業の強化が行われるということのないように指導してまいりたい」と答弁した。

これだけの問答である。どちらもトヨタ生産方式など勉強せずに、トヨタが何か悪いことをしているという前提でちょっとした意見を言い合ったという程度だ。

また、田中は共産党員だけれど、「下請け業者」という言葉を使うことに何の抵抗もないようだ。トヨタに限らず、メーカーの人間は協力会社の人間に「お前のところは下請けだから」といった表現を使うことはない。メーカーの人間は協力会社がなければ自分たちが成り立たないことをよくわかっている。無神経な言葉の使い方をしていたら、協力会社がやる気をなくしてしまうからだ。人は軽んじられたり、侮られたことは忘れない。下請け、下請けと毎日、呼ばれたら、「この会社とはいずれ仕事をするのはよそう」と思う。

だが、政治家、マスコミ、仕事の現場を知らない大多数の人は大企業に製品を納入する会社を「下請け、孫請け」と呼ぶ。実際の現場でそういう呼び方をする人は、ほぼいないにもかかわらず…。

国会審議の後、公正取引委員会が動き、トヨタに対して、「下請けに過酷な要求はするな」と指導した。ただし、元々、過酷な要求などしていないのだから、トヨタにとっては返事のしようがなかった。だが、大野はこれ以上、誤解が広まらないように、何か手を打つしかないと考えたのである。

国会審議で追及された翌1978年、トヨタの生産台数は年293万台目前となった。60年にはわずか15万5000台足らずだった国内生産が70年には160万台を超えて10倍以上になり、80年には339万台を突破した。

その20年間はトヨタが疾走した時代だった。新車を開発し、モデルチェンジをし、工場を建てる。すぐに手狭になり、新しい土地を見つけ、工場を建てる。その間、多くの人を採用し、教育する。工場にラインができたら、大野以下の生産調査室の人間が出て行って、ムダを省き、生産を軌道に乗せる。部品の担当は協力会社を探し、契約を結ぶ。すると、今度は協力会社へ生産調査室から人が派遣されて、トヨタ生産方式を持ち込む。大野一派にとっては東奔西走の日々であり、フル稼働の20年だった。

トヨタ生産方式は生産性を向上させるシステムとして確固たるものになっていたのだが、世間やマスコミはそうは受け取ってはいなかった。

「三河にある閉鎖的な会社が、『かんばん』というものを使って、何やらゴソゴソやって儲けている」

それが一般の認識だったろう。

ベストセラー

しかし、マスコミのなかでもトヨタ生産方式の本質を知りたいと考えた編集者がいた。ピーター・ドラッカーの著書『断絶の時代』などをヒットさせたダイヤモンド社の藤島秀記である。後に常務になる藤島はドラッカーなどアメリカン・マネジメントに対抗する系統立ったジャパニーズ・マネジメントの本を作りたかった。そこで、石油危機で知られるようになったトヨタのマネジメントを調べてみたところ、大野耐一という名前に突き当たったのである。

それからの仕事は早かった。藤島は執筆者を決め、大野に交渉する。広報部を通さずに直接、連絡した。

すると、大野は意外に乗り気だった。それまでの彼なら「本を出したい」と言われたら、即座に断ったたろう。トヨタ生産方式はアメリカの自動車会社が日本に進出してきたときのための秘密兵器だったから、手の内を明かしたくないというのが大野の考え方だった。

ところが、藤島が連絡してきた頃は、世の中にトヨタ生産方式に対しての誤解が出回っていた。なんとか払拭する手段はないかと大野自身も考えていたのである。

本を出版すると社内に諮った時、ある幹部は「伝家の宝刀を公開して、敵に塩を送るとは何事か」と反発した。

しかし、社長の英二は了承した。英二もまた「トヨタ生産方式に対する誤解を解かなくてはならない」と思っていたからだった。

大野はトヨタ自動車副社長の肩書で『トヨタ生産方式』を出版した。

「言葉や文字では表現できない、人間独自の創造の知を書いてみたい。モノをつくる方法や生産現場の試行錯誤で日々、進化しているので、書き留めるのは不可能だが、物事の基本になる原則は何とか書いて伝えたい」

大野は藤島にそう言い、構想をまとめて口述した。実際に藤島と連絡を取り、資料や表現を考えたのは生産調査室にいた張だった。

半年以上の時間をかけて完成した本はトヨタ関係者よりも一般のビジネスマンに受け入れられた。同書はいまも売れ続けており、累計で47万部、114刷。専門書としては空前のベストセラーだ。

発刊に際してダイヤモンド社の社長、専務と大野が懇談をする機会があった。大野だけでなく、一番弟子の鈴村も同席した。ダイヤモンド社の社長が「出版経営は返本があるためになかなか儲からない」と愚痴る。

すかさず、鈴村が言った。

「御社はトヨタの生産の本格本を出した会社です。どうですか、この際、ダイヤモンド社もかんばん方式を導入すればいいんです。そうすれば返本はなくなる。どうです？ 私が来ますよ」

ダイヤモンド社の社長も専務も苦笑するばかりで、何も答えられない。すると、鈴村が様子を見て続けた。

「そうですな。思えばオヤジさんの本は売れ残らないでしょうから、かんばんの必要はないかもしらんですね」

一同、爆笑したと伝えられているが、実際にはダイヤモンド社の人間たちは心から笑うことはできなかったろう。返本による在庫の増大で財務が悪化する出版社はいくらもある。返本という単語さえ聞きたくない出版社の社長だっているだろう。本心では、もし、トヨタ生産方式を導入して、「売れる分だけ本を刷る」ことが可能ならば、どこの出版社も争ってトヨタ生産調査室へ頭を下げに行くのではないか。

同書のヒットは大野耐一という人物を世間に押し出した。だが、本人はそのことを喜んだわけではない。

「オレは世間の誤解を正したかっただけだ。しかし、不思議なもんだ。本が売れてからも、批判はまったく減らなかった」

もうひとつ、苦笑いして言ったことがある。

「出版社は最初、『トヨタ生産革命』にしてくれ、としつこく言ってきた。『大野さん、生産方式というタイトルだと専門書になって棚に入れられる。でも、生産革命としたら、平積みでどんどん売れますよ』と。だが、断った」

大野にとってあくまでも、トヨタ生産方式だったのである。また、「発案者は（トヨタ創業者の豊田）喜一郎さんだ」とも強調した。彼は自分のために本を売りたかったのではない。世の中に本当のことを伝えたかったのである。

その後も、誤解、曲解して質問してきたジャーナリストには次のように答えている。

「外の協力業者へのしわ寄せなど絶対にありえない。お役所（公正取引委員会）から、トヨタはとんでもない会社だ。注文しただけは絶対に引き取らなければいけないという指導があった。うちの協力会社が、その下の会社にしわ寄せしていると言われたんだ。

そこで、当の社長に来てもらって『お役所からだいぶ調べられ、（トヨタは）ふとどきだと言われている。どう思う』と尋ねてみた。そうしたら、はっきりと答えたんだよ。

『トヨタのためにつぶれてもいいなんて会社は一軒もありません。私たちはどんなことがあっても、ちゃんと儲けるよう考えてます』

お役所が言わなくとも、みんな自分の身を守っている。小刻みにモノを作る習慣をつけているところは強い。そういう習慣をつけない企業はダメだ」

『トヨタ生産方式』が発売された翌年にあたる1979年、第二次石油危機が起こった。OPEC加盟国中2番目の産油量を誇るイランで革命が起こったのである。

パフラヴィー朝が倒れ、シーア派の長老、ホメイニ師が指導者となった。イラン革命により原油価格は急上昇した。ヨーロッパ、日本など石油の輸入国の経済はまたも停滞したのである。

二度にわたる石油危機により、自動車会社各社はよりいっそう高品質、低燃費という命題を解決しなくてはならなくなった。

この後、消費者は自動車を買うに際して最高速度、馬力、排気量、ゼロヨン加速といった指標よりも、燃費という項目に目が行くようになる。いい車とはスピード、デザイン、居住性の他に、燃費がいいという要素が欠かせなくなった。

同じ年の7月、東名高速の日本坂トンネルで火災事故が起こった。死者7名、車両の焼失173台という大きな事故で、東名高速は一週間、通行止めとなった。

この時、初めてサプライチェーン（供給網）の途絶による生産停止が話題となる。

関東の協力会社65社からの部品がトヨタの組み立て工場に届く時間が遅れたために2日間、操業停止となった。

その最中、ある役員が「大野が言った通りにしたから生産が止まった」と不服を述べたらしい。

それに対して、大野は「止まったのではありません。私たちの判断でラインを止めたのです」と答えた。

部品が届かないこともあるが、それよりもすべての車種に対して万全の体制で生産ができるかどうかを確認するために、自らの判断でラインを止めたのである。

その後の協力工場の事故、阪神・淡路大震災、東日本大震災などの災害でも生産停止は起こっている。しかし、いずれもラインは「止まった」のではない。止めたのである。

代替部品はどこの協力工場が作ることができるのか、また、物流のルートを変更するならばどこの高速を使うのかなどを判断するには時間がかかる。遮二無二、ラインを動かすよりも、不良品が出るおそれがあれば、まずラインを止める。それは作業者がアンドンのひもを引いてラインを止めることと同じだ。

外からの目が見るべきところは災害、事故が起こった時、トヨタがラインを止めたか止めないかだ。大きな災害にあたって、トヨタがそのまま操業していたら、経営者の判断を疑うべきなのだ。日本坂トンネル事故の時、同じ考えから大野はラインを止めた。「生産停止」とマスコミが騒いで書き立てても、彼は苦笑しただけだった。

林南八、配属

生産調査室が発足してから、社内はもちろん、関連会社、そして、そこに品物を納めているお父さん、お母さんがふたりでやっているような小さな協力会社へもトヨタ生産方式を移植していった。協力会社へ派遣された担当員は何人もいるけれど、まずは林南八のケースを見てみよう。

鍛造部門に18歳の河合が配属されたのと同じ１９６６年、後に生産調査室主査、技監、取締役となる林南八（現・顧問）が入社した。同年入社だけれど、林は武蔵工業大学（現・東京都市大学）を出ている。トヨタ技能者養成所から入社した河合よりも4歳、年長の22歳だった。

林が配属されたのは元町工場機械部技術員室。生産調査室ができる前の「大野学校」と呼ばれたセクションである。現場の困りごとを解決し、生産性を向上させるのが役目だ。

入社したばかりの林は下っ端の使い走りだった。入社してから林は繰り返し、「いかに大野さんが怖い人か」というエピソードを聞かされた。先輩たちは大野、鈴村に叱られた経験を声をひそめて語るのだった。

林は「オレは運がよかった」と安心した。

「大野さんという人は本社工場で、鈴村さんは上郷のエンジン工場にいる。幸いオレは元町工場だ。ふたりと会うことはない」

元町工場に配属された日の夜、技術員室の先輩たちがジンギスカン鍋を囲む歓迎会を開いてくれた。そこでも話題は大野、鈴村のことばかりである。

林は話を聞きながら、箸でジンギスカンの羊肉をしっかりと押さえていた。兄弟4人で育ったから、鍋の肉を見ると、反射的に箸で押さえてしまうのである。

係長がその箸を指さしながら、話しかけてきた。

「おい、林、誰もお前の肉は取らん。今日は歓迎会だ。好きなだけ食え」

なんて、いい人たちなんだろう。なんて、和やかな職場なんだろう。この分でいけば大野さん、鈴村さんだって、それほど怖いわけじゃないのでは…。林は「いい部署に配属された」とちょっと嬉しかった。

ところが翌日、林は出社したとたんに「肉をたくさん食え」と言ってくれたやさしい係長から大声で怒鳴られた。机に座っていたら、「何してるんだ、バカヤロー」と罵声が飛んできたのである。

「あのう、仕事をしようと…」

係長は冷たく言い放った。

「林、オレたちの仕事は現場のカイゼンだ。お前は現場へ行け。机に座るのは10年早い」

おそるおそる立ち上がりながら「係長、どこの現場へ行けばいいでしょうか」と訊ねたら、「バカヤロー、お前が自分で探してくるんだ」…。

仕方がないから、元町工場のなかをうろうろして、やさしそうな顔の作業者を見つけては「あのう、何か困ってることはありませんか?」と聞いた…。

ところが、現場は忙しい。林のことなど誰もが無視した。「小僧、邪魔だ」と返事をしてくれるのはいい方で、「しっしっ」とまるで野良犬を遠ざけるように追い払われたこともあった。

「現場に何日も足しげく通っているうちに何か相談されるようになる。それからですよ、僕たちの仕事が始まるのは。他人を当てにせず、自分の目で確認し、自分の頭で考える。

大野さんからは同じ場所に8時間近く立たされて観察させられたこともありました。いまでいえばパワーハラスメントと問題になるでしょう。

しかし、大きく違うのは、部下にただ命じるのではなく、指示をすると同時に上司も一緒に考え始めていることです。

トヨタ生産方式の指導は現場を観察することから始まります。答えを出すにはまず根気強く観察する。そうしてやっと頭のなかにカイゼンの提案が生まれてくる。

しかし、いくらいい案でも現場の人たちが理解してくれなければ実践できません。誰も助けてはくれないから、自ら現場に溶け込んで味方を作るしかない。若い頃、大野さんの下で現場を動かす技を教えてもらったから、協力工場に行かされても、なんとかやってこられた。突き放す指導のおかげで、どんなところに放り込まれても現場を動かす技が身についたと感謝しています」

林は生産調査室ができてからも、所属することはなかった。しかし、連絡はつねに取っていたし、大野や鈴村の薫陶を受けた張や池渕が直接、考えるべき課題を与え続けてくれた。

社内でカイゼンの修業を積み、いよいよ入社8年目、協力工場へ派遣されることになった。

カイゼン指導は1日では終わらない。1週間、2週間でもない。月単位、あるいは年単位のこともある。「行って来い」と言われたら、自宅に戻り、準備をする。着替え、パジャマなど身の回りの物を持って、会社の車で出かけていく。

先方に着いても泊まるところはホテルではない。そんな立派な場所に泊まることはありえない。これは大野や鈴村でも同じだった。協力工場の独身寮や研修所に住み込んで、そこから現場に通うのである。家族とも会えない。林の場合は少なくとも半年、長くなると1年半の間、トヨタに戻ってくることができなかった。

報告に戻ることはあるが、指導に出かけた以上、勤務先は協力工場なのである。

だが、現場に行っても部下はいない。すぐに仕事にはならないから、現場の親方や作業者と親しくなるしかない。

林や生産調査室の人間の仕事とは、配属されて翌日から林自身がやったことだ。

つまり、現場を歩いて問題点を探す。現場の人に話を聞く。そうして、カイゼンしていく。

カイゼン指導とは「先生」になることではない。無視され、叱られた後に始まる仕事だ。突き放されて孤独を感じてから仕事が始まる。大野と鈴村はそうやって若い世代を育てたのである。

トヨタの現場で無視されることにも慣れていた林は、協力工場に派遣されても動揺しなかった。屈託なく話しかけ、嫌がられても、現場のラインについて、いろいろと聞いた。

しまいには親方も音を上げて林の質問に答えるようになる。事件を捜査する刑事、あるいはしつこいセールスマンのような根性がなければ現場の指導はできないのである。

そして、やっと、現場に溶け込んだと思ったら、次の試練がやってくる。

「労働組合との闘いですよ」

林は言った。

「ベアリング大手の光洋精工（現・ジェイテクト）に行ったことがあります。当時の光洋精工は赤字続きでしたが、ベアリング産業をつぶしちゃいかんとトヨタが出資して傘下に収めた。

赤字とはいえ大企業ですから、鈴村さんが陣頭指揮。私のほか大野学校のメンバーが揃って大阪国分工場（柏原市）に集まり、研修所に泊まり込んでカイゼン活動を始めたわけです」

現地でやることはすぐにわかった。問題は光洋精工が大ロットの生産を続け、在庫が増えていたこと。それならば小ロットで生産する体制を作ればいい。

ただし、「こうやってくれ」と言ったら、次の日からその通りにしてくれるわけではない。

光洋精工に限らず、長いあいだ大きなロットで生産をしてきた会社の人間は経営者、現場とも大ロットの方が生産性が高く原価も安いと信じ切っている。

実際、フォード・システムを勉強してきた生産現場の人間にとって、当時のトヨタ生産方式は「トヨタだけの特殊な方式」と思われていた。いくら、鈴村が檄を飛ばし、林が頭を下げても、内心は「こんちくしょう」と思って、なかなか従ってはくれなかったのである。そのためトヨタ生産方式の移植には時間がかかるのが当たり前だった。

しかも相手をその気にさせるには何らかの方法で、短期的に結果を出さなくてはならない。トヨタの社内なら、じっくりと説明すれば時間がかかることもわかってもらえる。しかし、所詮、他人の会社である協力企業にはとりあえずの成果を見せるしかない。

鈴村、林がやったのは全国の光洋精工の営業所が借りていた倉庫から在庫を集め、いったん工場に戻すことだった。

戻ってきた在庫は毎日、少しずつ配送できるような物流ネットワークを作り、そこに載せて送り出した。光洋精工の社員にしてみれば、せっかく送った部品をもう一度、工場に持ってきて、また送るということだ。「ムダをなくせ」と言っているトヨタの社員が大きなムダを作り出しているように見えた。

だが、効果はたちまち上がった。営業所が借りていた倉庫代が浮き、経費が節減できたのである。最初に在庫を集め直した運搬費用などわずかなものだった。そして、それからあとは小ロット生産、小ロット配送の体制を組み、物流の効率はよくなった。結局、半年を費やしたもののカイゼンのメドはついたのである。

やれやれ、これで、うちに帰ることができると思ったある日、林は鈴村に呼ばれた。

「お前、確か出身は東京だったな。よし、ここはもういい、明日からひとりで行け。今度は羽村にある東京工場だ」

大阪からやっと名古屋の自宅に戻れると思ったら、今度は名古屋を素通りして、東京のはずれにある羽村工場のカイゼン指導に赴くことになった。

しかも鈴村は来てくれない。ひとりぼっちで羽村工場へ出社するしかなかった。

光洋精工羽村工場の幹部は「トヨタからやってこられたカイゼンの指導者」として林を歓待した。しかし、現場に出たとたん、扱いは逆になる。林は色白で都会的な顔立ちをしている。スマートだから若く見える。現場の人間にしてみたら、若造が偉そうな顔をしてやってきたとしか思えない。

「トヨタは俺たちをバカにしている」と憤慨したようだった。

工場に足を踏み入れた途端に、方々からあざけりの声が聞こえてきた。

「よう、兄ちゃん何しに来たの?」

「お前、自動車屋だろ。ベアリングのこと、俺たちに教えようっていうわけ?」

しかし、林は顔色を変えなかった。ここで怒ったりしたら仕事にならない。同じような罵声はトヨタの現場でも浴びている。

人間、腹をくくって死ぬ気になったら、怖いものはない。ニコニコ笑って「こんにちは」と自己紹介し、「何か困っていることはありませんか」と相手にされるまで、聞いて歩いたのである。あるいは現場のそばに立ったまま、じっとラインを見つめた。

そうしているうちに、現場の人間はだんだん薄気味悪くなってくる。毎日、朝からやってきて、じーっと見つめるのである。

次第に話を交わすようになり、お互いに打ち解けるようになった。そうなったらしめたものだ。相手にしてもらうこと、話をしてもらうことがカイゼン指導の第一歩なのである。

カイゼンの取り組みは始まったのだが、予想以上に労働組合からの対応は厳しかった。

「光洋精工には労働組合がふたつあって、第2労働組合のメンバーは夕方5時になると残業している人間を誘って帰ってしまう。これには参りました。

また、夜、宿舎にいたら、組合のメンバーが何人もやってきて連夜、『経営者の犬、帰れ』とシュプレヒコール。これにも参った。あれは初めての経験だったから。

頭に来ましたね。だって毎日、一生懸命、光洋精工のためにやっているんだから。

そうして一触即発の緊張関係が続いたある日、僕は窓を開けて、『何だ！ 俺だってトヨタに帰れば組合員だ。立て直してほしいというみんなの希望で来た。つぶしてほしかったら3日で帰る。そうしてやろうか！』と怒鳴りまくってやった。

ほんとはやっちゃいかんのです。ニコニコ笑って、ありがとうと言わなきゃいけない。

でも、無理ですよ。協力企業にカイゼンに行くと、だいたい、みんな、そんな目に遭うんです。張さんが言ってました。お前は経営者の犬くらいだろ、オレはトヨタ帝国主義の先兵は成敗する！と追い回されたと笑ってました」

林に限らず、協力会社への指導で大変だったのは労働組合との関係だったのである。

1年半が経った。林はニコニコ笑う作戦でいつしか仲間を増やし、労働組合ともまあまあ話ができる程度の関係になっていた。

名古屋から大阪、そして羽村へとひとりでやってきて、真剣に光洋精工のために頑張った。まわりはいつしか林のことを頼るようにもなっていた。

羽村の工場からトヨタに帰る日のことだ。第2労働組合のメンバーたちがもじもじしながらあいさつにやって来た。

「林さん、ありがとうございました」

林は初めて感謝された。

「これ」

リーダーが林に小さな箱を渡す。開けてみたら腕時計が入っていた。

林にとっては望外のことだった。

「帰れ！」と叫び、激しく対立していたメンバーたちは、林と握手をして、なかなか手を放そうとしない。顔を見たら涙が光っていて、林も思わずぐっときた。

彼らは言った。

「林さん、俺たち組合からのせめてもの気持ちです」

林は現場にいる間、終業時間を気にしたくなかったから、いつも腕時計を外していた。

「それで組合のメンバーたちは、僕が腕時計を持っていないと思ったんじゃないかな…」

そう当時を振り返りながら、林は言った。

「あきらめずに頑張って本当によかった。気持ちが通じたと思いました」

鍛えられながら広めていく

トヨタ生産方式を協力工場へ広めていくには生産調査室の人間が中核となった。林はそのエキスパートのひとりだけれど、もう少し若い世代で、さまざまな協力工場へ派遣されたのが現在、副社長となっている友山茂樹だ。

友山の入社は1981年、トヨタが工販合併する前の年である。群馬大学の機械工学を出た彼が配属されたのは生産技術だった。最初は組み立てセクションの生産指示システムを作り、それをカローラ専用の高岡工場に導入する仕事だった。入社してすぐにトヨタ生産方式についての研修を受け、自分なりに理解したつもりでいた。

友山が高岡工場に導入したのは、車の仕様を搬送機に設けられた記憶装置に電波で書き込み、それを各工程で自動的に読み取って、作業者に組み付け指示を行うと同時に、作業が完全になされたかどうかを照合する「ポカよけ装置」と呼ぶものだった。

例えば、ボルトを4本締め付けなければならない作業で、3本しか締めずに、コンベアが作業終了の定位置まで来てしまったら、そこでコンベアを止めてアンドンを点灯し警告する、4本締め付けるとアンドンが消えコンベアが動き出す、というものだった。まさに異常で止まる、異常がわかる、という自働化の考え方に沿ったものであり、そのポカよけ装置を組み立てラインの全工程に導入した。

ところが、ラインはあちこちでアンドンが点灯し、回らなくなった。友山の導入した、ポカよけ装置が一斉に締め付け忘れを検知しコンベアを止めていたのだ。

その時、高岡工場の組み立てラインで管理職をしていたのが林南八だった。当時はカイゼンのエキスパートとして知られるようになっており、林自身が大野や鈴村に鍛えられたように、トヨタの若手カイゼンマンは「南八さんは厳しい人だ」と噂していた。

その林が友山の仕事を一喝した。

「バカ者、誰だ。こんなものを導入したのは？」

友山はまだ林の厳しさを体験していなかった。「はい」と手を挙げて、説明を始めた。

「林部長、これはですね。トヨタ生産方式にある定位置停止のためのくふうでして…」

話し出したとたん、さらに大きな声で怒鳴られた。

「バカ者、何もわかっとらんのに、妙な真似をするな。いいか。定位置とは1か所ではない。作業者の工程によって、作業の始めと終わりの位置は異なる。それを、おまえは全工程、同じ位置で締め付け忘れを検知しているから、異常でもないのにコンベアが止まる。そこまで考えて定位置停止をやらなきゃダメだ。お前はまったく現場がわかっとらん」

しかし、友山もまた頑固だった。

「いえ、部長、これはですね…」

「もういい。黙って見とれ」

林は友山を無視して、自分が引き継いで、友山が入れた大量のポカよけ装置を手直しした。


そんなことがあったから、友山は林から見放されたとばかり思っていたのだけれど、どうしたわけか、翌年、生産技術部から生産調査室へ異動が決まったのである。

そして、しばらくすると、林が主査で戻ってきた。鈴村が退職した後のトヨタ生産方式を統括する役職で、その役職に就いた人間はもれなく「鬼」と呼ばれることになっている。

友山は「あの時は参った」と嘆息。

「林さんはそれは怖かったけれど、その下にいた人がもっと怖かった。怖くて、名前を言おうとしても口が動いてくれない。そんな人たちに囲まれて生産調査室で仕事をしました」

林がある時、オーダーしたのは協力工場にトヨタ生産方式を導入するための同伴出張だった。ふたりは岐阜にある協力工場に行き、初日は協力工場の製造課長が案内してくれた。

林は現場で気づいたことをその場で指摘していく。友山がメモしようとすると林は「メモなんて取っても意味がない」とたしなめた。

林によれば大野も鈴村も現場でメモを取らなかった。頭の中に映像として記憶し、カイゼン後の現場と照合して、さらなる改善点を指摘していく。メモを取って満足し、とことん考え抜くことを疎かにするな、という戒めがそこに込められている。

初日の仕事の後、林は友山に申し渡した。

「友山、明日はひとりで行ってくれ。この工場のラインにはＡＢ制御を入れなきゃならんから、説明してくればいい。いいな」

林は「頼んだぞ」と友山ひとりを残し、本社に戻っていった。

ＡＢ制御とはトヨタ生産方式を実践する場合、コンベアや長い自動ラインでの生産をコントロールする仕組みだ。

まず工程にA地点、B地点を決める。2点における製品の有無によってラインを動かすかどうかを判断する。ラインを動かして製品を流していいのは、A地点（前工程）に製品があり、B地点（後工程）に製品がない場合だけだ。

A地点に製品がないのに流してしまうと、ラインが空になるまで異常がわからないばかりでなく、空になったラインを充足するまで後工程は止まってしまう。その場で止めればA地点に製品がない原因が発見でき、対策をとればまたスムーズに生産が可能になる。つまり、異常を早く発見するための仕組みと言っていい。

さて翌朝、協力工場に着いたら、「友山さん、こちらへ」と案内係に先導された。着いたところは大会議室だった。協力企業の社長以下、幹部と現場の担当が60人近くずらっと揃っていた。

「えー、これからトヨタ自動車の生産調査室からわざわざいらしてくださった友山指導員より、生産方式についての講義があります。では、友山指導員、よろしくお願いします」

友山はマイクを渡されたが極度の緊張と現場を１日しか見ていないこともあって、しどろもどろの説明しかできなかった。それでも、社長以下、幹部は講義の途中で重々しくうなずき、友山の話に拍手をした。

友山は内心、焦った。

「南八さん、ひどい。こんな大げさになるなんて、ひとことも言ってくれなかった」

自己嫌悪で顔が青ざめたまま座っていたら、「次の仕事があります」とささやかれる。そして、司会は続けた。

「えー、では、次は現場に行って、さらに具体的な指摘をいただきたいと思います」

ふらふらと立ち上がった友山は工場のラインの前で、今度は1時間、説明をさせられた。それもまた「我ながら情けない」と感じる内容である。

トヨタ生産方式を理解していることと、それを他人に説明することは別の仕事だ。生産調査室にいる人間は「わかる」だけでなく、「わかりやすく指導する」能力を持っていなくてはならない。そのためには、まず自分でやって見て、次にやって見せて、最後にやらせて見せる、というプロセスが必要なのである。

林は友山がまだその水準に達していないことを承知していた。そこで、たったひとりで残してきたのである。これまた大野以来の教育で、「海に突き落として、自分で泳ぎ方を覚えさせる」やり方だった。つまり、指導法は自ら身体で学ばなければならないのである。

友山は今でも「あの日のことを思い出すと赤面する」という。

「現場で説明していたら、社長さんたちはうなずいてくれるんだけれど、現場の人間は『なんだ、こいつは？ 何にもわかってないじゃないか』としらけて見てるんです。あからさまに舌打ちする作業者もいました。思えばそれからですよ。本当の仕事が始まったのは」

翌日から、友山はひとりで工場に出かけ、ＡＢ制御を入れるための分析を始めた。「立ちん坊」と呼ばれるライン分析の仕事で、ラインの横に立ち、ひたすら作業に目を凝らし、問題点を探し、改善策を考える…。

「トヨタから変な奴が来てるらしい」と、すぐに噂は広まった。しかし、始めてから3日間は誰ひとり声をかけてこない。昼の食事もひとりで工場の食堂に行き、ぼそぼそと食べた。午後、立ちん坊をしていたら、作業者が友山の目の前に部品の空き箱を持ってきて、バサッと投げた。

「早く帰れ」というサインだ。

それでも、帰れない。ラインを見続けて1週間が過ぎた。友山は工場の担当者に「AB制御を試しにやらせてくれ」と申し出る。そうして、ワンサイクルだけ他の作業者と一緒になってラインに着き、自らやってみせた。

他の作業者も仕事を止めて、眺めにやってきた。我を忘れて指導に没頭していたら、機械油がワイシャツに飛んで、腕の部分が真っ黒になった。「あーあ、替えがないし、どうしよう」と焦ったけれど、構わず仕事を進めた。

すると、空き箱を目の前に投げた作業者が、ウエス（ぼろ布）を差し出して、「これで汚れを拭きとれ」と目で合図を送ってきたのである。

その時が、友山と現場の作業者の心が通い合った瞬間だった。

トヨタ生産方式の指導とは上から目線で講義することではない。人間と人間の間に信頼感を醸成することだ。お互いを認め、気脈が通じなければ成り立たない。いくら仕事をくれる相手だからといって、突然やってきた男が傲慢な態度で、「ああやれ、こうやれ」と言ったとしても、現場の人間は動かない。林は実際の指導における立ち居振る舞いがどういうものかを、黙って友山に教えたのである。そのために工場に置き去りにした。

結局、友山はその工場に4か月間、通い、カイゼンを果たすことができた。

「生産調査室に5年いましたけれど、その間、まさしく堪え難きを耐え、忍び難きを忍びという生活でした。林さんやその下の怖い課長は僕がいる間にたまに進捗をチェックに来るわけです。そして、できていない部分を見つけると、『友山〜、バカ者〜』と大声で怒鳴って、かぶっていた帽子をすっ飛ばす。すっ飛ばしながら結局、頭を殴るわけですけれど…。いまではもうそんなことはできませんけれどね。

僕のことは猛烈に怒鳴りまくるけれど、協力工場の人には絶対に怒らない。協力工場の人は僕が怒られるのをいたたまれずに見ているわけです。そうすると、林さんが帰った後、『友山さん、大丈夫でしたか』と声をかけてくる。

怒られたことで、僕が働きやすくなるんですよ。あの頃、職場の先輩だった豊田（章男）社長だって、まったく同じ扱いでした。同じようにひとりで取り残されて、同じように怒られていた。でも、あれがあったから一人前になった。ひとりで行かされて、ひとりで考えさせられて。

生産調査室にいた頃は毎日のように夜中まで宿舎の部屋で協力工場のラインで撮ったビデオを分析していたのですが、寝る前には必ず転職雑誌を読み込んでました。『こんな会社、絶対にやめてやる。ここにいたら、いつか殺される』って。そればかり考えていた。

ただし、協力工場に仕組みを導入して、生産性が上がると、現場の人たちがものすごく喜ぶ。あの笑顔がなんとも言えない。それを繰り返しているうちに、いつの間にか仕事が面白くなって、転職雑誌を買うのはやめました」

友山が言ったように、トヨタ生産方式を伝えて、結果が出ることが生産調査室の人間の喜びだった。給料が上がるわけでもないし、うまくいっても誰も褒めてくれない。これまた大野以来の伝統で、「帰ってきました」と報告したら、上役は「次はあそこだ」と伝えるだけだ。

だから、生産調査室の人間のモチベーションとは、もちろん、目的は原価低減だったけれど、相手の喜ぶ顔が見たいというその一心だったのである。単純と言えば単純だけれど、単純な喜びが彼らを動かす原動力だった。

一緒になってワイシャツを汚し、汗を拭きながら指導するから、現場の人間は「こいつの言うとおりにやってみよう」となる。現場の作業者は現場のにおい、現場の空気を身にまとっている指導員の言うことしか聞かない。

友山は「すべて現場で覚えた」と語る。

「南八さんも怖い課長も絶対、教えてくれないんですよ。『友山、自分の頭で考えろ』。でも、その意味が生調（生産調査室）に来て3年たった頃、腑に落ちました。

たとえば、動作改善ということをやります。作業者の動作の問題点を見つけるわけです。最初はいくらじーっと見ていてもどこがムダな動作なのかわからない。ところがずっと見ていると、動作のムダは3つの要素から成り立っているとわかる。

ひとつは仕事をしている時の動作の『大きさ』、次が『手待ち』と言って手が止まっている時、それから『離れ際』と言って、次の動作に移る時のもたつき。この3つなんです。パッと見てわかるまでに3年くらいもかかるのですが、この3つを見分けられるようになったら、あとは楽です。でも、それは教わってもわからない。自分で考えて苦労しないと身につかない。

また、現場に行ってみて、実感することがいくつもある。たとえばよく誤解されるのですが、トヨタ生産方式が必要とするのは多能工です。万能工ではありません。多能工とは隣り合う工程の作業ができる人のこと。万能工は、何でもできなきゃいけないけれど、それは求めていない。

こういうことは理論で学んでもわからない。実体験です。ただし、アメリカで指導した時は理論的に説明する必要があった。向こうにはユニオンがあるから、隣り合う工程の作業をやってもらうにしろ、理論武装をして、なぜこうすると良くなるのか、それが作業者にも良いことなのだ、とプレゼンテーションをしてまずは理解してもらう必要がありました。それを繰り返していくうちに、自分自身もだんだんわかってくるわけです」

トヨタ生産方式には細かい理論がいくつもある。混乱するのが「タイム」と付いた用語だ。リードタイムとは部品が入庫してきてから完成車ができるまでの時間のこと。リードタイムが短ければ短いほど、すぐに代金を手に入れることができる。ベンチャー企業、中小企業にとって製品のリードタイムを短くすることは生き残りの条件だ。

サイクルタイム、タクトタイムという用語も出てくる。サイクルタイムとは要素作業の基準時間を合計したもの。一方、タクトタイムは必要数から1台あたり何分で作るかを決めたもの。

問題はサイクルタイムがタクトタイムより短い時だ。そうすると作業に手待ちが出てしまう。放っておくと作らなくてもいいものまで作ってしまい、在庫になる。現場の体質は弱くなってしまう。トヨタ生産方式ではそれを嫌う。指導員はそこをチェックしなければならない。

逆に、サイクルタイムがタクトタイムより長いと、アンドンが点きラインが止まることが起こる。頻繁に止まると製品ができないから残業になってしまう。しかし、それでも、同方式では手待ちができるより、アンドンがたびたび点灯する状態の方がいいとしている。

つまり、何も起こらず、ラインが停止しないで流れているのはカイゼンをしていないことになる。ラインをコントロールするとは、停止しないで流れる状態を作ることではなく、時々、アンドンが点いて、管理職がラインに近づいて「なぜなぜ」を繰り返しカイゼンをしなければならないラインとすることだ。

残業をやらなくてもよくなったら、今度は10人だったラインを9人でやる。するとまたラインがたびたび停止し残業となるので、またカイゼンをする。これを繰り返すのである。

なんといっても生産性の向上はトヨタ生産方式がめざすところだ。そして、生産性には3つある。設備生産性、材料生産性、労働生産性の3つである。

このなかで、材料および設備は、いい物があれば買ってくればいい。どの会社でもすぐに生産性を向上させることができる。ところが、労働生産性は一朝一夕には真似できない。

喜一郎はジャスト・イン・タイムという言葉を用いて労働生産性の向上を指し示した。「トヨタ生産方式の目的は生産性向上」とよく書いてある。しかし、真の意味は労働生産性を上げるシステムのことだ。

着手する勇気

友山が生産調査室にいた時代、もっとも忘れられないのが、小規模な協力企業にカイゼンに行った時のことだ。

協力会社のうち、ティア1と呼ばれるのはデンソー、アイシン精機といった巨大な協力会社で、部品はトヨタに納める。ティア2以降には、デンソーなどのティア1の企業に製品を納める会社や、特殊な品物だけを作る小規模な会社が数多くある。

生産調査室がトヨタ生産方式を協力会社に導入する場合、ティア1に限らず、上流までさかのぼってカイゼンしないと、トータルで部品納入のリードタイムは短縮しない。つまり変動に強い体質になったとはいえない。そこで、お父さん、お母さんだけが働いているような小さな工場へも無償で指導に行くのである。

彼が出かけて行ったのはインストパネルの成形品を作る従業員ふたりの会社だった。ふたりとはお父さん、お母さんで、たまにサラリーマンをやっている息子が手伝いに来る工場である。

初日、訪ねていって扉を開けたら、憂鬱そうな顔をしたお父さんとお母さんが立っていた。夫婦は「トヨタから指導員が来る」というだけで、怒られるんじゃないかとびくびくしていたのである。

内部の様子を見ると、プラスチック部品の成形機が真ん中に置いてあって、仕掛品、完成品がいくつかに分けて置いてあった。当初はちゃんと整理されていたのだろうけれど、オーダーの変更があるたびに、できあがったものをさまざまな場所に押し込んでいたから、足の踏み場もない状態だった。

「在庫をなくす」「小ロットで生産する」ことは、頭ではわかっていたのだろうけれど、得意先のオーダー変更に振り回されて、目の前の仕事を片付けるので精いっぱい…。

しかし、世の中の小規模な工場はどこでもそんな感じではないか。

友山はがみがみ叱ったり、「こうしてください」とは言わない。黙って4Sに着手する。

「整理、整頓、清潔、清掃。生産性が上がらない工場は整理されていないから、物がどこにあるかわからない。まずは一緒に、品物の型をきれいに並べて、印をつけて整理する。

それから床にペンキで色を塗り、歩行帯を作る。ふたりだけの工場なんですけれど、人間って、歩行帯を作ると、ちゃんとそこを歩くようになる。不思議なもんですね。

黙々とやっているうちに、話をするようになって、お母さんから『お茶にしましょうか』と呼ばれる。昼飯も一緒に茶の間で食べるようになる。それからですよ、私たちの仕事は。掃除を一生懸命していたら、信頼されるようになる。関係が構築されたとわかった瞬間、1日でドンと変える」

彼がやったことは次のような順番だった。

①リードタイムを短縮する

お父さんとお母さんがつねにアップアップしていたのは得意先がオーダーを細かく変更してくるからだった。ふたりが一生懸命、仕事をしていると、電話がかかってきて「数を増やしたい」あるいは「減らしたい」などと言ってくる。直前の変更に直面するのが中小企業の宿命だ。何度も変更が繰り返されたので、お父さん、お母さんは10個の注文にはつねに12個なり15個の部品を用意していたのである。原料は増えるし、ムダな手間がかかる。

そこで「リードタイムを短縮しよう」とふたりに言う。得意先が納品の1週間前まで注文を変更してくるならば、納品の1週間前まで作らなければよい。注文が確定してから作って納品に間に合うまで、リードタイムを短縮しようというわけだ。同時に、得意先の担当者と連絡を密にする。担当者に本当は何個、いつまでに必要かを何度も確認して受注の精度を上げて、ムダな仕事を減らす。

②在庫を減らす

リードタイムを短くし、不要な在庫を減らす。2週間以上のリードタイムで作っていたのを5日間以下にするために段取り時間やマシンサイクルタイムを短縮して、小さなロットで作れる体制を整える。種類別のストアを構えて先入れ先出しを徹底する。在庫が減ると、なぜか品質も良くなる。

③一つ一つのパレットにかんばんをつける

かんばんをつけることで、かんばんが外れた分だけ生産する後補充生産とする。大量品は1日のロット生産で毎日仕掛ける、少量品も5日のロット生産で毎週仕掛けるようにする。

④パターン生産の導入

パターン生産とはAをここまで作ったら、Bを作り、しかるのちにCを作るというパターンを決めること。1台の樹脂成形機で、成形温度の異なる複数種類の製品を生産する場合、温度をだんだん上げていく順序で仕掛けると効率が良い。よって、外れたかんばんをその順番で並べて仕掛けるパターン生産を行う――。

要は大野が初期のトヨタ工場でやったエッセンスを小さな職場に適用することだ。整理整頓するだけで、仕事ははかどるから、結果は出る。すると、お父さんもお母さんもやる気が出てくるから、「もっと教えてください」と言うようになる。

この後、友山は稲作に対してもトヨタ生産方式を導入した。わたしも見に行ったけれど、鍋八農産という愛知県の農業法人社長の八木輝治は、こう嘆息した。

「私がやっていたことは農業だから、先祖がやっていたことをそのまま守っていたのです。ところが、友山さんに教えられて、ひとつわかったことがあります。

『昔からの方法がいちばんいいというのは正しくない』

考えて働くようになれば仕事が楽になるし、休みが増えるんです」

奇しくも、八木が言った言葉は大野が残した言葉とまったく同じだった。

「旧来の方法がいちばんいいという考え方を捨てよ」

友山がトヨタ生産方式を伝えるためにやったことは指導以前に、掃除の手伝いであり、応援だ。小さな企業に移植する場合、ロジックよりもむしろ、整理整頓、お父さんやお母さんの悩みを聞いてあげることの方が重要なのである。

指導員が小さな企業へ行くと、たいてい、次のような反発を受ける。

「大トヨタにはできてもうちの会社では無理だ」

「トヨタの社員は優秀だからできるだろうけれど、オレたちはできない」

誰もがそう訴える。そこで、「なぜ、できないんだ」と怒鳴る指導員は最低だ。「自分には無理」という人たちに対しては「そんなことないですよ」と笑って語りかける。そして、彼らの立場に共感する。同じ痛みを分かち合う。

「私も同じでした。私も何度も同じような壁にぶつかりました。できないからトヨタをやめることばかり考えていました…」

そう伝えると、相手も聞く耳を持つようになる。

友山はあらためて思う。

「トヨタ生産方式の導入はつねに壁に突き当たる。くそっと思って壁を迂回しようと思うけれど、壁は高い。また壁の前で立ち止まって、壁の前でジグザグに歩いて、苦悩する…。

それでも、なお、うまくいかない。そこまで悩んで悩み続けてから上司に相談したら大きなヒントをくれた、それをもとにもう一度やり直したら今度はうまくできた。それは上司のヒントが良かったわけではなく、悩むことで自らの改善力が上がっているわけです。大事なことは、悩むことなのです。トヨタ生産方式に必要なことは、本で学ぶ知識でもなければ、突出した能力でもありません。悩む力＝悩力です。悩むことによって心の筋肉が鍛えられる、するとある日突然、できないと思ったことができるようになる」

友山はカイゼンのことばかり考え続けて、自宅の冷蔵庫にあった食品にかんばんをつけた男だ。ミルクやバターを買ったらかんばんをつけて、消費してからまた買う。回転が速い生鮮食品にはつけなかったと、すまして言う男だ。頭のなかはカイゼンのくふうでいっぱいだったのである。

大野、一番弟子の鈴村、その薫陶を受けた張、池渕、続く世代の林、友山、二之夕、トヨタ生産方式を伝えた人たちについては、仕事に厳しい男たちとされている。だが、大野、鈴村をのぞいて、私が会った人々は誰もが温和で、腰が低かった。口数も少ない。陽気な人というよりも、むしろ、内気な性格だ。そして、誰もが絶対に「工員」「労働者」「下請け」と言わない。

ある時、私が池渕に取材していて、「下請け」という言葉を使ったら、彼は真っ赤になって怒った。

「そんなこと言うのはマスコミだけだ。オレたちは絶対に言わない。あなた、下請けと言われたり書かれたりする人たちの身になってごらんよ」

トヨタ生産方式をちゃんと伝える人は誰もが相手の身になって考える体質を持っている。

「この人の言うことなら聞いてみよう」。そう相手が心から思わない限り、伝わらない。指導員の人間性が結果に出る。結果を出せない指導員は相手が悪いのではなく、その人間自身に問題がある。

林はこう言う。

「一緒に過ごし一緒に考え抜いて、脈を通じないと、できない仕事。肝心な時は〝来ん〟で、やばくなると〝去る〟が、〝たんと〟銭は取る…そんなコンサルタントには到底できない」

それくらいの愛情、情熱を持った人間だけが指導できるのがトヨタ生産方式であり、また、そこが弱点かもしれない。つまり、教える人によって達成度は変わってしまう。もっと言えば、現場のカイゼン度合いは教える人の人柄と能力に左右される。現時点では林と友山のコンビがもっとも指導力があるのではないか。しかし、友山は「南八さんの下で働いたら殺される」と嫌がるだろうけれど…。

さて、小規模の協力企業にもトヨタ生産方式が根づくとする。そうすると、教えた方にも教わった方にも、本当の自信が生まれる。

本当の自信とは無闇な自己過信ではない。「できないかもしれない」と思ったことに対しても、「まてよ、いつかはできるんじゃないか」と信じて、着手する勇気のことだ。トヨタ生産方式を教えたり教わったりして双方が得たもっとも大きな財産とは本当の自信だ。

林、友山に限らず、生産調査室の人間たちはいまもトヨタ生産方式を伝道するために世界中を飛び回っている。協力会社以外の手伝いをする時だけは無償ではなく、形ばかりの報酬を受け取る。そうでないと、利益供与になってしまうからだ。

第13章 アメリカ進出

工販合併

戦後、始まったトヨタ生産方式の体系化、および社内の各工場、協力工場における実践は１９８０年までには目途がついた。だが、カイゼンに終わりはない。新しい車種が開発されるたびに、全工場で同方式のブラッシュアップを進めることは同社の体質となっており、体質は現場に定着していた。

１９８２年、トヨタは事業再建のために分かれていたふたつの会社が32年ぶりに元のひとつに戻った。自工と自販は対等で合併し、新生トヨタ自動車となったのである。そして新生トヨタ自動車の初代社長には喜一郎の長男、章一郎が就任した。

この時、直前まで自販の会長を務めていた長老、加藤誠之は「会社の分割はまさに生木を引き裂かれるような思いだった」とあらためて述懐している。同業他社はいずれも製造、販売が同一組織だったのに、トヨタだけが分かれていたのは不自然だった。

工販合併は大きな変化だった。合併のために膨大な事務作業とエネルギーを費やしたけれど、終わってみると、ふたつの組織が交じり合うことができ、重複するところは人員を減らすことができた。それまではやはり別会社だから、仲が悪いとまでは言わないけれど、兄弟げんかのようなきしみはあった。

しかし、他人同士の合併よりは摩擦は少なかった。何よりも合併でよかったことは、大幅な世代交代が進んだことだったろう。

世代交代に伴い、大野耐一は相談役を引き、退職した。70歳である。同じ年、弟子の張富士夫は45歳で生産管理部の次長。張と同期の池渕浩介は田原工場工務部の次長。林南八は39歳で、元町工場機械部の副課長。河合満は34歳で、本社工場鍛造部の班長。友山茂樹は24歳の平社員で第3生産技術部技術員室勤務。

大野はトヨタ本社の相談役のみならず、同年に豊田合成の会長、のちに豊田紡織(現・トヨタ紡織)の会長もやめ、その後はトヨタ生産方式に学ぶ異業種の協会「NPS研究会」の最高顧問などを務めた。

彼が弟子たちにつねづね言っていたことがある。

「管理職は部下によく考えさせる人でなくてはならない。部下にやりがいを持たせて、そして、人間性尊重だ」

大野の番頭役だった鈴村喜久男はすでに退職していた。彼も実践委員長としてNPS研究会に加わり、多くの会社の生産性向上に尽くした。鈴村はトヨタにいた時と同様、「こらーっ」と怒鳴りまくりながら、これも変わらず、相手に考えさせる指導を続けた。

大野が退職した後、同方式を広めるための実戦部隊になったのは生産調査部(前身は生産調査室)だった。主査の好川純一が中心となり、次の世代に受け継いでいった。現在、生産調査部はトヨタ本体の工場に限らず、協力工場、そして、他のメーカー、農業法人までを指導の対象にし、さらには海外の工場、海外の協力工場までも守備範囲としている。こうして、喜一郎が提唱した「ジャスト・イン・タイム」の実践は世界に広まっていった。

だが、詳しく検証すると大野の最大の目的は仕事を通して次世代のリーダーを育成することにあった。

なぜなら現場を知るリーダーがいなければトヨタ生産方式の本質が伝わらないからだ。

同方式を広めるためには現場に行って、現場の作業者の気持ちを理解していなくてはならない。お父さんお母さんカンパニーのような小さな企業の立場を知らなくてはならない。トヨタが成り立っているのは現場のおかげ、小さな企業の協力があってのことだと肝に銘ずる人間でなければ同方式の運用を誤るおそれがあるからだ。

大野は現場に感謝し、作業者を愛し、現場に入り込んで、とことん一緒に考えるリーダーを育てたかった。

貿易摩擦と自主規制

合併後のトヨタが1980年代にやったことは、アメリカ本土での現地生産だった。それも、単に工場を建てるのではない。眼目は現地にトヨタ生産方式を持っていくことだ。それはトヨタの経営トップの悲願でもあった。

フォード式大量生産方式（フォーディズム）の牙城であるアメリカ本土にトヨタ生産方式を持っていくことができるのか。アメリカの作業者はこの方式を受け入れるのか。

もし、「ノー」と言われたら、トヨタの現地工場は立ち枯れてしまう。建屋はあっても、自動車の生産はできない。当時は大野がいなくなった直後でもあり、次世代の人間たちは海外における前途を真剣に思いやった。なんといってもトヨタ生産方式は日本のなかだけで実行してきた生産方式だったからだ。

なぜアメリカに工場を作らなくてはならなかったのか。それを理解するには時計の針を少し戻す必要がある。

１９７９年、第二次石油ショックでガソリン価格が高くなったため、産油国ではない日本の自動車会社はさんざん苦労をして、高いガソリンを節約する技術を確立することができた。一方、アメリカは産油国だったため、ガソリン価格は日本ほどは上がっていない。これまでのようにガソリンを消費する車を作っていてもよかったはずだが、実際にはそうならなかった。

アメリカでも若い消費者たちは時代の空気に敏感で、排気量が大きくガソリンをガブ飲みする「ガスガズラー」を流行遅れと認識し、また環境によくないと反発したのである。そして、アメリカ車よりも小さく、安価で、ガソリン消費量が少ない日本の自動車に人気が集まった。

アメリカの自動車会社もモノがわかっていないわけではない。ビッグ３も省エネ車の開発に着手していたのだが、大きな車から小さな車への方向転換はそれほど簡単ではなかったのである。

ビッグ３は大きな車を作るノーハウは持っていた。しかし、小さくすればいいわけではない。設計を根本から変えなくてはならなかったし、また設備も一から作らなければならなかった。何より、小さな車を作ったとしても、儲けは大型車よりも少ない。苦労する割に得られる利益が少ないのが小型車への転換だった。

それだけではなかった。アメリカの政財界および自動車産業に大きな影響力を持つ石油資本は、それまで通りガソリンをたくさん消費してくれる大型車を望んでいたのである。こうしたこともあり、方向は決まっていたものの、ビッグ３がコンパクトカーを完成するには多大な時間がかかった。

しかし、時代は待ってくれない。１９７９年、クライスラーは11億ドルの赤字となり、アメリカ政府はクライスラー救済法を制定し、融資保証を付けることになった。翌年にはＧＭが創業以来、初めて７億ドルの赤字を出し、フォードも15億ドルの赤字決算となる。ビッグ３はどこも従業員の解雇とレイオフに踏み切らざるを得なかった。

アメリカを代表する自動車産業が揃って赤字になったうえ、ワーカーをクビにするというのである。
アメリカの世論は沸騰した。「日本の自動車のせいでアメリカの産業が壊滅してしまう。日本車の輸入を止めろ」という主張から、「敗戦国である日本の自動車が戦勝国アメリカの道路を堂々と走っていいのか」といった反日的な意見さえ語られるようになった。82年にはデトロイトで、日本人と間違えられた中国系の技術者が3人の白人に野球のバットで殴り殺されるという凄惨な事件さえ起きたのである。

ただし、冷静な意見がなかったわけでもない。アメリカ産業界のなかには少数ながら「日本に学んでみよう」という人たちもいた。

アメリカで日本の自動車産業が悪役になっているさなか、張富士夫はコンサルティング会社のアーサー・アンダーセンから「トヨタ生産方式についてレクチャーしてくれ」とのオファーを受けた。講演会場はデトロイトにあるフォード本社の講堂である。「いくらなんでもアメリカを刺激するのではないか」とも思ったけれど、すでにOKしていたので、張は喜一郎や大野たちから受け継いだトヨタ生産方式について、懸命に話をした。

翌日、地元紙には「かつての生徒が先生になる」という大きな見出しとともに講演の内容が載った。一瞬、「これはまずい。大げさになった」と張は慌てた。

けれども、読んでみたら、バッシング記事ではなかった。戦後、トヨタが生産性向上に力を入れ、それが飛躍的な成長につながったという客観的な報道だったのである。アメリカ人のなかには真剣に日本の成長を分析しようという自動車関係者もいたのだった。

ただし、アメリカ最強の労組、全米自動車労働組合（UAW）は黙っていなかった。会長のダグラス・フレーザーはアメリカに対する輸出の自主規制を主張。さらに雇用確保のため「日本の自動車会社はすみやかにアメリカに工場を作ること」と半分、脅しのような声明を発表した。UAWはビッグ3のレイオフにより、30万人の組合員が失業している。フレーザーとしては日本の自動車会社に対して強硬な姿勢を取るしかなかったのである。

当時、トヨタは全生産台数（299万6000台　79年）の5分の1をアメリカに輸出していた。それだけの台数を輸出に回しているとなると、対米輸出を抑えるだけでは済まない情勢になってきた。

日本の同業他社を見ると、80年1月には本田技研工業がオハイオ州に乗用車工場を建設すると発表し、4月には日産がテネシー州にトラック工場を建設すると決めていた。トヨタも何らかのアクションを起こさざるを得ない。

81年1月、アメリカにレーガン政権が発足し、春には通商代表部代表のウィリアム・ブロックが日本にやってきた。ブロックは正式に日本製自動車の「自主規制」を要請する。UAWといい、通商代表といい、アメリカ側はなぜ、ストレートに「日本の自動車を輸入禁止にする」と断言できなかったのか。

それには事情があった。アメリカ車は日本の車やフォルクスワーゲンには歯が立たなかったが、ヨーロッパ市場では健闘し、ずいぶんと輸出していた。もし、アメリカ政府が「輸入規制」をすれば、今度はアメリカ車がヨーロッパ市場で輸入規制されてしまう。そこで、レーガン政権は日本政府に向かって、「そちらから言い出した形で自主規制してくれ」と高圧的に要請してきたのである。したたかなやり方だった。

アメリカ政府から高圧的に言われると、日本政府としてはむにゃむにゃと言いながらも、受け入れざるを得ない。そこで、81年から3年間、対米輸出を168万台以下に自主規制すると発表したのである。

もっとも、この時、自主規制した品目は自動車だけではない。鉄鋼、重電機、家電製品も対米自主規制の品目だった。

ただ、考えてみれば、アメリカが日本に自主規制を迫った業界は結局、再生していない。自動車、鉄鋼、家電…。いくら政府が助けてくれても、マーケットで戦って勝つことができない業界は、いずれ尻すぼみになっていくのである。トランプ大統領にも誰か、この事例を伝えた方がいいのではないか。

さて、アメリカから催促され、同業他社が進出を表明し、また自主規制が決まっても、トヨタはなかなか腰を上げなかった。

アメリカへの進出は喜一郎が創業して以来の夢には違いない。ベンチャースピリットのあるトヨタとしては挑戦しがいのあることだ。しかし、そうは言っても、成算がなければ踏み切らないのもトヨタ流である。相矛盾した気持ちを抱えながら、進出については決めていたけれど、いつにするかで、ためらっていたのだろう。

一方、進出を強要しながらも、アメリカ側は日本の各社がなかなかやってこないだろうことも詳細に分析していた。1980年6月、下院の貿易小委員会は日米貿易摩擦に関する報告書を発表したが、それには日本の大手自動車会社がアメリカに進出したくない理由がいくつも書いてあった。

①アメリカ人ワーカーの賃金が高い
②賃金は高いけれど、労働力の質は低い
③ストライキが多発する
④メーカーと部品業者の連携が希薄である
⑤為替レートが不安定である
⑥初期投資が巨額で、利益が得られる保証がない
⑦ビッグ3が本格的に小型車に参入すると供給過剰になる

貿易小委員会は自国のワーカーの「質が低い」と露骨に断定している。アメリカ議会でさえ日本の自動車会社にとって進出は不利と分析していた。それでも各社は進出しなければならなかったのである。

結局、トヨタはアメリカ政府、UAWからの圧力に抗しきれずに出ていくことになる。ただし、ホンダや日産と違い、トヨタは単独ではなく、スタートはGMと一緒に工場を作るという選択になった。

アメリカで自動車を生産することについて、トヨタのトップは現地の販売会社（TMS、在アメリカ）に次のようなレターを送っている。

「理由はどうあれ、今現実に自由貿易に問題が生じている。米国市場を自由競争原理の働く市場として維持するためには、米国の自動車会社の正常な活動が必要。GMからの提案は、自由貿易を守るために、両社が共同で道を探すものだ」

トヨタの北米進出第一号はGMが閉鎖しようとしていたカリフォルニアのフリーモント工場を使い、GMの車（シボレー・ノバ）を作ることに決まった。アメリカの工場で、アメリカのワーカーがアメリカの車を作る。しかし、生産方式はトヨタ生産方式である。

同方式の採用についてトヨタ自身は声高に主張したことはない。自動車評論家、専門家だってトヨタがアメリカに工場を作ることの本当の意味を論評してはこなかった。

だが、この決断こそ喜一郎の夢の実現だった。日本発のモノ作り革命が世界にデビューしたのは、この時だったからだ。

明治維新以来、日本の製品はいくつも世界に出ていった。しかし、生産システムがアメリカへ行き、その後、世界標準になったのはトヨタ生産方式たったひとつだ。後にも先にもない。もっと大きく評価されてもいいことなのだけれど、実は現在になっても誰も大きなことと思っていないところが面白い。

トヨタは謙遜しているのではなく、「えっ、オレ達はそんな大きなことをやったの？」と不思議がっているようにさえ見える。

両社の交渉は82年に始まり、正式発表は84年4月だった。両社トップが出席した記者会見の会場はデトロイトではなく名古屋である。ＧＭ側がトヨタに誘いをかけたというニュアンスが強い合弁だったからだろう。

合弁会社の社名はニュー・ユナイテッド・モーター・マニュファクチャリング（ＮＵＭＭＩ）。ＧＭ会長のロジャー・スミスが「どうしてもユナイテッド・モーターという名称にしたい」と言ってきたからだった。

ユナイテッド・モーターとは１９１７年（大正7年）にＧＭが買収した部品会社である。社長をやっていたのがＧＭ中興の祖となるアルフレッド・スローン。彼はのちに第二次大戦後のＧＭの経営不振を立て直し、在任中にフォードを抑えて、ＧＭをアメリカナンバーワンの会社にしたガッツのある男だ。スミスは往時の栄光にあやかって、トヨタとの合弁会社にとっておきの名称をつけたのだろう。

第14章 現地生産

ロールオン

生産調査部ができて、社内の生産現場、協力工場へトヨタ生産方式が浸透していく。アメリカへの進出が決まった頃はすでに生産現場だけではなく、社内のさまざまな部門でも同方式の考え方を生かしたムダの追放が行われるようになった。事務の合理化にも考え方が発揮されたし、昼食時に社員食堂にできる行列をいかにコントロールするかといった点までも効率化をめざす態度が自然に生まれた。

「トヨタ生産方式はトヨタのＤＮＡ」と言われるけれど、自然にムダを省き、仕事をコントロールするようになったことは、喜一郎の考え方が時間の経過とともに定着した証拠だろう。

１９８４年、トヨタはＧＭとの合弁会社、ＮＵＭＭＩを設立し、トヨタ生産方式は北米にできる工場で活用されることになったのだが、すでにそれ以前の段階でもＤＮＡの力が発揮されていた。

それは物流、つまり、アメリカに輸出する車を運ぶ段階で、生産性向上が進められたのである。アメリカに輸出するには太平洋を越えて船で運ばなくてはならない。当初、車を船に積み込む作業は1台ずつクレーンで吊り上げてから一般の貨物船に載せていた。ただし、それではあまりにも時間がかかる。そこで物流管理部が中心となって車両輸送のカイゼンに着手した。

最初に手をつけたのは一般の貨物船に載せるのをやめて、自動車専用船を調達することである。専用船ならばクレーンを使わずに、自走(ロールオン)して車を搬入できる。

ただし、専用船の調達は金を出せば済むことではなかった。当時、国内の船舶は過剰で、「これ以上、作ってはいけない」という総量規制があったのである。作りたくても造船できない環境にあった。トヨタは輸送を担当していた日本郵船、川崎汽船と協議し、古い貨物船をスクラップしてもらう代わりに新しく専用船を発注することにした。

こうして船の調達は済んだ。次は積み込み方法のカイゼンである。

まず専用船に積み込む台数をさまざまなパターンで計算した。すると、「コロナに換算して1隻あたり5000台を積む」のがもっとも効率がいいことがわかった。それ以上、積み込んでも到着地で車の保管スペースを広げなくてはならない。完成車の在庫が膨らんでしまうのである。積み込み台数の標準化も終わった。

三番目は現場の作業要領のカイゼンである。専用船にロールオンする場合、自走チームのドライバーはカローラやコロナを運転して船のなかに並べていく。スピードは一定であり、車と車の間の隙間が最小になるように並べる。

最初のうちは車を並べたドライバーは、船から港のストックヤードまで歩いて戻っていたのだが、それではいかにも時間がかかる。そこで並べ終えたドライバーをワゴン車でピックアップして、港の車の置き場へ戻すことにした。ドライバーをラインの部品に見立てて、流れを作ったのである。

加えて、搬入する時の車の向きを逆にした。従来のように頭から駐車すると、アメリカに着いた時、現地ドライバーが後進(バック)して車を船から出さなければならない。しかし、現地のドライバーは練度が低く、バックで車を出すと傷をつけることが少なくなかった。下船する時に傷つくと保険料が高くなってしまう。

そこで、日本側のドライバーは船に乗せる時に、バックで車を進ませ、しかもぴたりと停車させることにした。そうすれば現地ドライバーは前進して搬出することができるから、車が傷つくこともなくなる。

文字にすると、簡単にできることのようだけれど、5000台をすべてバックで定位置に止めるのはちょっとやそっとで獲得できる運転技術ではない。日本のドライバーは訓練を重ねたからこそ、いとも簡単に並べることができるようになったのである。いまだに、この技術を持っているのは日本の港湾で活躍するドライバーだけだという。


GMとの合弁工場を作る際、工場設備は既存のフリーモント工場のそれを使ったが、プレス工場だけは新設した。それまでGMはデトロイトの別会社で作ったプレス部品を4000キロも列車輸送していたのである。

4000キロとは北海道の最北端から香港までの距離に値する。その体制のまま輸送を続けていたら、リードタイム（工程に着手してから完成までの時間）は限りなく長くなってしまう。トヨタ生産方式の精神とはまったく相いれない。

加えて、プレス部品が後工程のボデーラインに行った時、品質に問題があったとする。すると、直すためにはまた4000キロを輸送しなければならないのである。すぐに検討し直して、プレス工場を作ることにした。

プレス工場の新設には金がかかったけれど、それがなくてはNUMMIは成り立たなかったろう。なんといってもプレス工場のおかげで、アメリカ人ワーカーのトヨタ生産方式への理解が進んだからだ。

彼らは新設されたプレス工場で、プレス型の交換（段取り）を見て、トヨタ生産方式の威力に目を見張ったのである。

鍛造職人の河合満が言っていたように、鋳造、鍛造、プレス工程では型の交換を短くすることが生産性の向上に結びつく。

当時、アメリカの自動車会社とUAWはプレス型の標準交換時間を2時間と設定していた。一方、トヨタでは大野が旗を振って、なんと型の交換を10分以下にしていたのである。

これを「シングル段取り」と呼ぶ。徹底した作業観察によって工程を見直し、型交換を短くできるように機械の使い方を変えたり、また「外段取り」と言う、準備作業を整えることで成し遂げたカイゼンだった。

合併が決まってから、GM幹部が高岡工場のプレス工程におけるシングル段取りを見学に来たことがあった。幹部はそれぞれ腕時計を見ながら、「本当に10分以内でできるのか」と興味津々の様子だったが、現場の作業者がいとも簡単にシングル段取りを達成したら、拍手喝采を送り、口笛を吹く者まで現れた。当時、自動車の生産現場でプレス型の交換を10分以内で行うことは一種の魔術であり、まさに常識破りのことだったのである。

NUMMIに作ったプレス工場の機械は高岡工場で使っているのと同じだった。「10分なんて絶対に無理だ」と言っていた現場のチームリーダー、作業者を日本に呼び、高岡工場の作業を見せたところ、彼らは押し黙ってしまった。結局、彼らもまたアメリカに戻り、NUMMIでもシングル段取りを達成する。

小ロットでの生産、後工程の引き取り、かんばんの導入などもトヨタ生産方式の特徴だけれど、アメリカ人がまず理解したのはプレス工程でのシングル段取りだった。

池渕の現場主義

副社長としてＮＵＭＭＩに着任し、工場長の役割を担ったのは大野の直弟子、池渕浩介である。

池渕は「トヨタ生産方式は現地現物で見せて教えよう」と考えた。前述のように、アメリカ人幹部、チームリーダー（日本における工長）、作業者を実際に来日させて、ラインに入れて教育をしたのである。

池渕は思い出す。

「何人何十人と連れてきました。作業者だけではありません。人事部長にもＵＡＷの委員長にも実際に高岡工場のラインに入ってもらい、作業してもらったのです。

もし、アメリカの企業で幹部を働かせたら、それだけで大問題ですよ。でも、彼らは嫌がらなかった。それだけ真剣だったのでしょう」

アメリカ人のチームリーダー、作業者はフォード式の大量生産方式とトヨタ生産方式のどこが違っているかを体験し、帰国した後、カリフォルニアの生産現場に伝えた。彼らは自分の目で見たことを信じる。やってみた結果、生産性が上がればフォード式に固執することはなかった。

「トヨタ生産方式は体験させるのがいちばんだ」

日本での研修を推進した池渕の方がかえって拍子抜けするくらい、現場からの反発はなかったのである。

池渕はその時、つぶやいたという。

「日本で最初に社内や協力企業に伝道して歩いた時の方がよっぽど大変だった」

そうした経験があったので池渕はアメリカ人幹部には現場を見ることの大切さを強調した。

「大野さんからは、工場に行くと、いつも『ここに立って見ていろ』と場所を指示されました。最初のうちは見ていても何もわからない。

しかし、繰り返しの動作を見ているうちになぜ、不良品が出るのか、機械が壊れるのかがわかってくる。現地現物でその瞬間を見ていないと、カイゼンはできない。だから、僕はアメリカ人の管理職にもとにかく現場を見ろとそれだけを言いました」

アメリカ進出を統括した、当時のトヨタ副社長、楠兼敬によれば、「池渕工場長はGM出身のマネージャーに、現場をしっかり見ること、特に各工程のつなぎの部分をよく見るようにと指示していた」。ひとつ、こういうことがあった。池渕が見ていたら、GM出身のマネージャーは工場の事務所から担当ラインに行く時にカートに乗って移動していたのである。

それでは他のラインやつなぎの部分をちゃんとチェックしているとはいいがたい。そこで、池渕は「今後はカートに乗って移動することは禁止する」と通達した。以後、各マネージャーたちは歩きながら、他のラインまでもチェックするようになった。

林南八もまた池渕がNUMMIでトヨタ生産方式を伝えていた姿を覚えている。

その頃、林は生産調査部のなかで、往時の「鬼の主査」鈴村の後継者となり、若手改善マンをしごいていた。だが、心のなかでは寂しさを感じていたのである。

尊敬する大野、鈴村はすでに退職していた。先輩である張、池渕はアメリカに出張あるいは駐在していて不在だった。相談する相手が身近にいなくなり、不安も芽生えていたのである。

そんな時、楠から「NUMMIの現場を見て、不具合をチェックしてこい」と命令された。英語ができない自覚はあったが、久しぶりに池渕に会えるのは嬉しかった。

NUMMIに着くと、その足で池渕を探した。すると池渕は笑いながらアメリカ人リーダーと打ち合わせをしていた。林は自分の目が信じられなかった。

「池渕さんの渾名は瞬間湯沸かし器でした。二言目には『お前、やる気はあるのか！』と叱責する人で、怖いことで有名だった。

その池渕さんがNUMMIではニコニコ笑いながらアメリカ人を説得しているわけです。人間が変わったなと思ったので、感想を話したら、こう言われました。

『南八、アメリカ人は納得しないと動かんぞ。お前も怒っちゃいかん。とにかくやってみろでは通じないからな。現場を見せるんだ』。

池渕さん、日本にいる時は『とにかくやれ』と怒る人だったんですよ。アメリカでの経験はトヨタ生産方式の伝道の仕方を変えたともいえるでしょう」

NUMMIは協業ではあるけれど、トヨタが初めてアメリカで本格的な生産を行った工場だった。ラインオフは1984年12月10日。淡黄色のシボレー・ノバがラインから現れた。本来は見栄えのするブルーメタリックのノバを第一号車にする予定だったが、塗装の工程でトラブルがあり、ぼやっとした色の淡黄色になってしまったのである。

ともあれ、もっとも重要なことは大量生産方式、細かく区切られたライン作業に慣れていたアメリカのワーカーが、それまでに見たことも聞いたこともなかった車の生産方式に納得して、ライン作業に参加したことだった。

生産は順調に進み、その後、シボレー・ノバだけでなくカローラのクーペもNUMMIの生産品目に連なるようになった。

また、NUMMIでは労働組合ともうまく協力することができた。トヨタはUAWとの労働協約の締結に際して、ストライキ、ロックアウトの禁止条項を盛り込むことができたのである。先鋭的労組UA

Wが禁止条項をOKしたのは実際の仕事を通じて、トヨタ生産方式が労働強化ではないこと、トヨタはレイオフ、解雇をよほどのことがない限りやらないと認めたからだろう。

それまで海外および日本の専門家のなかには「トヨタ生産方式は日本独特の文化方式で、簡単には真似はできない」という意見もあった。しかし、アメリカに限らず、トヨタはヨーロッパ、アジア、ロシア、アフリカといった国々にも工場を建てて、すべてにトヨタ生産方式を移植している。フォードが導入した大量生産方式がグローバルスタンダードであるのと同様に、トヨタ生産方式もまた誰もが活用できるものだ。

それを証明したのがNUMMIであり、次に述べるケンタッキーのTMMKの事例である。

第15章　リアリストたち

ケンタッキー1986

ＮＵＭＭＩの開所式から2か月後の１９８５年6月、蓼科のゲストハウスではトヨタの全役員が集まる研修会が開かれた。

３日間の日程が終わった後、楠をはじめとする北米事業にかかわる10名の役員だけは社長の豊田章一郎から「君たちは残ってくれ」と伝えられた。

選ばれた役員が参加した会議で討議されたのはトヨタ単独でアメリカに工場を建てる計画についてである。

関係スタッフの間ではすでに腹案が練られていたため、話し合い自体は1時間ほどで済んだ。だが、発表された内容は細部まで検討されたものだった。

「アメリカ、カナダに１００パーセント出資の製造会社を作る」

「アメリカでは２０００ccクラスを年間20万台、カナダでは１６００ccクラスを5万台、生産する」

アメリカではカムリ、カナダではカローラを念頭に置いていた。

そして、「生産開始は１９８８年初め」。

ＮＵＭＭＩはＧＭとの合弁で、既存の工場、設備を使用したものであり、車種も当初はトヨタ車ではなく、ＧＭのシボレー・ノバだった。

それに比べると、単独進出は工場用地の選択から始まり、建屋を建設し、従業員もゼロから募集しなければならない。ＮＵＭＭＩのケースよりも、やることはたくさんある。

仕事は多いが、成功すればトヨタが将来、海外各地に工場を新設する際のプロトタイプともなり得る。何よりトヨタ生産方式の本当の海外デビューだ。ＮＵＭＭＩでの取り組みは先進的な研究者などから注目されていたけれど、当時のアメリカの業界関係者はそれが革新的とは思っていなかった。「トヨタ生産方式？ なんだ、それは？」といった程度だったのである。

幸いＮＵＭＭＩではアメリカ人ワーカーは新方式に馴染んでくれてはいた。しかし、しょせん、ＧＭの工場を手直ししたものだったから、全面的に採り入れていたとも言いきれない。

「果たして、トヨタ生産方式はアメリカの地でも通用するのか」

アメリカ進出を決めた英二、章一郎、そして、現場を任された楠、張はそのことが頭から離れなかった。

彼ら全員の気持ちは張の言葉にあらわれている。

「ケンタッキーに行く前、日本の新聞記者から訊ねられました。アメリカへ行ってトヨタ生産方式ができるのか、アメリカの人たちが受け入れてくれるのか？

私はこう答えるしかありませんでした。

『他の生産方式を知らないものですから、トヨタと同じやり方を移植するしかないんです』」

確かに、その通り。トヨタでは誰ひとりとしてフォード式の大量生産方式を経験していないのである。自分たちがやってきたやり方、自分たちが信じるやり方で乗り込み、勝負するしかなかった。

ただし、決意は悲壮だったが、感傷はなかった。大野に鍛えられ、合理的な精神を持ち、現実を考える人間になっていたからだ。

トヨタ生産方式は用いるけれども、それをアメリカ人に認めてもらうことが目的ではない。目的は現地工場を起ち上げて、アメリカのマーケットでトヨタ車を売ること。アメリカ人ワーカーに気持ちよく働いてもらうこと。ふたつの目的のために同方式を用いるとわかっていたし、それ以上にトヨタ生産方式を持ち上げる気持ちもなかった。

もし、楠、張が浪花節の人物だったら、鉢巻きを締め、喜一郎の位牌を胸にアメリカ行きの飛行機に搭乗するくらいのことはやったかもしれない。

しかし、彼らはリアリストだ。アメリカのマーケットで消費者に支持してもらうことこそ喜一郎の本意と思っていた。プロジェクトを統括した楠は余計なセンチメントは持っていなかったのである。

楠の挑戦

東北大学を出た楠がトヨタに入社したのは敗戦の翌年である。同期入社は技術系だけで24人。決して少ない数ではない。貧乏なベンチャー企業としては思い切った採用数だった。入ってから楠が喜一郎の顔を見たのは数回で、話をしたのは一度きりである。

それでも楠は喜一郎に魅了された。「自分たちを引っ張っていってくれる人」と感じたのである。

その後、トヨタは経営危機に陥る。給料は遅配、欠配となり、楠は休日になると近郊の荒れ地を開墾するという日雇い仕事に出て、生活費を捻出した。

激しい労働争議の後、喜一郎は辞職する。楠にとっては「信じられないほど大きな衝撃だった」。雲の上の人だったけれど、楠は喜一郎に明治の人間の気骨を見たのである。

争議の直後、朝鮮戦争勃発に伴う特需により、会社は生き返った。給料が入ってくるようになり、日雇いに出るのをやめることができた。

１９６０年、まだ会社に余裕があるわけではなかったが、将来を嘱望されていた楠はアメリカと西ドイツに派遣された。勇躍、乗り込んだアメリカでは、ＧＭには見学を断られたものの、フォードの工場を見せてもらうことができた。

見学の後、アメリカ人管理職と話をしていたら、ふと「トヨタの生産量は何台か？」と訊ねられた。トヨタは月産1万台を達成した後だったので、楠が胸を張って「テン・サウザンド」と答えたところ、アメリカ人はそうか、なかなかやるなといった顔で、「デイリーの話だろう？」と言った。楠が「マンスリーだけれど」と答えると、アメリカ人管理職は不審そうな顔に変わった。

当時、ビッグ3は合わせて年間８００万台の車を作っていた。年間12万台しか作れないトヨタという会社が果たして、自動車会社なのかどうか、その管理職には理解できなかったのだろう。

フォード見学の後、楠は西ドイツへ飛び、フォルクスワーゲンの工場を見せてもらった。フォルクスワーゲンの担当者は楠に「いつでもどこでも好きなだけ写真を撮っていい」と言ってくれた。好意というよりも、彼らはトヨタという会社を歯牙にもかけていなかったのである。

第二次大戦中、ドイツは工場設備を深い森の中に隠していたため、空襲による被害は少なかった。戦後すぐに工場設備を据えて、本格的に生産を始めたのである。戦後、日本の高度成長は奇跡と呼ばれたけれど、直後の立ち直りは西ドイツの方がはるかに早かった。

渡米前の楠が思いを巡らせたのは１９６０年当時、アメリカにも西ドイツにもまったく相手にされていなかったトヨタが「アメリカに工場を建てる」ことだった。

１９６０年頃、自動車先進国の人々から見れば日本の会社が自動車を作るのは愚かな試みだった。鉄はよくない。ガラスの品質もダメ。ゴムもよくない。工作機械はすべて輸入品。日本車は二流だった。

しかし、そこからみんな頑張ってきた。カローラを出し、コロナの品質を高めていった。楠の世代は日本車がダメだったことを身体で覚えていた。

「本当に進出して勝てるのか」。品質を上げた自負はあったけれど、ＮＵＭＭＩでなんとかうまくできた自信もあったけれど、それでもまだ不安は付きまとっていたのである。

コリンズ女史の手柄

１９８５年、いくつかあった候補地のうち、アメリカの工場の立地はケンタッキー州のジョージタウンに決まった。カナダ工場はオンタリオ州ケンブリッジである。

その頃、ケンタッキーの州知事を務めていたのはマーサ・レイン・コリンズ女史である。彼女は他の州の知事よりも誘致に熱心で、自ら陣頭に立って、工場をケンタッキーに持ってきた。

彼女は思い出す。

「私は他の州にトヨタの工場を建てさせるわけにはいかなかった。雇用を増やすためには絶対によそには取られたくなかった」

わたしが会った時、女史は力を込めてそう語り、話をやめようとしなかった。

「あの時、トヨタの工場を誘致するためにネブラスカ、ノースカロライナなど29の州が名乗りを上げたのです。絶対に他州には負けられない。自動車工場は大きな雇用を生む。勝者はケンタッキーでなくてはならなかった。

私は愛知県のトヨタ本社まで行きましたし、章一郎社長やファミリーにも会って説得しました。

日本からトヨタの視察団が来た時は花火を打ち上げ、さらに、日本人もよく知っているフォスターが作曲した『My Old Kentucky Home（ケンタッキーの我が家）』の歌を子どもたちと一緒に私も歌いました。そうした努力を積み重ねたから、トヨタはケンタッキーを選んだのです。

トヨタはケンタッキーのサザンホスピタリティー（アメリカ南部のもてなし）と将来性、そして、良質な労働力を評価してくれたのでしょう。

ケンタッキーの人々はよく働きます。誇り高い人々です。トヨタの車が故障しないのはケンタッキーのワーカーの教育程度が非常に高いからです」

1986年1月、ケンタッキーに現地法人として、トヨタ・モーター・マニュファクチャリング・USA（TMM、現・TMMK）が発足した。

ケンタッキー工場の敷地はトヨタにとって創業以来の規模だった。国内最大の田原工場（403万㎡）よりもなお広く、敷地面積は530万㎡。雇用する従業員は約3000人。人口2万人のジョージタウンにしてみれば地域トップの会社である。コリンズ女史が「トヨタを誘致したのは私」と強調するのは、州知事にとっての大きな手柄だったからだ。

3000人という現地従業員の雇用は戦後、日本企業が現地工場を建てたなかでも、空前の数字である。アメリカにこれだけの雇用を生み出したのはトヨタと松下電器くらいのもので、日本企業にとっての一大オペレーションだった。

ケンタッキーから始まった単独工場のアメリカ進出は、現在では10工場となり、事務系の事業所も合わせるとトヨタの直接雇用は約3万5000人。販売店やサプライヤーまで間接雇用も含めると約24万4000人、さらに関連する経済活動によって生じる雇用まで合わせれば、約47万人ともなっている。

この数はアメリカにある外国資本の自動車会社ではナンバーワンだ。

進出にあたり、工場敷地、インフラの整備、建屋の建設と並行して、楠が着手したのはアメリカ人幹部の採用と教育だった。そのために日本から張（全体統括の副社長）をはじめとする日本人駐在員60名を呼んだ。

この時、楠が注意を払ったのは日本人社員が住む場所である。海外に駐在する日本人はたいてい同じ地区に家を探す。日本人同士で固まり、現地に溶け込むことがない。せっかく海外に駐在したのに、現地の言葉も覚えずに帰国する駐在員だっている。

楠はそうしたことのないように、「日本人社員は固まらずにバラバラに住むこと。隣家は必ずアメリカ人ファミリーにすること」を徹底させた。

この方針はわたしがケンタッキーを訪ねた30年後も生きていて、地元の人間が「トヨタは日本の会社ではない。ケンタッキーの会社だ」と語る時に必ず例え話として持ち出してきた。逆を言えば、その他の日本企業の駐在員はどこへ行っても現地で寄り集まって暮らしているのだろう。

DNAの移植

20数人を採用したアメリカ人幹部の前職はGM、フォード、フォルクスワーゲンといったところで、自動車会社と関係なかったのはひとりだけだった。楠は採用した幹部に対して、トヨタのモノ作りを理解させ、さらに池渕がNUMMIで実践したように、日本に呼んで教育、研修を開始した。

日本で研修を行っていた時、ひとりの男が手を挙げた。

「トヨタのモノ作りとはイコール、トヨタ生産方式のことではないのか？」

そんな質問だった。

楠は噛んで含めるように解説する。

「トヨタのモノ作りとトヨタ生産方式はイコールではありません。モノ作りの基本は、お客様第一主義です。

まず、お客様に喜んでもらえる性能、品質、価格の製品を開発する。次に最新の生産技術と積極的な投資によって、強力な生産設備、生産システムを作る。最後に、トヨタ生産方式で現場を回していく」

聞いていたアメリカ人にとって、「カスタマー・ファースト」の精神はとても分かりやすいものだった。マーケティングを重要視しているアメリカ人幹部にとっては「客を向いてモノを作る」という解説は腹に落ちるものだったのである。

しかし、トヨタ生産方式それ自体については誤解している人間がほとんどだった。

こんな質問もあった。

「TPS（トヨタ生産方式）とは、生産現場で『かんばん』を使うことではないのか？」

研修を受けていたアメリカ人幹部は自動車業界の人間だから、転職に際して、英語で書かれたTPSについての本を読んでいたのだろう。ただし、その内容はトヨタ生産方式をちゃんと理解した人間が書いたものではなかったとみえる。

楠は答えた。

「トヨタ生産方式は、かんばんのことではありません。かんばんはあくまでツールです。トヨタ生産方式とは必要な時に必要なだけ作ることで、売れた数だけ作ることをめざしています。

できるだけ細い生産の流れを作るけれど、切れてはいけないというもので、緊密なチームワークがなければ成り立たないのです。

そして、かんばんは生産の信号に過ぎない。ワーカーが生産の流れを作り上げるための信号なのです」

楠は誤解されないように、丁寧に説明した。

「かんばんの精神を知ってほしい。車を100台作るとします。ある部品が1台に1個必要だとします。部品がひとつの箱に10個ずつ入っているとすれば、通い箱（運搬用の箱）は10個要ることになります。ひとつの箱には1枚のかんばんをつける。だから、10枚、必要です。しかし、かんばんは最初こそ10枚でスタートするけれども、現場の力が付けば9枚で回るようにして回転を早めるのです。10枚のままだったら、単なる注文伝票だ。かんばんと注文伝票は意味が違う。昨日よりも今日、生産性を上げるための手段として使うのが、かんばんなのです」

こうして、楠たちは幹部に向けて、説明を繰り返したのだが、座学だけでは誰もがポカーンとしていた。自動車業界の人間でも講義を聞くだけではトヨタ生産方式は理解できないのである。

ただ、日本のマザー工場、堤工場でラインに入ったら、彼らはすぐに理解した。

創設当時からケンタッキー工場に在籍しているポール・ブリッジは研修を受けたひとりだが、彼もまた「現場を見なければ理解できなかった」と語る。

「私たちにとって生産システムの常識はフォーディズム（フォード式）だ。トヨタ生産方式について話を聞いただけでは、どこが革命的なのかよくわからなかったが、現場にいたら革命だと思った」

ケンタッキー1987

1987年、ケンタッキー工場の建屋工事が続くなか、一般作業者の募集を開始した。

「3000人の募集」と掲げたところ、応募はなんと10万人に達した。ケンタッキーだけでなく近郊の州から応募してきた人間もいたし、職のない人間だけではなく、他社からの転職組もいた。採用されたなかにはファーストフードの店長、教員、セールスマン、農場、牧場勤務…。変わったところでは棺桶職人という人間もいた。日本の常識からすると、学校の先生が自動車工場のラインに転職するとはちょっと考えにくいけれど、「自分の手でモノを作る人生を生きたい」と応募してきたのだった。

GMとの合弁で設立したNUMMIの場合、作業者は90パーセントがUAW（全米自動車労組）の人間だった。基本的なものづくり作業は誰もが熟知している。

一方、ケンタッキー工場の場合はUAWに属する人間は少数である。先鋭的労組であるUAWに属するワーカーが少ないことは一見いいことのようにも思えるが、一方で、自動車を作った経験のある人間が少ないという事実でもある。

NUMMIとは違い、作業者に対して「自動車とは何か、エンジンとはどういう働きをするのか」から教えなくてはならなかった。それに工場などまったく入ったことのない素人もいたのである。工場という環境を経験させるため、さらに建屋のないところでは実地研修を施すことができなかったので、楠は総勢330人を日本に送り、4週間、堤工場で研修させることにした。

330人の旅費、日本での滞在費だけで大きな出費だった。また、一般の作業者を教育するため、飛行機に乗せて海外へ出張させることも前例のないことだった。

では彼らは日本行きを喜んだかと言えば、そうではない。ケンタッキーで生まれ育った人間には飛行機で20時間以上かかる名古屋への移動は精神的に負担の多いもので、尻込みする者も少なくなかったのである。

また、アメリカでは夫が1か月も家を留守にしたら、それだけで立派な離婚の理由になる。妻たちの理解を得ることも必要だったのである。

ジョージタウンから車で30分ほどのレキシントンの国際空港では、旅行への不安と家族と別れる寂しさで号泣する者も続出した。トヨタにとって初めての海外工場建設はさまざまな労力と金がかかるプロジェクトだった。

提工場にやってきた作業者たちは座学の後、ラインでの作業実習となった。なんといっても素人集団である。力の入れ加減がわからず、ボデーにへこみを作ってしまったり、傷をつけてしまうミスが多発した。やる気はあるけれど、空回りしてしまうのが素人の素人たるゆえんなのである。

数々のミスはあっても、ケンタッキーから来た作業者たちは無事に4週間の研修体験を終えた。だが、彼らの反応を知った楠、張が不安に思ったことがある。ワーカーたちはトヨタ生産方式の概略は理解したけれど、なかなか「アンドンのひもを引くこと」をしなかった。

「不具合があったら、ひもを引いてラインを止めろ」

くどいほど指示したのだが、誰ひとりとして、アンドンのひもを引こうとしなかった。強い言葉で指示しても、下を向くばかりだった。

彼らは標準作業の設定、かんばんの使い方、中間在庫を持たないことなどはすぐに理解して「ＯＫ」と言った。標準作業を決めるために管理職が後ろに立ってストップウォッチで計測することなど、まったく気にも留めなかった。アメリカの工場では見慣れた風景だったから、誰もそんなことでストレスは感じなかったのである。

しかし、アンドンのひもは引かない。楠、張はそれについて予想はしていた。引退した大野が張に対して「彼らはひもを引くかな」と示唆していたのである。

張はケンタッキーに赴任する前、大野を訪ねたことがある。

「アメリカにトヨタ生産方式を根付かせる時、もっとも気をつけることは何でしょう？」

大野はまっすぐ張の顔を見て言った。

「それは、あれだ。アメリカ人が果たして、アンドンのひもを引いてくれるかどうか。そこだけだ」

楠や実習を請け負った堤工場の人間たちも繰り返し教えたのだが、現実にラインに入った彼らはなかなか引こうとしない。そして、問いかけてきた。

「ほんとうに自分たちがひもを引いてもいいのか？　これは管理職の仕事ではないのか？」

NUMMIを起ち上げた時にもやはりネックになったことではある。

NUMMIで働くワーカーの9割はGM勤務のまま合弁工場に横滑りした人間だ。彼らはGM時代に「ラインを止める権限はマネージャーにある」と教わっていたので、自らの判断でラインを止めようものなら解雇されると信じていたのである。実際、GM時代には、仕事をさぼろうとラインを止めたワーカーが即刻クビになった事例もあった。

「ラインを勝手に止めたらクビになっても仕方がない」

全米の自動車工場では一種の常識とも言えることだったのである。

研修を終え、建屋ができ、作業者たちは新設された工場で働き出した。だが、工場が稼働してからも、やはり彼らはアンドンのひもを引かない。

もし、ひもを引かずにラインを流してしまったら不良品が後の工程に行ってしまう。楠たちは現場に張り付いて「不具合があったら、ひもを引け」と繰り返し教育するのだが、それでも作業者たちはなかなか実行しない。

結局、不良品が出たら、数時間あるいは十数時間、ラインを止めて徹底的に原因を追究することを体験させるしかなかった。心配したアメリカ人マネージャーが「早く動かそう」と言ってきても、完全に直すまでは絶対に動かさない。叱責はせず、ラインを止めるとはどういうことかをただ見せる。

「不良品を出さないためには一日、車を作らなくてもいいんだ。それがトヨタ生産方式なんだ」

言葉に出さず、覚悟を感じてもらうしかない。そうでなくては自働化の本当の意味は伝わらない。楠たちは腹をくくってラインを止め、徹底的に原因を突き止めることにした。


作業者の意識が変わったのはラインを15時間、止めた後だった。自動車会社の工場で、事故でもないのに、それだけの時間、ラインを止めたことはない。工場のなかで何も作業をせず、黙々と掃除をしたり、整理整頓をする。アメリカ人作業者はいたたまれなかった。しかし、ラインは動かない。

当時、組み立てのマネージャーをしていたデイブ・コックスは「早く動いてほしかった」と思い出す。

「ラインを止めている間、みんなが自然と考えるようになりました。なぜ、ラインが止まったのか、なんのために止めるのか。作業者は『ここは他の工場とは違う』と実感したのです。ただ、あれだけの時間、ラインが止まっていたのは精神的につらかった」

15時間のラインストップは一度だけだったが、その後も何かあればラインを止めた。次第に作業者たちもアンドンのひもを引くようになる。

すると、作業者のところには張が飛んで行って、肩を叩きながら「サンキュー」と言って、にっこり笑った。

結局は繰り返しだった。不良品を出さないためには、その場で原因を究明する。それを何度も何度も繰り返す。生産を軌道に乗せるまで同じことを繰り返しやり、「考えさせる」指導をした。

アンドンのひもを引くことと並行して行ったのは、すべての従業員に対して社内教育をすること。現場の作業者だけでなく、事務の人間、補助的な仕事をする人間にも会社の金で研修を行った。作業に入る前の安全講習から始めて、労働時間のなかで教育を実施したのである。

張のもとには次のような感想が寄せられた。

「私はメーカーに勤めるのはトヨタが4社目だが、これまでは教育は自分の金で受けるものだった。会社が金を出してくれたのは初めての経験だ」

現場の人間が「得をした」と感じないと、やってやろうという気にはならない。「やれ」と上から押し付けるだけでは新しい方法は伝わらない。

時間が経ち、自働化の精神が定着してきたら、今度は自ら考えた「くふう」を持ち込んでくるワーカーが増えた。

毎日、現場を見て歩く張に直接、アイデアを持ち込むワーカーもいた。

「ミスター張」

「なんだい？」

「私はうちのガレージで、こんな機械を手作りした」

張が見ると、ねじの扱いが楽になるという機械だった。

「いままでこんなものは見たことがない。面白いね」

そう感想を伝えたら、「そうだろう。どうか、これを使わせてくれ」と言ってくる。実際には、使えるものと役に立たないものがあったが、くふうを持ち込んでくる回数は日本人よりもむしろ多かったのである。張にはアメリカはＤＩＹ（Do It Yourself）の国だと感心した記憶がある。

「ケンタッキー工場を作る前、『何もアメリカに工場を作らなくてもいいではないか』と言っていたのは実は現地のディーラーだったのです。

『アメリカで売れているカムリは日本の堤工場で作ったものだ。もし、ケンタッキーのカムリが品質的に劣る製品だったら、客は必ず日本製のカムリをくれと言うだろう』

ディーラーの不安を打ち消すためにも、私たちは不良品が出たらとにかくラインを止めろ、不良品は絶対に後ろに流すなと言い続けて実行したのです」

そう語るウィル・ジェームスは現場から叩き上げてケンタッキー工場の工場長になった男である。「私は大野さん、張さんのようにつねに現場にいる」が口癖で、オフィスにいる時間より工場にいる時間の方が長い。

彼は言った。

「日本製カムリは故障が少ないから売れていた。ビッグスリーの車よりも頑丈だった。ただ、ケンタッキー工場のカムリについては最初のうちはみんな不安だった。だが、やってみたら日本製と同等以上の車ができました。作業者にとっては、いい車だと評価してもらうことがもっとも嬉しいのです」

こうしてケンタッキー工場は本格的に稼働を始めた。１９８８年には1万８５５６台、１９８９年には15万１４９１台と生産台数を増やしていく。初年度の生産台数が少なかったのは、生産よりもむしろ教育を徹底していたからだ。

新しい生産方式を正確に伝える教育には膨大な手間とコストがかかる。トヨタ生産方式は簡単な研修を行っただけでは機能しない。絶え間ない教育と現場での実践がなければ思ったような成果は上がらない。トヨタのように、最初から現場への教育をコストのなかに織り込んでいる会社はいいけれど、現場教育を重視していない会社が同方式を導入しようとしたら、教育コストの負担に躊躇するのではないか。

問題はさらにある。同方式は教える人間の資質によって、結果が変わってくることだ。指導員に必要なのは何よりも観察力だ。

現場を見て、問題を察知する。作業者と話して困っていることを聞き出す。現場と作業者から得た情報を分析して解決策を考え出す。ただし、この時にパターン化された公式があるわけではない。解決策は現場の数だけある。同じ答えは解決のヒントにはなるけれど、そっくりそのまま他に援用しようという態度は間違っている。絶えず新しい情報を取り入れる消化能力も必要だろう。ＩＴ化なども適宜導入しながら、つねにくふうを重ねていく。

何よりも大事なことは導き出した解決策を「そのまま教えない」ことだ。伝授するのではなく、現場の人間が思いついたように答えを引き出す。指導する人間が出した答えと同じでなくとも、現場の人間がやりやすいと思ったら、そちらの方が正しい答えなのだ。

大野の師範代だった鈴村は退職後、同方式をアレンジした組織の指導責任者になったが、指導に行っても絶対に答えを教えることはしなかったという。じろっとにらんで、「どうだ」と言って腕を組む。「絶えず改良せよ。できないと言わずに、まずやってみよ」。彼が口にしたのはそれだけだった。

簡単に答えを教えたら身に付かない。そのことをわかっているのが、いい指導員だ。

また、思うに四角四面でフレキシビリティのない人は指導員には向かないのではないか。鍛造職人の河合が言うように、「くふうを思いつくのは横着なやつ」である。作業のやりにくいところを見つけて、やりやすくする手法を考えたり、マニュアルを読み込んで本質部分だけを抽出する姿勢は、ライン作業でムダな動きをしたくないという欲求から生まれる。

そういう人間が現場のカイゼンに意欲を燃やす。指導員は「楽をしたい」から生まれたカイゼン提案を受け止めて、「よくやった」とほめてやる度量が要る。従来の手法、本に書いてあるやり方をそのまま伝えようとする人間はトヨタ生産方式の指導員にはなれないし、なったとしても実践的指導には向かないだろう。各現場に合ったフレキシブルな指導ができなければ、作業者は納得しない。

実際、大野はフレキシビリティに富んだ人物だった。楠にはこんな思い出がある。

「第一次オイルショックの時のことでした。車の生産量を左右したのは電力、燃料といったエネルギー、そして、材料を入手することだったのです。特に塗装工場を動かすための燃料が不足していました。

副社長だった大野さんは私にこう指示しました。

『楠、ボデー工場の最後の場所にできるだけボデーを貯めろ。燃料を焚きだしたら一気に塗装を走らせ、作れるだけ作れ。ボデーを貯める場所が不足なら、ボデー工場の最終ラインの壁を破ってもいい』

中間在庫を持つな、を徹底していた大野さんでしたけれど、不足している燃料を有効に活用するにはボデー在庫を積み上げろと言ったんです。

大野さんの偉いところは通常は原理原則を一歩も引かず、『在庫ゼロ』と言われるほどスリムな生産ラインを徹底して追求するものの、実際の運営では極めて柔軟だったこと。世間では、こうした側面はあまり知られていません」

張、池渕、林、友山、二之夕…、そして現場にいた河合。大野の門下でトヨタ生産方式を理解し、他人に伝えるのが上手だった人間は話をしてみると、それぞれにユーモアがあり、柔軟で、しかも、時にふてぶてしいところがある。教科書に書いてあることを絶対だとして人に押しつける人間は従来の方法を疑わないから、職場のカイゼンは進まない。そして、現場の人間にストレスを与える。

北米事業の意味

カリフォルニア州フリーモントに設立したトヨタとGMの合弁会社NUMMI、トヨタ単独で設立したTMM（現・TMMK）のケンタッキー工場、カナダに設立したTMMCのオンタリオ工場。この3

つがトヨタの初期北米事業だ。

１９８４年から始まり、３工場が本格稼働した１９９０年までがプロジェクトの立ち上げ期間と言えるだろう。以後、トヨタは北米に12の拠点工場を設けている。アメリカ国内の10工場のデータをみると、１９９０年で1万３０００人、２０１５年で３万５０００人を雇用している。かつ１９６０年から累計２２０億ドル（2兆４０００億円）以上の投資をした。

トヨタの北米進出は戦後、日本企業が海外で行ったプロジェクトでは最大であり、しかも革命的な試みだった。

当時、北米への進出、工場建設についてはメディアでも報じられた。しかし、トヨタの従業員も含めて、その本当の意味を把握している人間は少数しかいない。それは単に北米に工場を建設しただけでなく、日本発のモノづくりのシステムであるトヨタ生産方式を米国に持ち込み、定着させたという事実と意味について正しく報じられることが少なかったからだろう。

あの頃、日本はバブルに向かう時期だった。紙面を飾る記事はカネの話が多くなっていき、日本発のモノづくり革命が話題になることは少なかった。カネにまつわるニュースが人々の関心の的だったのである。

振り返ってみると、１９８５年にプラザ合意が発表された時からバブルの潮流が生まれた。プラザ合意とはアメリカ経済を立て直すために日本を含む先進5か国が協調してドル安政策を黙認するというものだ。結果として、ドル円レートは1ドル２３５円から１５０円に急騰する。

当時、トヨタがケンタッキー、オンタリオへ投資した額は２１６０億円である。円が強くなったから、投資にはいい時期である。それにしても大金だったのだが、あの頃、マスコミは海外に工場を建てる会社よりも、土地を買ったり、財テクに金を回す会社を持ち上げていた。モノづくりのために将来をにらんだ投資よりも、目先の利益を当て込んだ投資がもてはやされていたのである。プラザ合意の後から財テクの時代が始まったのだった。

日本の企業は所有する土地の価格が上昇していた。地価の上昇は株価に反映され、含み益が出る。企業は含み益を使って、土地を買ったり、金融商品に投資する。財テクこそが正しいという風潮だった。

１９８７年には日経平均が2万円を突破し、ＮＴＴ株が上場し、株ブームが到来する。ケンタッキー工場でカムリがラインオフした88年には野村證券が経常利益５０００億円で日本一の会社となった。日経平均が3万円を突破したのはその年の暮れだ。

89年にはバブルは進行し、頂点に達する。ソニーはコロンビア映画を買収し、三菱地所はロックフェラーセンターを自社の物件にした。「東京23区の地価はアメリカ全体の土地の時価総額を上回る」というニュースが伝わった。トヨタのケンタッキー工場でアメリカ人ワーカーたちがトヨタ生産方式と正面から向き合いながら、額に汗して車を作っていることなどはニュースの範疇に入らなかったのである。

トヨタが理不尽で厄介な事件に巻き込まれたのもその時期だった。トヨタ向け部品のサプライヤー、小糸製作所の株がグリーンメーラー、ブーン・ピケンズの手に渡り、「高値で引き取れ」と圧力がかかったのである。

ピケンズの後ろで糸を引いていたのはバブル期にＡＩＤＳと呼ばれていた4社のうちの1社、麻布自動車である。麻布自動車は小糸製作所の株を所有していたのだが、証券市場で売るよりも小糸製作所の筆頭株主だったトヨタに買い取らせようと画策したのだった。

マスコミにニュースを流して大きな話題にすればトヨタも株を引き取るだろう。それには麻布自動車の名前よりもアメリカ人を使った方がいい。麻布自動車社長の渡辺喜太郎はそう考えた。

ピケンズは「麻布自動車から株を買った」と主張したものの、調べてみると、そんな事実はなかった。それでもマスコミはトヨタ対ピケンズという図式で大きく報じたのである。

会長だった豊田英二は断固として買い取りを拒否した。政治家からの圧力もあったけれど、市場外で株を肩代わりするという筋の通らない決着にノーを貫いたのである(このあたりの事情は『バブル 日本迷走の原点』永野健二著に詳しい)。

結局、バブルがはじけ、株価が下がったため、ピケンズは退場し、麻布自動車は損をかぶる。

ピケンズの事件を思い出して、後に英二はこう呟いている。

「バブルの時代はね、モノを作っておるやつは間が抜けておる、というような言い方が幅を利かせておった」

「結局、小糸事件にしてもそうだけれど、バブルの時代というのは、やっぱりおかしな時代でしたよ」


トヨタの北米への進出はおかしな時代に挙行された、まっとうな投資だった。ケンタッキーの人間は今でもトヨタ進出を歓迎し、のちに豊田章男がリコール事件で攻撃された時も敢然と守った。アメリカ人の方が日本人一般よりむしろトヨタ生産方式を評価し、フォード式の代わりになることを体感したと言えよう。

トヨタ生産方式が世界各国の生産現場で採用されているのは、日本で普及しているからだけではない。同じ方式がアメリカでもちゃんと機能したからだ。海外での成功事例があるから、自動車業界だけでなく、他産業も導入する決断をしたのである。

北米にトヨタ生産方式を持ち込んだひとり、池渕は「私たちはアメリカの作業者を信頼した」と語る。

「あの頃、ビッグ3の数千人規模の工場には管理職のエンジニアが200人はいました。みんな、ストップウォッチを持って、ワーカーを監視し、作業時間を計っていたのです。そうして、標準時間を決めて、組合に説明してから仕事が始まった。エンジニアは組合に説明するために工場にいるようなもんだった。

そんな話を大野さんにしたら、『標準時間とか作業手順なんてものは作業者が自分で決めればいい』と言っていた。

人間は自由度を与えると、仕事をしたくなるんですよ。トヨタ生産方式は強制ではなく、自由を与えるものです。だから生産性が向上したんです。

僕らはラインのレイアウトを毎週のように変えました。そうして、流れを作る。でも、ビッグ3はそんなことしません。一度、ラインを引いたら、そのままです。トヨタ生産方式の特徴のひとつでもあるのだけれど、そうしたことにまで言及するメディアは少ない。モノづくりに関わる人たちにはその意義が理解されても、一般の多くの人たちには、あの頃からいままで、ずっと誤解されています」

大野耐一、逝く

ケンタッキー工場での生産が本格化した1990年の5月中旬、現地で現場を統括していた張は一時、帰国した。仕事もあったが、トヨタ記念病院に入院していた大野を見舞うためでもあった。病床数500を超える同病院は戦前、挙母工場が開設された時に設けられた診療所が母体となっている。

体調を崩していた大野は3度目の入院をしていて、張が見舞った時には妻の良久が病室で看護していた。

張を認めた大野は身体を起こそうとする。

「いえいえ、親父さん、そのままで」

ベッドに寄り添い、張が声をかけた。

「親父さん、ケンタッキーはなんとか流れるようになりました。元気になったら、一度、見に来てください」

「うん、そうか」

大野は少しだけ笑って再び、張に向かって身を乗り出そうとした。


同じ月の28日、大野は退院することなく、病室で亡くなった。78年の生涯だった。50年の会社員生活のうち、11年間は豊田紡織に勤務、残りはトヨタ自動車で生産性向上に尽くした。

「トヨタ生産方式を作ったのは喜一郎さん」と生涯、言い続けたのは創業社長に対しての遠慮ではない。自分がやったことはあくまで喜一郎の指示に従って、「ジャスト・イン・タイム」というコンセプトを具体化したことと理解していたからだ。言葉の使い方にうるさい大野にとって、「トヨタ生産方式の発明者」と呼ばれることをもっとも嫌っていた。

大野が残したものをあらためて考えてみると、それは人材だった。鈴村をはじめ、トヨタ生産方式を伝道してきた社員たちが大野の遺産だ。しかも、人材は現在も活躍している。

常務役員の二之夕は「出身大学の同窓会で先輩である大野さんに会ったことがあります」と言った。

「僕はまだ新米だったから、恐れ多くて近寄ることはできませんでした。でも、大野さんを見たことは励みになりました」

その後、二之夕は生産調査部に入り、主査を経て、元町工場長になる。同工場は大野が工場長を務めた現場で、二之夕は毎朝、出勤すると大野のポートレートに頭を下げる。

大野はトヨタ生産方式について「完成はない」と言い続けた。また、自分が語った言葉を金科玉条のようにするなとも強調している。彼は教祖にはなりたくなかったし、指導した部下たちが自立することを望んだ。

大野がまだトヨタに勤めていた頃の話だ。韓国へ出張し、釜山の生産性本部でトヨタ生産方式について講義を行ったことがあった。

そこで「もっとも大切なことはすべてのことに疑問を持つこと」と語っている。

「夕焼けはなぜ赤い。タンポポの花はなぜ黄色い。なぜと疑問を持つことは勉強することにつながる。いわゆる考える人が養成される」

求められるのは、いわゆる知識ではない。困って苦しんで考え抜いた末に出てくる知恵である。それがカイゼンにつながる。トヨタでは「知恵と改善」という言葉で今も伝承されている。

ケンタッキーの工場にいたポール・ブリッジはトヨタ生産方式を「考えるチームメンバーにとってはすばらしい生産方式」と言い切った。

叶わないことだけれど、もし、大野がポールの言葉を聞くことができたら、「それはいちばん嬉しいな」と感想を洩らしただろう。

バブル崩壊

大野が亡くなった1990年はバブルが崩壊した年でもある。前年、史上最高値をつけた日経平均株価はこの年から急落し、下げ止まることはなかった。ただし、土地の価格は即応して下がったわけではない。91年に土地価格が急落するまで、実感としては不景気ではなかった。

だが、92年からはそうはいかなくなる。3月、三大都市圏の公示価格が11・6パーセント下がり、年末の株価は1万6924円になった。89年の3万8915円に比べると、半分以下になっている。土地価格も株価も一気に下落した。日本経済がおかしくなったのはこの年の初めからだと言っていい。95年には阪神淡路大震災、地下鉄サリン事件が起こる。97年には消費税が3パーセントから5パーセントに上がった。庶民は買い物よりも、来るべき不安な将来に向けて、節約を心がけるようになった。車に限らず、モノは売れなくなった。デフレの時代に入ったのである。売れるようになった車と言えば、実用車である軽自動車と環境にやさしいハイブリッドカーだ。

バブル崩壊後の状況は現在も続き、トヨタもまた消費不振に引きずられている。国内市場では苦戦とは言わないまでも、成長しているとは言えない。北米に工場を作ってから、ヨーロッパ、アジア、中国、南米、アフリカとグローバルに展開しているから生産台数が増えているのだ。

しかも、数字を見ると、好調で利益に貢献しているのは北米市場だ。北米進出の決断、アメリカ人ワーカーを多数雇用していることが、どれだけトヨタの強みとなっていることか…。ケンタッキー工場を作ったことは、トヨタに計り知れないメリットをもたらしている。

バブルが崩壊してから国内状況に変化があったとすれば、トヨタが日本一の会社になったことだ。売り上げ、利益もさることながら、会長の豊田章一郎が第8代の経団連会長に就任したことだろう（1994年）。

「織機の事業ではもはや食っていけない」と判断した喜一郎が社内ベンチャーとして自動車事業に乗り出してから60年後、息子が財界総本山のトップに立った。

「機屋（はたや）のせがれが道楽を始めた」と揶揄された事業を続けているうちに、トヨタは財界トップを出す会社になったのである。

ただ、当の本人、章一郎にそうした感傷は無縁だったと思われる。彼は戦後、父親の指示で、かまぼこ工場で働いたり、建材の仕事を経験している。苦しい時代を経験しているから、人がうらやむ地位に就いたからといって、浮かれることはない。

章一郎が経団連会長になったのと同じ頃、トヨタ生産方式の展開が新しい局面に入った。

これまでは生産現場と物流に対して、トヨタ生産方式が適用されていたのだが、ひとりの男が「販売にも応用できるのでは」と考えた。

そして、実践を始めたのである。

第16章 トラックに乗り込んだ男

批判

1991年、トヨタの北米進出が軌道に乗り始めた頃、朝日新聞に「効率経営の弊害」と題した記事が載った。

「決められた時間に、必要な品を、必要な数量だけ、業者に納入させるこの方式は、トヨタ自動車が発案し、他の自動車メーカーや流通業界にも広まった。（略）

だが、この方式は交通渋滞、交通事故、大気汚染などを引き起こしている。時間決め配送や小口の多頻度配送の普及が、交通量を増やしたからだ。

下請けの部品メーカーが、親企業の指示する納入日や納入時間にふりまわされ、休日がとれないという問題もある。（略）

現在、効率経営の極致と言われる『ジャスト・イン・タイム方式』が社会に非効率をもたらしているのは、まことに皮肉というほかない」（3月7日夕刊「効率経営の弊害」＝窓・論説委員室から）

読めば気づくが、現場をちゃんと調べていない記事だとわかる。

時間決め配送、多頻度小口配送が進んだからイコール交通事故が増えるわけではない。また、当時から物流のカイゼンは進んでいて、それぞれの協力企業が自分のところの部品を共通の配送車に載せるようになっていた。各社がバラバラに配送するようなムダなことはトヨタ生産方式にはあてはまらない。

ただ、トヨタに部品を納める協力企業はすべて入れると数万社になる。ジャスト・イン・タイムに届けるために、トヨタの工場近くまで来て、待機していた車がなかったわけではないし、その車が渋滞を引き起こしていたこともあった。効率的な物流が数万社のすべてに採用されているかと言えば、そこまで徹底は出来なかったのである。

記事の反響は大きかった。

「トヨタは道路を自分のものだと勘違いしている」

「トヨタがまた下請けに命令してムチャなことをやった」

こうしたクレームが入り、世間も記事を正確な事実と思い込んだ。続報として「見直し論高まる『かんばん方式』」という記事も出て、トヨタの立場はますます悪くなっていった。

自社について広報、宣伝が上手ではなかったこともあり、「トヨタが悪い」と決めつけられることになったのである。

そうしたなか、ある男が動き出した。

きっかけは高岡工場に行った時のことだ。彼は部品を工場に運び込むトラックの出入りが不規則になっているのに気がついたのである。

一般的な会社であれば、納品している取引先への聞き取り調査やアンケートなどを行って状況を把握しようとするところだが、トヨタでは「現地現物」が基本だ。「現場に行って直接、聞いてみよう」と思い立つ。

その男、豊田章男は生産調査部でともに現場を駆け回っていた後輩の友山茂樹に声をかけた。

「おい、出かけるぞ」

豊田は家から乗ってきたソアラに友山を乗せると、アクセルをふかして構内から出ていった。

「あれだ」と呟いたかと思うと、ソアラを加速させ、11トントラックの後にぴたりと付く。トラックの荷台には刈谷通運と書いてあった。

「この人、いったい何をするんだろう？」

友山は不思議に思った。

豊田はトラックの後をつける。どう考えても不審者だ。国道に出たところで、信号は赤になり、前を行くトラックが止まった。

豊田はサイドブレーキを引いた。

「あとは頼む」

「えっ、頼むって。いったい」

友山がびっくりして、目を大きくしていたら、豊田は運転席から離れて、外に下りた。

「オレはちょっとドライバーに話を聞いてくる。悪いけど、お前はこの車で付いてきてくれ」

言い捨てると、道路を走っていって、トラックの助手席側にまわり、ドアが壊れるくらいガンガン叩いた。

「あの人、あんなことして大丈夫かなあ…」

友山は心配したけれど、豊田はドアを開けて、そのまま助手席に乗り込んでしまったのである。

友山は慌ててトラックの後を追った。大学時代は群馬県の「走り屋」で知られた男だったから、運転には自信がある。道路上ではぴたりと後ろに付いて、離れなかった。

やがてトラックは荷物を載せて、元町工場に入っていく。友山もフォローしたのだけれど構内は広い上に、道が入り組んでいる。しかも、トラック、運搬車、乗用車で混雑していて、見失ってしまった。やっと見つけたのは売店だった。豊田は「こっちだ」とニコニコしながら手を振る。「はい、これ」と友山にコーヒー牛乳を1本、渡した。

「お前だけじゃないよ。ドライバーさんにも1本、あげたんだ」

豊田はそう言って、続けた。

「やっぱり、現場の人の話を聞かないとな」

友山はその時のことを思い出して語る。

「部品の配送ルートや時間、どのくらいの積み荷があるかを根掘り葉掘り聞いて、休みはちゃんと取ってますかまで確かめたと言っていましたね。

トヨタの現地現物ってそういうことなんです。会議で報告を待って決めるのではなく、実際に部品を配送している人に聞く」

この時のドライバーとの会話からもうかがえるように、豊田はトヨタ生産方式をもっと幅広い分野に適用できると考えていたようだ。

翌1992年、豊田は生産調査部から国内営業部門に移り、カローラ販売店を管轄する地区担当員になる。最初は北陸三県と長野が担当地域で、次が岐阜、静岡、三重だった。

ここでも「おかしな点」に気づく。新車物流についてである。作ったばかりの車が工場を出てからの配送時間が長すぎると感じたのだった。

「トヨタの車は工場内ではジャスト・イン・タイムになりつつある。しかし、一歩、工場を出たら、そのあとはわからない。これはもう一度、ちゃんと現場で調べなければならない」

地区担当員として販売店を回っていると、ストックヤードにある車の在庫期間が気になった。調べてみると、工場を出てからの新車は販売店に長く滞留するようになっていたのである。

豊田は考えた。

「うちはリードタイムを短くして車を作っている。ところが、販売に関しては時間が長すぎる。受注から納車まで30日以上。お客様は黙って待ってくれているけれど、いくらなんでも…」

当時、どの自動車会社でもトヨタと同じくらいの時間がかかっていた。代金回収は納品後だから、もっと時間がかかる。

納車、代金回収までの時間をもっと短くするにはどうしたらよいか。トヨタと販売店（カーディーラー）の間でもさまざまな議論が行われていたが、販売店が采配する仕事の領域については、有効な対策を打ち出せていなかった。たとえ、販売店のストックヤードに車があふれていたとしても、「早く売れ」「客のところへ持って行け」などと指示するようなこともなかった。

だが、豊田は「そうはいかない」と思った。彼の疑問は膨らむばかりだった。

「販売店の経営者は車が売れた台数は把握している。しかし、売るためにどれだけコストがかかったかをちゃんと把握しているのか？」

「販売店の横にある板金工場には修理待ちの車があふれている。あれはトヨタ生産方式で言えば在庫の山だ。あれは何とかしないといけないのではないか？」

考えれば考えるほど、おかしな点が次々と頭に浮かんでくる。

なかでも、もっともおかしなところは「ユーザー目線になっていないこと」だ。

「お客様は注文したら、早く乗りたい。また、車検の時だって、１週間近くも車に乗れないのは我慢ならないと思っている。

それに対して、トヨタは何もしなくていいのか? 販売店に任せておいていいのか? それはお客様第一主義と言えるのか?」

豊田は一介の地区担当員だったが、まず岐阜の販売店に出かけていって、物流カイゼンを行うことにした。

その時、役立ったのが「豊田」という苗字だ。販売店の人間も一般のサラリーマンが「カイゼンしたい」と乗り込んできても、すぐには対応しなかったに違いない。販売店の人間には「創業家の人間だから、適当にあしらっておくわけにはいかん」という配慮が働いたと言える。

しかも、豊田はアドバイザーとして林南八を呼んだ。トヨタ生産方式の指導では業界に知られた男になっていた林の登場もあって、岐阜の販売店の物流カイゼンはうまくいった。

その後、他の販売店でもカイゼンに取り組んでいった。しかし、対象は自ら担当する地区の店舗に限られていたので、全体として大きな結果が得られたわけではない。

創業家の跡継ぎは因果なものだ。どうしてもひ弱なイメージが付いて回る。しかし、豊田は生産調査部でしごかれた。そこで身につけた知恵と体験をもとに販売のカイゼンに乗り出した。

彼しかできなかった仕事であり、トヨタに貢献した仕事でもある。世の中に流布する「お坊っちゃん」というイメージとは違う種類の仕事をしているのだが、世間はそれをまったく知らない。

トヨタが本格的に販売と物流のカイゼンを始めたのは1996年からだ。国内企画部のなかに業務改善支援室を作り、豊田ほか60名のメンバーが集まった。彼らが全国の販売店に飛び、物流と整備作業の調査、カイゼンに取り組むことになったのである。

当時、友山は生産調査部に在籍し、中堅の指導員として実績を残しつつあったのだが、「お前も来い」と、豊田に呼ばれ、業務改善支援室に異動した。

翌1997年、豊田が業務改善支援室長となる。同年に始動した「Ｇａｚｏｏ（ガズー）」プロジェクトは、中古車の物流カイゼンから生まれた画像検索システム「ＵＶＩＳ（Used car Visual Information System）」をベースに、新車情報の検索や車検の見積もり、入庫予約などが画面操作でできるサービスに成長していくが、それは少し先の話になる。

その時の課題である販売店のカイゼンを進めるなかで、豊田、友山が1998年に取り組んだのが名古屋の販売店、名古屋トヨペットとの仕事だった。

名古屋トヨペットは全国に280あるトヨタ系ディーラー（販売店）のひとつで、トヨペット店52社のなかで、2番目に販売台数が多い。トップの東京トヨペットはトヨタの100パーセント子会社だから、独立した企業ではナンバーワンだ。

トップは小栗一朗。小栗は大学を出てからトヨタに入社し、5年間、勤務した後、1990年に祖父が始めた名古屋トヨペットに戻る。

98年、トヨタから業務改善支援室室長の豊田、係長の友山が名古屋トヨペットにやってきた時、カウンターパートナーだったのが小栗である。

小栗はなぜ、あの時期に販売店のカイゼンが成果を上げたかを後になって振り返ったことがある。

「僕がトヨタを退職した90年はバブルは崩壊していましたけれど、車はまだ売れていました。販売店としては売るタマが足りないくらいだったのです。

異変というか、販売が減り出したのは91年で、翌年、僕はアメリカに留学に行きました。そして、戻ってきた93年になると、名古屋トヨペットのヤードには車があふれていた。大変なことになった、どうしようと思っているうちに当時の豊田室長がカイゼンを始めているというニュースを聞いたんです。それで、これは一緒にやるしかないと…。実際にカイゼンに着手するまでには時間がかかりましたけれど」

トヨタは国内で販売ナンバーワンだった。必然的に工場からは他社よりも多くの車が出てくる。飛ぶように売れている間はいいけれど、いったん、売れ行きが鈍くなってくると、ヤードに滞留する車が増えるのは他社の比ではなかった。

車は野ざらしだから、雨が降ると、水滴が車体につく。レンズ効果で太陽の光が塗装を変色させることもある。変色がひどくなったら、塗り直さなくてはならない。また、工場からヤードまで配送する間だってリスクがある。タイヤが小石を跳ね飛ばし、積載車に積んだ車に当たることだってある。工場から出た車が不良品になってしまうのである。

リスクを減らすには作った車を一刻も早く客の家に届けるしかない。時間が短ければ短いほど、客も喜ぶし、売る側にもメリットがある。ただし、それまで、「販売のリードタイム」を短くしようとは誰も提案しなかった。

できなかったともいえる。考えた人間がいなかったわけではない。大野耐一だってやろうと考えた時期があったという。だが、彼がいた時代、トヨタ自工と自販は別会社だったから、内政干渉になるような提案は実現不可能だったのである。

ではなぜ、豊田章男だけが提案して、実行できたのか。創業家の一員だったからなのか。

小栗はこう推測する。

「創業者の孫だってことはあります。でも、それよりも大きかったのは、豊田社長が84年入社だったこと。工販合併してからの入社だったのです。あの人は自工でも自販でもない、新生トヨタ自動車に入った人なんです。新生トヨタ自動車に入社したなかで初めて課長になったのが豊田さんたちの世代でした。それがよかった。

販売店改革を始めたのは工販合併から10年以上経ってからのこと。新生トヨタ自動車として問題を解決しようという機運も出てきていたと思います。

それと、販売カイゼンの時、アドバイザーとして林南八さんを招いたこともよかった。うるさ型の林さんが来たことで、みんながやろうという気になった」

販売にトヨタ生産方式を導入することは、トヨタの歴史でもっとも難しくデリケートなチャレンジだった。どこの会社にも生産と販売の対立はあるが、トヨタもまた例外ではなかった。

自工も自販も互いに現状のままではいけないと考え、時に怒鳴り合いながら議論をしていた。それでも有効な手立ては見いだせていなかったのである。

そのためかもしれないが、販売のカイゼンについては社史にはたった一文しか書かれていない。

「1994年に第3車両部が生産調査部の協力を得て、トヨタ生産方式（TPS）を販売店の業務改善につなげる活動を始めた」

協力工場や海外の工場へ広げることにも抵抗や障害はあったけれど、生産現場同士の共感があった。

一方、生産と販売は別のジャンルだ。生産は販売から指示されるのをうっとうしいと感じるし、販売側は売れなくなると、「売れない商品を押しつけられた」不満がたまる。現実には、どこの会社でもなかなか一体になる関係ではない。いわば水と油の関係なので、一方的に「販売にトヨタ生産方式を適用する」と言われても販売店は「ありがとう。いい案だね」とはならなかったのである。それどころか、販売の現場に生産の人間が立ち入ることに不快感を示す者も少なくなかった。

この仕事に携わった友山は後日、販売にトヨタ生産方式を導入した経験について講演を行ったことがある。その時、一番前に座って聞いていた池渕浩介から言われたことがある。

「おい、よくやったな。大野さんだって、できなかったことだ。俺たちだって、考えはしたけれど、絶対にできないことだった」

販売のカイゼン

工販合併以前から、トヨタ自工も自販も「お客様のため」を標榜していた。建設的な議論も交わしてはいた。

しかし、生産と販売はそれぞれの論理を持っている。一般に、生産する方は同じ型の商品をたくさん作れば、部品、作業にバリエーションが少なくて済むから生産性は上がる。一方、販売側が欲しいのは売れる商品だ。同じ型で同じ色の商品ばかりを送ってこられても迷惑なのである。

トヨタであれば、客は同じカローラでも、他人が持っている車とはどこか違っている車に乗りたい。同じ色のユニクロのフリースを着ている人間がばったり出会ったら、とたんに不愉快になるように、カーオーナーだって、ショッピングセンターの駐車場で同じ車種、同じ色の横に駐車したくはないのである。

かつて自販を作った神谷正太郎は「1にユーザー、2にディーラー、3にメーカー」と繰り返し訓戒を垂れた。しかし、バブル崩壊後の現場を駆け回っていた豊田章男は、今のトヨタでは神谷の言葉が守られていないのではないか、と思った経験がある。名古屋トヨペットで本格的に販売カイゼンに着手する以前、カローラ岐阜でのことだ。

岐阜に出張して、販売店のヤードを見ると、緑色のカローラⅡばかりが並んでいた。当時、トヨタではカローラⅡのキャンペーンカラーを緑色と定め、販促に乗り出していた。新しい車を求めている見込み客には、緑のカローラⅡが薦められ、結果、緑のカローラⅡのオーダーは増える。だから、工場のラインからは緑のカローラⅡが次々と出てくるし、販売店に緑のカローラⅡが並ぶのも不思議ではない。

しかし、豊田は頭の中に浮かんだ疑問が拭えず、呟いた。

「これは、本当にカーオーナーが欲しいと思う車を提供していることになるのか？」

次の出張で岐阜へ出かける時、彼は名古屋駅の売店で駅弁を買うことにした。食べたかったのは、鶏そぼろ弁当である。しかし、人気がある弁当らしく、売店には幕の内弁当しか残っていなかった。仕方なく、それを手に取った時に、「あっ、オレたちと同じだ」と瞬間的に理解した。

以後、彼は鶏そぼろ弁当の衝撃を好んで語るようになった。

「オレは鶏そぼろ弁当が欲しかった。だが、売ってなかったから、幕の内で我慢したんだ。けれども弁当屋の上司はそう思わないだろう。売店の数字を見て『おっ、名古屋では幕の内が売れるな。幕の内弁当が好きな人が多いに違いない』……。

事実は逆だ。客は、ってオレのことだけど、オレは鶏そぼろが食いたかったんだ。でも、数字だけ見てたら絶対にわからない。

いいか、オレは鶏そぼろが食えなかったから、怒っているんじゃないぞ。客の欲しいものを作るのがメーカーの責任だと言ってるんだ」

食い物の恨みは恐ろしい。鶏そぼろ弁当を食べられなかった豊田はますます販売のカイゼンに意欲を燃やすようになった。

名古屋トヨペットのカイゼンが本格的に始まったのは１９９８年のことだった。豊田が責任者で、実際の現場で指導したのは友山である。そして、前述の通り、友山のパートナーとしてカイゼンを受ける側の責任者が留学から戻ったばかりの小栗だった。

その時のことについて、小栗はためらいながら説明を始めた。

「トヨタ本体とディーラーの関係は、うーん、そうですね、徳川幕藩体制を思い出してもらえば…」

よく意味がわかりません、とわたしが突っ込んだら、いや、こんな感じなんですよと小栗は言った。

「東京トヨペット、東京カローラなどのディーラーは直営店です。旗本です。それ以外は地方の譜代大名と思ってください。大名は自治は許されています。ただ、武家諸法度のような不文律はあるし、全国販売店代表者会議という参勤交代もある。息子は研修生として東京にいたりする。ほんとは奥さんも東京に呼んでほしいけれど、それはやってくれません。

徳川幕府と大名ですから、幕府も大名の経営方針には口は出せないんです。販売のカイゼンについてはやらなければならないことではない。ですから、やってみようという大名と様子を見ようという大名に分かれたわけです。だから、すべての販売店がカイゼンに着手したわけではありません」

小栗の会社、名古屋トヨペットは名乗りを上げた。しかし「工場の生産方式が販売に役立つわけがない」と思っていたディーラーはカイゼンに手を挙げなかった。

小栗は言った。

「うちの場合はスタートがよかったので、社員がやる気になりました。なんといっても15億円を節約できたのですから」

それはどういった節約だったのか。

「カイゼンに入る前、うちのヤードには車が常時、何十台もありました。取り回しにも不便だし、ヤードを何とかしようと思っていたところ、販売店の在庫を管理するトヨタの車両物流部から『15億円かけてタワーの駐車場を作ったらいかがですか』という提案があったんです。えっ、15億円も？ 愕然としました。

そうしたら、友山さんが『そんなことしなくていい』と…。トヨタ生産方式の考え方でヤードの取り回しを変えたら、平置きのスペースで十分だと言うんです」

友山と小栗は平置きのヤードに出かけていった。車を並べた列の横には取り回し用の通行帯が設けられていた。友山はレイアウトを見て、ムダを指摘した。また、入ってくる車と出ていく車を効率的に駐車するシステムを作った。駐車する場所を毎日、記録して管理すればスペースの節約になるからだ。

この考え方は生産現場を整理して通行帯を設けること、ラインレイアウトを整備することと同じであり、車の出し入れはラインにおける部品の流し方を踏襲した考え方だった。

トヨタ生産方式のやり方をそのまま適用すればよかったのである。結果として、ストックヤードのカイゼンに営業マンたちは納得せざるを得なかった。

「駐車場を作らずに済んだわけですから、それ以外のカイゼンについても、うちの社員は大して反発しなかったと思います」

小栗はそう言ったが、友山の記憶は異なる。

「ヤードの整備以外はすべて猛反発をくらいました」

友山と小栗が次にやったのは納車前の点検・整備と車検の時間を短縮することだった。納車前整備とは顧客に納車する前に車体をチェックして、汚れていれば洗車をしたり、あるいはオプションを取り付ける作業をいう。

販売店の整備担当が車を前に仕事を始めようとしたら、友山が「ちょっと待って」と言い、ストップウォッチを取り出した。そして、整備担当の後ろに立ったのである。

整備担当は困惑し、作業を始めようとしない。すると担当の上司が飛んできて「おいおい、変なもの出すなよ」と文句をつけた。

友山は平然と答える。

「いや、これはトヨタ生産方式では標準作業の策定に必要なことなんです。気にしないで始めてください」

上司は文句をつける。

「あのさ、ストップウォッチなんて持たれるとやりにくいんだよ。そっちが気にしなくても、俺たちは気になるんだ。計るのはいいけれど、近くに来ないでくれ。お客様に持っていく大切な車なんだから、整備の手元が狂ったら大変だろ」

ストップウォッチを手にした男はどこの職場に行っても嫌われる。友山の耳には「偉そうな態度しやがって」とか「若いくせに生意気な男だ」といった声が届いてきた。

しかし、生産調査部にいた友山はそうした態度には慣れている。かーっと来たりはしなくなっていた。受け流すのも上手で、「よろしく」と笑顔で作業を見守るだけだ。

標準作業を計りながら、ムダな作業を見つけ、整備するための機械や部品の置き場を変えるポイントをつかんだ。

数日して、手直しすると、それだけで整備、車検にかかる時間は劇的に減ったのである。それまで車検で1日から2日かかっていたのが、半日もかからずに車検が終わった。現在ではさらに進化していて、客がディーラーの店頭でコーヒーを飲んでいる間に車検は終わるようになったのである。

ただ、解決に時間を要する販売特有の問題もあった。たとえば、新車を納車する日時の突然の変更である。

工場であればラインオフの日は生産した側が設定できる。ところが販売では客が電話をかけてきて、「明日、欲しいと言っていたけど、買い物に行かなきゃいけないから、明後日にしてほしい」とか「納車は大安の日の午前中だ」といった客側からの要望で日時が変わることがある。そうなると、あらためて整備したり、ストックヤードの駐車位置を変えなくてはならない。当時、彼らはどういった対処をしたのか。

小栗は説明する。

「なんといっても売る時に日時をきちんと確認することです。この人は大安がいいというタイプだなと思えば確認する。確認したら、納車の前々日に工場から車が届くようにしておく。その頃にはヤードの整理もできていたので、置き場所を変えたり、車を出すのは楽になっていました。

当社はいま67店舗で年間4万台のトヨタ車を販売しています。そのうち4日以上、ヤードに滞留する車は200台程だけ。それ以外はすべて3日以内に納車します。販売のTPSを導入したからですよ。だって、それより前は1週間以上も滞留していた車が何十台もありましたから」

小栗の話に対して、友山は「販売店の滞留を短くするのはそれほど難しくなかった」と自信を持って語る。

「整備、車検、物流は販売店の仕事であっても、生産現場と同じ種類の仕事です。作業のムダを見つけるのも難しいことではなかった。それよりも大変だったのはお客さまを前にした営業現場でのカイゼンでした」

営業マンの一日

次は販売の最前線、営業現場でのカイゼンである。

それにはまず、ひとりの営業マンが一日、どんな仕事を何分、行っているか作業分析をしなくてはならない。友山はストップウォッチを手に一日中、セールスマンに付いて歩く。「バックヤードの整理、20分」「業務日誌の記載、30分。セールスへ出かける準備、5分」などと呟きながら、後ろにぴたりと付く。

「友山さん、これからお客さんのところへ行くから事務所で待っててよ」

販売店の営業マンは「お前は早く消えろ」みたいな念力を送りながら、そう告げる。だが、友山は平然として、「邪魔にならないようにしますから」と先にドアを開けて助手席に乗り込んで待つ。

車のなかでもストップウォッチを手放さない。営業マンが客にセールスの話をしている時だけはストップウォッチは隠すけれど、後ろ手に持って計測する。面談の後に「接客時間、2分」などと記す。何人ものセールスマンについて時間を計ったのだが、全員から、「あんたがいると車が売れなくなるからやめてくれ」と怒鳴られた。

それでも、時間分析を行わないと営業のカイゼンができない。友山は「ずいぶん怒られました」と振り返る。

「実際に営業マンの仕事を見ると、お客さんと接している時間は意外に短い。おそらくどんな職種でも一緒ですよ。自分は長く感じているかもしれないけれど、セールストークをしている時間なんてあっという間なんです。

それには原因があって、ひとつは事務の仕事や車の査定をしている時間が長くなってしまうから、接客の時間が物理的に短くなる。

あの時、私たちがやったのは、接客する時間を最大限に増やすためのサポートでした。接客以外の仕事のムダを切り詰め、余裕のある接客をしてもらうことが目的でした。それが今ではもっと進んでいて、成約率を上げて、見込み客の開拓に時間をかけるといったことまでやっています。

もうひとつの原因はセールストーク自体に内容がないこと。事前に準備していかない場合、話は続きません。

営業マンはストップウォッチを嫌がるんですけれど、時間を計測していると、人はみんな頑張ってしまうんですね。『いつものようにやってください』と言っても、1週間分の新規開拓を4日で終えてしまう」

小栗も「販売は余裕を持つことで結果が変わってくる」と友山の言葉をフォローする。

「あの時の販売カイゼンはセールストークの指導でもないし、セールス技術の研修でもありませんでした。しかし、店舗やヤードの整理整頓をして、オフィスの仕事や打ち合わせ時間を短くすれば余裕を持ってセールスに臨むことができます。事前に話題を考えていくこともできる。

やるべきことをやっていると自然と笑顔が生まれる。TPS（トヨタ生産方式）を入れたおかげもあって当社は長年、総合表彰を取っています。収益、CS（顧客満足度）などを含めたすべての点でいい成績を取ったディーラーがもらえる表彰です。TPSを経てから、うちはさらによくなった。

そして、僕自身がいちばんよかったと思うのは、残業が減ったこと。定時に仕事が片付けば、家族と一緒に夕ご飯が食べられる。もしくは同僚と一緒に焼き鳥を食いに行ってコミュニケーションがよくなる。

僕はTPSは生産だけでなく販売であれ、事務であれ、どんな職種にでも導入できると思います。いままでの仕事のムダをなくすからです。ただ、人間は自分自身ではなかなかムダを見つけるのは難しい。友山さんみたいに厳しくチェックしてくれる人がいなければカイゼンはできません」

小栗の言葉を引き取って友山はポイントを説明する。

「トヨタ生産方式で『にんべん（人偏）のついた自働化』と言うのがあります。不良品をなくすシステムのことです。あれは異常の顕在化を意味している。仕事の遅れ、ムダを顕在化するのは誰だって嫌ですよ。どうしたって隠そうという方向に動く。だが、それをあえて外に出す。抵抗があって当たり前なんです。

そしてジャスト・イン・タイムで仕事をするとはピンと糸が張り詰めた状態を言います。緊張した状態で異常を見つけ、問題に対処する。トヨタ生産方式では問題が出て当たり前なんですよ。

こうして、ふたつの原則で問題をあらわにして、それを直そうという企業風土を作る。ダメなところを隠すのではなく、外に出すことを私たちはやっている。そういう企業は健全なんです」

わたし自身、トヨタ生産方式は全能の神様だとは思っていない。あとで書くけれど、その方式をさまざまな職場に適用するには、越えなくてはならないハードルがあるからだ。

けれども、販売の業務改善で行ったことを吟味して、さまざまな仕事に応用することはできる。営業部門だけでなく、開発、企画、広報宣伝、財務、もっといえば公務員やフリーランスの人間でも、自分の仕事を切り分けて、ムダを排除することはできる。

トヨタ生産方式とは意識改革でもある。

「以前からやっている仕事のやり方を考え直す」

「自分がやっているムダな作業を他人に指摘してもらう」

「経費の精算、机上の整理整頓、事務連絡などの本来の仕事以外を整理整頓、ＩＴ化して、クリエイティブな仕事に充てる時間を長くする」

「ムダを切り詰めて定時に仕事を終える。家族と過ごす時間を長くする」……。

こうしたことはトヨタ生産方式を勉強しなくたって、時間の使い方が上手な人ならば自然のうちにやっていることだ。時間の使い方を考えれば仕事の生産性は上がる。

しかし、トヨタ生産方式は一時的な業務改善を目的とはしていない。「緊張したライン」を構築することによって、常に生産性の向上を求め続ける。

もし、事務仕事にトヨタ生産方式を援用しようという人がいるならば、最初の結果だけに満足してはいけない。毎日、自分の仕事の仕方をチェックして、昨日よりも今日、今日よりも明日を考え続けることが必要になってくる。平凡な人間にとって、カイゼンをやり続けることは簡単なことではない。

「びっくりさせてみろ」

余談になるが、販売カイゼンをやった頃から友山は販売店の人間に「鬼」と呼ばれるようになった。トヨタ生産方式を指導する立場になると、誰もが鬼と呼ばれてしまう。鬼という呼び名は彼らにとっては定番の呼び名なのである。

ただ、鬼にもステージがある。友山はいまだに、薫陶を受けた林南八の名前を聞くだけで精神に緊張が走るらしい。「怒られるんじゃないか」。反射的にそう思ってしまうのだろう。

だが、その林も鬼のなかではやさしい方に属する。林は若い頃、何度も池渕に怒鳴られた。「瞬間湯沸かし器の池渕さん」に出くわすことがないように社内の廊下を歩いた。それほど厳しい人と感じた。

しかし、その池渕も「大野さんが部屋に入ってくると足がすくむ。膝が震える」と言った。大野が部屋に入ってきただけで、顔が真っ青になって卒倒寸前になる同僚がいたという。

もし、友山が大野に会っていたならば、どういった感想を持っただろう。どれだけ厳しい人だったのだろうかと思ってしまう。しかし、張、池渕、林という実際に大野と仕事をした人間たちは大野を「厳しかったけれど教育者であり、人生の師」だと尊敬している。

世の中に出ると、人は尊敬する人物に出会う。立派な人、指導してくれた人には尊敬の気持ちを持つ。しかし、人生の師とまで呼べる人にはなかなか出会うことはない。

教わった彼らは異口同音に言う。

「大野さんはフォローしてくれた。私を見ていてくれた」

人を教えるとはそういうことではないか。情報を伝えることでもなく、問題の解答を導き出すことでもない。部下に課題を与えながら、自分自身もまた同じ課題を解くことだ。そばにいて、見届けて、同じ苦労をする。部下と同じ立場に身を置くことだ。

大野は部下の答えをじっと聞く。部下が自分と同じ答えを出したら、烈火のごとく怒った。彼は部下が自分と同じレベルでは満足しない。部下がさらにいい答えを見つけなくては満足しないのである。

「オレは教える側だから、オレの言うとおりにやれ」。彼はそんなことはひとことも言わなかった。大野の偉さはそこにあり、張、池渕、林、友山もまたその偉さを受け継いでいる。

「オレをびっくりさせてみろ」

大野が部下に言った言葉はそれだ。びっくりさせて、オレを超えろということだけだ。

大野は、自分が言った通りのことを部下がやると「なぜ言われた通りにやったのか」と問い、違うことをやると「なぜ言われた通りにやらなかったのか」と問うた。つねに考えることを求め、決して褒めることはなかった。

「褒めるという行為は相手を馬鹿にしている」と大野は言った。自分ができることを、お前にしてはよくやった、と思うから褒めるのだと。

では、自分ができないことをやったらどうするのか。「その時は褒めるより、びっくりする」。大野の「びっくりさせてみろ」には、そんな考えが込められている。

あらためて友山は教えてくれた。

「相手に答えを教えるのではありません。答えが出てくるのを待つ。それが僕らの仕事です」

第17章 21世紀のトヨタ生産方式

テロ、戦争、リーマン・ショック

2000年代の始まりは9・11と呼ばれる同時多発テロから始まった。2003年にはイラク戦争でフセイン体制が倒れ、アメリカはアフガニスタンのタリバン政権と闘った。タリバンは政権からは離れたけれど、今も同地で活動している。アフガニスタンの政情は安定しているとはいいがたい。加えてイラク、シリアではISが登場した。ISはテロを続け、そのため難民が中東から脱出し、ヨーロッパへ向かう流れができた。中東、ヨーロッパともにテロの危険は増大する一方だ。

2011年、日本では東日本大震災が起こり、福島では原発事故となった。テロ、戦争、大きな自然災害でスタートしたのが2000年代の世界情勢だ。

トヨタの新しい世紀は1997年のプリウス発表から始まった。ハイブリッドカーのプリウスは初期こそ価格の高さもあって、なかなか普及しなかったが、いまではトヨタの看板車種となり、世界120の国と地域で販売されている。環境を意識した車が自動車会社のフラッグシップになったわけだ。プリウスがベストセラーになっているのは消費者が自動車に求める価値が変わった証拠だろう。

2008年、リーマン・ショックと呼ばれる金融危機が世界に波及した。先進国では自動車がぱたりと売れなくなった。この時、中国、南米なども金融危機の影響で消費不況にはなっている。けれども、車の販売台数は落ちていない。車が売れなくなったのは全世界マーケットではなく自動車先進国だった。リーマン・ショックの結果、トヨタの2009年3月期決算は4610億円の赤字（営業損益）に陥った。実に58年ぶりのことだった。

販売台数が右肩上がりだった時代、トヨタでは次々と海外に工場を作り、高性能の大型工作機械などを投入したラインを作って生産能力を高めた。しかし、ひとたび販売台数が減ると、設備が重厚な工場やラインでは小回りが利かず、売れる量に見合った作り方、運び方に適応できなかった。トヨタ生産方式の本家本元にもかかわらず、その基本から外れてしまったのである。これでは利益を確保することはできない。

だが、翌年にはカイゼン指導を徹底し、力を尽くして原価低減を進めたことで、1475億円の黒字になっている。

それでも、大野が生きていたら叱責しただろう。

「お前たち、原価低減ができるのだったら、なぜ、もっと早くからやらないのか」

部下たちはたちまち震え上がったに違いない。

赤字決算の年、GMの世界販売台数が落ち込んだためにトヨタは自動車会社として世界一の販売台数を記録した。喜一郎がゼロから車作りを始めて、なんと世界でもっとも多くの台数を作る会社になったのである。

戦前、三井、三菱といった大財閥は自動車製造には決して乗り出さなかった。なかには「自動車はやらない」と明文化した財閥もあった。名古屋の田舎で織機製造をしていた喜一郎が「自動車をやる」と言った時はまるっきり相手にされなかったのだが、その会社が世界一になったのである。しかし、赤字決算だったから、はしゃぐわけにはいかない。ニュースを聞いた経営陣は苦々しい思いだっただろう。

リコール、震災、洪水

リーマン・ショックの翌年、2009年は自動車業界にとって厳しい年だった。クライスラー、GMが倒産。クライスラーはフィアット社の傘下となる。

トヨタはGMとの合弁で設立したNUMMIでの生産を打ち切ることに決めた。世間的には「冷たい会社」と呼ばれたが、経営判断としては当たり前のことだろう。いまは電気自動車の旗手、テスラがかつてNUMMIだったフリーモント工場を所有している。

同じ年、トヨタの経営陣が困難に直面したのはアメリカにおけるリコール問題だった。カリフォルニアのサンディエゴで起こったレクサスの事故をきっかけにアメリカ市民はトヨタの車に不信を抱いたのである。

事故はカーディーラーから代車として提供されていたレクサスで起きた。フロアマットをサイズが合わない他社製に付け替えて使用していたところ、フロアマットがアクセルペダルに引っ掛かってアクセルが全開になってしまい、乗っていた交通警察官の一家4人が死亡した。悲惨な結果に市民感情は悪化する。続いて、トヨタ車に電子制御装置の誤作動による急加速が起こるなど、問題は大きくなっていった。

アメリカ下院の監視・政府改革委員会はトヨタ社長、豊田章男を招致し、証言を求めるまでになった。

まさしく大問題となったのだが、最終的には電子制御装置の欠陥を示す証拠は見つからなかった。豊田の下院での証言態度が「フェアな男」という印象で受け止められたこともあって、リコール問題は収束に向かった。

そして、2011年、東日本大震災が起こる。トヨタのサプライチェーンは正常化するのに半年かかった。この時、被災した関係会社、協力会社などの復旧応援には林南八をはじめとするトヨタ生産方式のプロが派遣され、生産を再開するための現場指導をしている。同方式を元にした復旧作業でも林が注力したのは作業の順番を決めること、混成部隊のなかにチームワークを確立することだった。

東日本大震災による生産の遅れが正常に戻ったと思ったら、次に起こったのはタイの大洪水だった。現地生産に支障をきたし、これまたサプライチェーンが分断した。洪水が引き、水浸しから工場が立ち直ったと思ったら、歴史的円高という経済状況に直面する。この時も、原価低減と生産性向上でなんとか危機を乗り切っている。

こうしてみると2009年以降のトヨタは苦しい時期ばかりが続いた。しかし、トヨタに苦しくない時期などあったのだろうか。モータリゼーションが幕を開けてから車は売れていたけれど、経営陣は薄氷を踏む思いで、会社を前に進めていたのである。

今またトランプ大統領の登場により、アメリカでの雇用を増やすというステートメントを出さざるを得なくなった。自動車産業は雇用人員が多く、国を代表する産業だ。どこの国でも政治的な思惑に左右される。トヨタ経営陣は日本における雇用を守るためにアメリカでの投資を進めざるを得ないのだろう。

現在、トヨタは国内で年間300万台を製造する体制を維持している。同業他社と比べれば格段に多い国内製造台数だ。そのうち、国内で販売しているのは半分の150万台。国内製造をぐんと減らして、海外生産に回せばアメリカ政府は喜ぶだろうが、日本経済には大きな影響を与える。

トヨタの連結従業員数は33万人。数万社にも上る協力会社まで合わせたら、国内には100万人近い従業員とその家族がいる。もし、国内でのモノづくりが半減すれば半数が失業する。そうすれば日本は、不況どころの話ではなくなるだろう。

トヨタは日本のモノづくりを支えている。トヨタの株主も黙して支持している。利益だけを追求するならすでに国内生産を縮小していただろう。

それをしなかったのは喜一郎の夢があったからだ。「日本人が作った車で人の生活が豊かになる」という…。

第18章 未来

若者が車を買わなくなった

トヨタに限らず、先進国の自動車会社が焦燥感を感じている問題がある。考えようによってはリーマン・ショックよりもはるかに大きな問題だ。リーマン・ショックは一時的な消費不振だったけれど、こちらはじりじりと続くテーマとなっている。

問題とは若者が車を買わなくなったこと。2000年に入ってから顕在化した傾向で、正確に言えば、先進国の都市で暮らす若い男性が以前ほど車に関心を持たなくなったことである。

この問題についてはさまざまな分析がされている。国の機関、広告代理店、自動車の業界団体…。トヨタ社内でも渉外部が分析レポートをまとめている。『若者のクルマ離れについて』(2010年)と題したそれである。

「クルマ離れにはいくつかの要因がある」として、次のような点を挙げている。

①若い世代では自動車免許の保有人口が減っている。

②単身、夫婦のみといった自動車を必要としない世帯が増えている。

③公共交通機関が充実している都市部に人口構成が移動している。つまり、都市に人が増えている。都

市は公共交通機関が充実しているから、クルマを持たなくともいい。
④クルマは足代わりと思う人が増えている。新車に対する関心が薄くなっている。
⑤バブル崩壊後、賃金が上昇しないので、消費意欲が減っている。車に限らず、商品に対する消費離れが起こっている。

こうした分析の後、若者の「生の声」も記述してある。
「友達をクルマに乗せると責任を感じて嫌だ」「事故のニュースを見ると運転が怖くなる」「クルマを買うのに一体いくらかかるか想像もつかない」「教習所の性格診断で向いていないと出たので、運転は嫌だ」

車に乗らなくなったのは日本人の若者だけではない。クルマ社会のアメリカだって同様の傾向が出てきていると語る人もいる。
「車を運転すると時間を取られてしまう。運転しなければ年間426時間の節約になる。車の運転をしていたらスマホに触れる時間が減る」「公共交通機関だけでなくＵｂｅｒなどのライドシェアが出てきて、移動の選択肢が増えた」（「自動車所有に関する若者の意識の変化」ブランドン・Ｋ・ヒル）

手を尽くして探したけれども、若い世代が車を買わなくなった理由の推測はどれもこうしたレポートとほぼ変わらない。要約すると、日米ともに、クルマは金がかかる割に楽しみを与えてくれないということだろう。クルマよりもスマホで友人とつながっている方が時間を楽しく過ごせると言っているわけだ。

しかし、前記の理由を主因とできるのだろうか。若者のクルマ離れの主因はこうした直接的な意識の変化だけなのだろうか。

バタフライ効果という言葉がある。

「ブラジルの蝶の羽ばたきはテキサスに竜巻を引き起こすか」という気象学者、エドワード・ローレンツの論文から来たもので、今では予測困難性の比喩として用いられることが多い。つまり、直接の因果関係はなくとも、世の中のちょっとした気配、雰囲気で未来は変わるということだ。

若者がクルマを買わなくなった理由について、果たして自信を持って「こうだ」と予測できる人はいるのだろうか？　予測はできないのだから現在、さまざまな人が提示している「若者にこうやって車を売ろう」という試みを判断できる人間はいない。

将来を予測したり、他社の動向を調べたり、また、現在、若者が買っている商品を調べたりという努力もやらないよりはやった方がいい。でも、そんなことをしても、売れる車は出てこない。できることはひとつ。環境に適応できる体質になっておくこと。

ダーウィンの進化論はかいつまんで言うと、こんな意味となっている。「賢いもの、強いものが生き残るわけではない。変化に対応して適応したものが生き残る」。

いまや10年先を見通すことなどできない。予測に時間と手間をかけるよりも、リードタイムを短くして、その都度、変化に適応して生産する。それこそトヨタ生産方式の考え方ではないか。

今日より明日

自動車の未来像がつかめない現在、トヨタ生産方式はどう展開していけばいいのか。

同方式の根本的な考え方は難しいものではない。A４の紙一枚あれば説明できる。そうでなくては高校を出て現場に入ったばかりの人間は理解できない。難しく書いてあるのは展開例を事細かく書いてあるだけで、思想でも本質でもない。同方式の目的は原料が工場に届いてから製品になるまでのリードタイムを短くすること。そのために作業のムダをなくす。日々、生産性を向上させ続ける。

一度、向上させるだけではダメだ。昨日よりも今日、今日よりも明日、連綿と向上させる。それがトヨタ生産方式の行きつくところだ。こう書くと、非常に過酷な生産方式のように思えるけれど、どんな仕事であっても、「考えて仕事をする」とはそういうことだ。毎日、朝、現場に来て考える。

「昨日と同じことをやっていていいのか」

そう自らに問う。自分なりにムダを省く。進化、成長はそういう態度からしか生まれない。ただし、「毎日、自分に厳しくなれ」と号令をかけると、人間はやる気がなくなる。自分を厳しい立場に置くのは誰もがやりたがることではないからだ。

そのため、同方式では現場の作業者が身体的にやりやすくなることを追求する。意識改革という点では過酷なチャレンジを要求するけれど、身体を使う面は楽になっていなければおかしい。たとえ生産性が上がっても、作業者の労働が強化されていたら、それはカイゼンではない。

なぜ、作業者がやりやすいようなカイゼンを施すのか。それは、生産性を向上させるには仕事が楽しくなる、楽になるのがいちばんだからだ。もっとも生産性が上がる作業とは体調がよくて、気分もよくて、やっていること自体が楽しい時であり、そういう状態にすることが本来のカイゼンだ。

大野たちはそれを追求してきた。

ベルトコンベアの作業というと、つねにチャップリンの映画『モダンタイムス』のワンシーンが引き合いに出される。チャップリン扮するワーカーがラインのスピードに追い付いていけず、作業が破たんしてしまうシーンだ。

わたしはあれは本当にあったことだと思う。ただし、舞台はフォード式大量生産方式の工場だ。しかも、同じ形の車が売れに売れている時代のことだろう。原料を大量に揃え、作業分担を細かく分けて、人海戦術で同じものを作る。そういう現場ではラインのスピードを上げれば生産は増える。

しかし、トヨタ生産方式ではやみくもにベルトコンベアのスピードを上げることはしない。売れる数しか作らないから、スピードを上げる意味はない。作業者がやりやすいスピードにして、やる気を引き出すとも言える。

では、作業者がやりやすくなるとはどういうことか。林南八から、ある例を聞いたことがある。

「BMWの新工場を見学しに行ったら、ラインをボデーが裏返しになった車が流れていた。やるなと思った」

車体にワイヤーハーネスを取り付ける仕事がある。作業者は車体にもぐり込んでいって、上を向いて配線していかなくてはならない。どう考えても気分上々という作業ではない。

「ワイヤーハーネスを張り巡らすのも上から押さえつけるだけで楽な作業になった。俺たちもやらなくてはならない」

林は続けた。

「しかし、BMWはそこまで進歩的なラインを作っているのに、作業者は自分の判断でラインを止めることはできない。うちの方が上だと思った」

工場のラインは作業がやりやすくなるよう、変えていかなくてはならない。そして、なお、ラインを止める判断はそれぞれの作業者ができなくてはならない。

共感できるか

トヨタ生産方式は社内の生産現場から始まって、協力企業、海外工場へと移植が進んだ。販売店へも展開されつつある。同方式に関心を抱いた他業種の経営者が自らの組織へトヨタ生産方式のエッセンスを導入した例も少なくない。

そのひとつに病院がある。林南八は現地まで見に行ったが、そこでは診察の流れをラインに見立てて改善していた。診療を受ける際の待ち時間を減らすために、滞留をなくしたのである。

人間ドックが好例だろう。人間ドックには身長・体重の計測から始まってさまざまな検査があるが、検査を受ける人間が必ず滞留してしまうのが胃のバリウム検査だ。その病院では検査の段取りを良くしたり、バリウム検査を診療の流れに組み込む順番を変えることで、待ち時間は劇的に減った。

このようにトヨタ生産方式の考え方は自動車の組み立て工程だけではなく、サービス業の現場にも応用できる。

では、以前にも書いたけれど、トヨタ生産方式は万能と言っていいのか。

答えは指導役の人間によるとしか言えない。現場に入り込み、一緒に考える指導員が、相手先の経営者と現場を巻き込んで取り組めばカイゼンはできる。だが、同方式をちゃんと理解していない人間が指導した場合の現場は無残なことになるだろう。

わたしはトヨタ以外の工場も見たことがある。同方式を入れたと主張していたけれど、実際はまったく違うものだった。表面だけは真似していた。つい、「ここが違ってますよ」と言ってしまいそうになったが、「なるほど」と呟いて、帰ってきた。

カイゼンを成し遂げるには、指導する人間が要るけれど、誰でもいいわけではない。トヨタの生産調査部の人間でも全員ができるわけではないと思う。

指導員に必要な資質が3つある。同方式を理解していること。現場の作業者と導入しようとする企業の経営者に共感を感じること。そして、危機感にあふれていること。この3つを満たしている人にしか指導はできない。

同方式を理解していることは前提だ。だが、同方式について、本を書いているコンサルタントでも、意外に理解していない人がいる。

林は「一方的に指摘、指導するだけのコンサルタントでは無理だ」と公言している。

コンサルタントには絶対にできないとはわたしも言わない。しかし、コンサルタントという職業とトヨタ生産方式の指導には相いれない点がある。

まずは共感だろう。少なからぬコンサルタントは現場は見ても、現場の作業者を上から見てしまう。指導する対象としてとらえている。


脚本家の倉本聰は自分自身が「かつて庶民に対して上から目線で見ていた」と告白しているが、これに似た感情を持ってしまうのがコンサルタントという職業だ。

NHKの大河ドラマを降板し、北海道に移住した倉本は生活のために歌手、北島三郎の付き人になった。彼は付き人をして、庶民に対して優越意識を持っていた自分を恥じた。

「サブちゃんと客席のやり取りには垣根がない。年齢や性別、職業や身分など一切の区別がなく、人と人とが水平にぶつかり合っていた。『俺はこれまで何をしてきたんだ』と恥じ入った。自分のなかに無意識なエリート意識があって、『上から目線』で仕事をしてきた。批評家や業界人の目ばかりを気にして脚本を書いてきた。テレビドラマは大衆のものだ。『地べた目線』でドラマを書くぞと心に決めた」

一流大学を出たコンサルタントは誰でも倉本と同じ無意識のエリート意識を持っている。これがあるうちは作業者は彼らを仲間とは認めないだろう。

かといって現場の作業者に寄り添いすぎて、彼らを持ち上げるのもよくない。現場の作業者は普通の人間だ。持ち上げる対象ではない。普通の人間だから、酒も飲むし、タバコも吸う。パチンコや競輪、競馬へも行く。キャバクラやカラオケへも行く。ブランド物も持っているし、海外旅行にも行く。

必要なのは距離を保って共感することだ。愛情や友情を感じる必要はない。

次の点は危機感を持つことができるかだ。現在のトヨタ生産調査部の部員でも、大野や張、池渕たちが感じていた危機感に同調できるとは思えない。

敗戦や倒産の危機を経験した人間と大企業になってから入社した人間では立場が違う。しかし、トヨタ生産方式を指導しようと思ったら、大野が感じていた「いまのままでは、うちの会社はつぶれる」という切迫した感情を少なくとも理解している必要がある。

そうでなくては小さな町工場のカイゼン指導などできないからだ。町工場は技術も金もない。つねに倒産の危機に直面している。漁師と一緒で「板子一枚下は地獄」の毎日だ。

小さな企業がつぶれるケースでもっとも多いのは他人の会社の保証人になってしまったことだろう。一般の人は「保証人なんかやらなければいいのに」と思うかもしれない。しかし、町工場はどこも資金が潤沢ではない。大きな機械を買おうと思えば経営者同士が連帯保証人となって金融機関から金を借りるしかない。小さな船がロープでお互いを縛って海に乗り出すようなものだ。一艘が転覆したら、他もひっくり返ってしまう。小さな会社の経営者は危機感、焦燥感のなかで生きている。

大野が、自分が見込んだ大卒エリートをラインに張り付かせたり、小さな工場へ派遣したのは現場の人に共感しろ、町工場の危機感を共有してこいという意味もあっただろう。

仕事を楽しめ

トヨタ生産方式には関わった人の意識を変え、人物を成長させる要素が含まれている。たとえば、林であり、友山がそうだ。彼らはこの方式を学ぶことで成長した。

彼らはひとりで協力企業へ出かけていく。最初は誰も声をかけてくれない。昼飯は食堂の片隅でぼそぼそと食べる。宿舎はビジネスホテルではない。工場の寮だ。毎日、ラインに立ち、ただ見つめる。夜は部屋でカイゼンの方法をひたすら考える。給料は名古屋にいる家族に送っているから、居酒屋で飲むことはできない。缶ビールとピーナッツ、夜食はカップラーメン。そういう生活が少なくとも半年は続く。

3か月もすれば協力企業の人間たちがさすがに可哀そうと思って、食事に誘ってくれるようになる。そうは言っても、おごってもらうわけにはいかないから、自分で払うのだけれど、金がないから、誘われるとドキドキして財布の中身を確かめてからでなくては一緒に行くことはできない。

トヨタ生産方式の指導員の生活とはそういうものだ。現場の作業者にとってその方式は労働強化ではないけれど、指導員にとっては過酷そのものである。

24時間、年中無休で取り組まなければならない。バカになってその工場のなかに突っ込んでいかなくては誰も協力してくれない。バカでなくてはできないし、バカだから、人を動かすことができる。

わたしはかつて、こういう会話が交わされたのではないかと想像する。

ある時、協力企業から帰ってきた若い指導員が顔を上気させて言う。

「工場長、私は町工場の人たちに愛情を感じました」

大野は叱る。

「愛情？　よせ。そんなしめっぽい感情はいらん。余計なこと考えなくていい。それより仕事を楽しめ」

大野の望んだこととは、工場にいる誰もが楽しく仕事をして、稼いだ金で家族が楽しく暮らすことだったと思われる。

エピローグ　誇り

チームメンバー

２０１７年の4月、わたしはまたケンタッキー工場を訪れた。何人かの関係者に会い、工場のラインを見た。ラインを眺めながら、初めて見学した頃はベルトコンベア、スラットコンベアのスピードばかりを気にしていたのを思い出した。10年近く、見学していると、機械に視線を移すことはない。作業者が楽しそうに働いているか、それともつまらなそうにやっているかを見てしまう。

話を聞いたのは工場のナンバー2、スーザン・エルキントンという女性だった。元々は他のメーカーで働いていて、トヨタに転職してきた。日本の生産管理部で働いた経験も持っているという。身長が高く、青い瞳の美しい人だ。「ハジメマシテ、スーザンデス」と両手で名刺を差し出す人だった。

彼女に「トヨタ生産方式にはどんな弱点があると思うか」と訊ねてみた。彼女は戸惑うこともなく、

「はい、たとえば、こんなところですね」とあっさり答えた。

「ＴＰＳ（トヨタ生産方式）を理解していると主張する人は大勢います。アメリカのコンサルタント会社でも、『御社にＴＰＳを導入します』というビジネスをしているところは少なくありません。でも、実際に彼らの話を聞くと、よくわかっていない、もしくは一部しか理解していないと感じてしまう。そういう人たちに指導されたら、間違った生産のやり方になってしまうでしょうし、結果も出ないと思い

ます」

わたしは返事をした。

「あなたの答えは林南八さんの指摘と同じです」

彼女は笑った。

「ああ、ハヤシさん、お元気ですか。チャーミングですね、ハヤシさん」

本社の生産管理部にいた頃、林から「シゴカレました」と言っていた。

そして、彼女は続けた。

「TPSという表現を使ってカバーしている領域がとても広いことが理解を難しくしているかもしれない」

トヨタ生産方式は生産現場を回していく知恵にとどまらず、働く者の意識改革を迫るものでもある。精神的な自己変革までもカイゼンの対象になってしまう。

彼女と話をしていて気がついたのは「チームメンバー」という単語がしきりに出てくることだった。チームメンバーとは現場の作業者のことを言う。いまでもアメリカの生産現場ではワーカーという言葉が生きてはいる。しかし、主流ではない。現在はオペレーターもしくはアソシエイトと表現するようになった。求人広告を見ても、「ワーカー募集」の表現はほぼなくなり、オペレーター、アソシエイトとなった。日本でも「工員」とは言わず、「作業者」と表現するのと同じだ。

ところが、アメリカのトヨタではワーカー、オペレーター、アソシエイトとは言わない。1984年、NUMMIの開設時から作業者はすべて「チームメンバー」と呼んでいる。

スーザンは説明を加えた。

「チームメンバーと呼び合うことがトヨタ生産方式の理解を助けていると思います。トヨタに入って仕事をするとは、単に車を作るために来ているのではない。トヨタファミリーのチームメンバーとして、お客さま、一緒に働いている人に対して思いやりの心を持つことになるのです。また、アンドンを止めるのも再び動かすのも現場のチームメンバーの判断です。管理職はアドバイスするだけ。他の工場では現場のオペレーターを取り替え可能なパーツと見ているけれど、ＴＰＳではチームメンバーにしかるべき技術があると考えるのです。

部品を組み立てて車というものを作っていくという物理的な作業だけではなく、心が入ってくる。チームメンバーという呼称にはトヨタの価値観を十分にわかっている人という意味が込められています」

つまり、ラインのそばに立って手を動かすだけの人間ではなく、自分で判断できる人がチームメンバーだと彼女は強調していた。そして、アメリカ人にとっては新鮮な感情であるとともに、会社に安心感を抱くことになるとも言っていた。

スーザンの後に会ったベテランのふたり、クリス・ライトとマイク・ブリッジもまた「お互いをチームメンバーと呼び合うことが大切なんだ。その言葉がみんなをトヨタ・ファミリーにした」とわたしをまっすぐに見て、そう強調した。ふたりとも大男で、クリスはアフリカ系、マイクは白人。どちらも30年近く勤務している。

クリスは「オレが入った頃、張さんはまだ若かった」と笑いながら言い、その頃について語り始めた。

「ケンタッキーができたばかりの頃、地元の人間たちにとってトヨタは日本から来た会社だった。反日的な雰囲気もあったのです。ところが、トヨタは働く者をチームメンバーと呼び、大切にした。現場の人間の意見を聞いた。そういうニュースが伝わっていくにつれて、地元ではトヨタをアメリカの会社、ケンタッキーの誇りと思うようになっていきました」

それから彼は下を向き、こう言った。

「だから、あんな悔しいことがあった時も、私たちはひとつになって戦うことができたのです」

私が「あんな時とは？」と訊ねるより前に、横にいたマイクが口を開いた。

「公聴会のことですよ。クリスと私はワシントンまで行きました。ミスター・トヨダが公聴会に出席した時でした」

クリスも「そう、オレは決して忘れない」とうなずいた。

一方のマイクは冷静で、淡々と説明する。

「ケンタッキーからは4人のチームメンバーが休みを取ってサポートに行きました。発言はしていません。公聴会が開かれた委員会室のいちばん後ろの席から見ていただけです。うちの工場からはもっと大勢、行きたい人間がいたのだけれど、仕事があったから…」

ふたりが出かけていった公聴会とは２０１０年2月25日（日本時間）に行われた。トヨタ自動車社長、豊田章男が招致された下院の監視・政府改革委員会である。

公聴会

豊田が公聴会に呼ばれたのはハイウェイパトロールの一家4人が死亡した事故、およびリコールと意図せぬ加速に関する証言録取だった。後に、米国運輸省は「意図せぬ急加速を引き起こすような（電子スロットルの）欠陥を示す証拠は発見されなかった」とする高速道路交通安全局（ＮＨＴＳＡ）と航空宇宙局（ＮＡＳＡ）の包括的調査の結果を発表した。

ただし、その時点では、ハイウェイパトロール事故の録音ボイスがテレビのニュースで何度も流されていたこともあって、トヨタは悪役になっていた。アメリカの工場に勤めている人々、トヨタディーラーの人間にとっては居心地が悪い状況であり、販売へも悪影響が出ていたのである。

当時、テレビのニュースで頻繁に流れていた音声は実際の被害者が警察にかけてきた電話の声であり、しかも、非常に切迫したものだった。

「大変なことが起こった」

「どうしたんです。ゆっくり話してください」

「アクセルが動かないっ。トラブルだ。ブレーキも利かないっ」

「ああっ、交差点だ。みんな、つかまって、祈って…」

繰り返し流されると、亡くなった人のそれだけに、視聴者にはトヨタに対しての悪感情が生まれてくる。公聴会が緊急に開催された要因のひとつはテレビニュースに流れた音声だったともいえる。ニュースを見た市民が憤激して、「トヨタの社長を呼べ」と地元の議員にも訴えたのである。

ライバル各社のなかには窮地に陥ったトヨタを追い込んでやろうというところも出てきた。GM、ヒュンダイは「トヨタ車から乗り換えよう」というキャンペーンを開始、大々的に宣伝を始めた。そのこともあって、公聴会の時は前年同期で販売台数が割り込むことになった。


アメリカ議会による公聴会は証人喚問の形式で、居並ぶ議員が問い詰めるように質問していく。呼ばれた人間が話したことが虚偽であれば偽証の罪に問われる。日本の国会の証人喚問と同じだが、追及はアメリカ議会の方がはるかに厳しい。

西部劇の国だけに追及する議員は白馬に乗った正義の味方で、一方、証人は討伐される悪人と役割は決まっていた。証人として出席したら、サンドバッグのように叩かれるのは必然なのである。

しかし、逃げるわけにはいかない。当時、社長になって8か月しか経っていない豊田章男にとっては焦燥感がつのる仕事だっただろう。だが、愚痴を言っているわけにはいかなかった。会社と仕事を守るためには自分が盾になるほかはなかった。

出席を決め緊張していた豊田にとっていいニュースがあるとすれば、それはチームメンバーが応援に来ることだった。ケンタッキー工場のクリス、マイクだけでなく、全米の工場で働く人間、そして、販売店のオーナーたちが「自分たちも公聴会に出たい」と言ってきた。それまでも企業幹部が招致された公聴会は開かれている。しかし、何百人という従業員が「自分たちも一緒に出席したい」と言ってきたのは前代未聞のことだった。豊田にとっては大きな力だっただろう。

クリスは言う。

「会場のいちばん奥からミスター・トヨダを見ていました。その時、私はふたつの感情に支配されていたのを覚えています。ひとつは喜びでした。ワシントンに行ったら、『トヨタの一味でアメリカの敵』扱いされるとばかり思っていたのに、下院のスタッフから声をかけられたのです。『僕はカムリに乗ってるよ。キミたちが作ったんだろう。あんなにいい車はないね』と。それも、会う人みんなからそう言われたのです。率直に言ってとても嬉しかった。

しかし、喜びだけではありませんでした。ミスター・トヨダに厳しい質問が続くことへの強いフラストレーションもありました」

公聴会が始まったのはアメリカ時間で2月24日の午後、日本時間では翌25日の早朝だった。それから3時間20分、豊田は質問を受け、答えた。

冒頭、彼は「私は創業者の孫です」とスピーチした。

「トヨタのすべて車には私の名前が入っております。私にとってクルマが傷つくということは、私自身の体が傷つくということに等しいのです。トヨタのクルマが安全であってほしい、トヨタのクルマを使っていただくお客様に安心していただきたいという気持ちは誰よりも私が一番強いのです」

クリスとともに出席していたマイクはスピーチを聞いて、「そうだ。その通りだ」とこぶしを強く握り締めた。

「ミスター・トヨダの言葉を聞いて私たちはチームメンバーなんだとあらためて感じました。トヨタというブランドはミスター・トヨダだけの名前ではない。我々の名前でもある。感情が高まりました」

だが、議員たちは豊田の言葉を気にも留めなかった。そして、彼に襲いかかった。

口火を切ったのはニューヨーク州選出、民主党のタウンズ委員長である。

「ＢＯＳ（ブレーキ・オーバーライド・システム）を一部の車種にしか提供していないのはどういうことか？」

豊田は「そんなことはありません」と事実を答える。委員長はその答えにうなずくことなく、質問を浴びせた。

次に質問したのはカリフォルニア州選出、共和党のアイサ議員だった。

「ブレーキ安全プログラムを加えるという意味は電子的なトラブルがあるかもしれないということなのか？」

イリノイ州共和党バートン議員も続く。

「私はミスター・トヨダに、私の選挙区で起こった事故の調査を要請する。そして、日本製のアクセルペダルとリコールされたアメリカ製ペダルの違いはなんだと聞きたい」

メリーランド州民主党カミングス議員はさらに手厳しい発言をした。

「言葉で謝ることはできるが、２００７〜09年に数々の死亡事故が起こっている。これまでのリコールだけではすべての問題が解決しないかもしれないのではないか？

あなたはこの不景気の時代に、このような苦痛を顧客に与えている、しかもリコールが数々と続いている。それに対してはどうなのか？」

打たれ続けたが、豊田は電子スロットルなどの不良については明確に否定した。

その時、彼を支えていたのは社長としてのプライドではない。自社のモノ作りについての自負だった。創業以来、トヨタ生産方式を通して客のためになるものを作ってきたという気持ちには一点の曇りもなかった。

クリスは聞いていて、つらくなってきたが、しかし、質問した議員たちの顔を忘れないようにしようとひとりひとりを遠くから強いまなざしで見つめていた。

その後も各議員から攻撃的な質問が続く。

「アメリカ政府の道路交通安全局がわざわざ日本へ行ったのに、あなたは、そのことを知らなかったという。これは事実か？」

バージニア州民主党のコナリー議員の質問に対して、豊田は「知りませんでした」と素直に答えた。

コナリー議員は「それみろ」という顔をしたが、豊田が平静な顔で答えているのをみて、クリスとマイクは安心した。


公聴会が始まって1時間ほどした頃だった。ある議員の質問で会場の空気が変わった。

質問したのはケンタッキー州選出のジェフ・デービスだ。学者のような風貌の白人議員は会場を見渡して言った。

「トヨタはそれほど悪いことばかりしてきたのでしょうか？」

クリス・ライトとマイク・ブリッチは思わず、はっとして、顔を見合わせた。

デービス議員は続けた。

「トヨタはケンタッキーに工場を建てました。州の人間を3000人以上も雇ってくれています。トヨタは敵ではありません。アメリカに貢献するアメリカの企業です。そのことを忘れてはいけません」

デービス議員は数字を挙げて事実だけを淡々と述べた。そして、最後に付け加えた。

「ミスター・トヨダは自らの責任を果たそうとしています。その姿勢を評価してあげることはできないのでしょうか。そして、我が国の道路交通安全局もまだ調査をしている最中です。いたずらにトヨタを叩いても意味はありません」

この言葉であきらかに会場は落ち着いた。その後も厳しい質問はあったが、豊田は余裕をもって答えるようになったのである。

「死亡、負傷したアメリカ人家族に対しての補償はどうするのか、葬儀代は?」(ニューヨーク州民主党マローニー議員)

「昨日の公聴会の証人の被害者へのトヨタの冷たい対応はなんだ。2001年にも苦情が確認されている。私の家族もトヨタ車に乗っていたが、今までの答えでは満足できない。努力するという声は聞こえたが、いったい、どうするのか」(テネシー州共和党ダンカン議員)

クリスとマイクが見たところ、豊田は冷静になり、曖昧な質問に対しては、すぐに答えず、相手の意図を考えてから話すようにしていた。

豊田はさんざん叩かれたのだが、チームメンバーがそばにいたこともあって、激発することもなく、気落ちする様子も見せず、公聴会を乗り切った。

のちに、彼はこんな述懐をしている。

「公聴会では、数百台のカメラが私に向けられ、瞬きをしたり、うつむいたりする度に猛烈なフラッシュがたかれた。私は議員に答えるよりも、販売店、お客さま、従業員やその家族に話しかけるつもりでした。誰のせいにもしない。人のせいにはしない。自分の言葉で語ろうと思った。負け戦のしんがりを務める格好だったが、思えば、それは光栄なことなんだ、と…」

議院を出た後、豊田はワシントン市内のタウンホールに向かった。そこにはクリスやマイク、全米各工場からやってきたチームメンバー、そして、販売店のオーナーたちなどトヨタの関係者200人ほどが集まっていた。

豊田が入ってきた時、仲間たちは大きな拍手で迎えた。豊田は舞台の中央へ促され、前に立った。手を挙げて歓声にこたえた。話し出そうとしたが、声が出てこない。うつむき、涙をこらえながら、呟くように語り始めた。

「チームメンバーのみなさん、販売店のみなさん、ほんとにありがとう。

みなさん、公聴会では私はひとりではありませんでした。あなたたちがそばにいてくれました。世界中のトヨタの社員、家族も私と一緒だった。ですから、何もつらいことなどなかったのです。今後も私がみなさんのためにできることがあれば何でもやります。どうか、教えてください。私がみなさんのために何をすればいいのかを…」

瞬間、クリス・ライトが立ち上がった。大声で、豊田に叫んだ。

「社長、あなたはもう、やってくれました。もう、何もやらなくていいんです」

叫びながら、クリスの頬(ほほ)は涙で濡れていた。

「今日、あなたは私たちのためにやってくれました。どんな質問に対しても尊厳を失わずに答えてくださった。私たちのためにやってくださった。私たちは…」

クリスはそこでまったくしゃべれなくなった。涙がいっそうあふれて続けられなくなり、隣にいたマイクの助けを借りて、椅子に腰かけたからだ。

彼らが作っているもの

名古屋で自動織機を作っていた豊田喜一郎が自動車に挑戦したのは乗り物が好きだったからではない。

「人の役に立つものを作りたい」

それだけだ。彼の父、佐吉にしても織機が人々の役に立つと思って改良、発明に明け暮れた。ふたりとも人が喜ぶ顔を見たいから仕事を始めたのである。

思うに、喜一郎は自分が何を作っていたのかをよく理解していた。自動車がただの乗り物ではなく、人間の役に立つものであり、しかも、人間に何かを与えてくれるものだとちゃんと理解していた。

では、彼が自動車のなかに感じていた何かといったら、それはどういうものなのだろうか。

自動車とは何だと問えば、誰もが乗り物だと答えるだろう。鉄、ゴム、ガラスでできた製品だと答えるに違いない。

だが、自動車はただの乗り物ではない。その証拠に、他の乗り物とはまったく違う何かを持っている。

ロケット、飛行機、鉄道、バス…、いずれも他人が決めたルートに従って移動する。わたしたちは乗っているのではない。載せてもらっているにすぎない。

だが、自動車は自分が好きなところへ行くことができる。道があればどこへでも行くことができる。自由がある。それはとてつもない自由だ。

自動車会社の人間は忘れてしまっているけれど、彼らが作っている乗り物はどこへでも行けるものだ。

彼らが誇りに思うべきは、販売した台数でもなければ卓越した技術でもない。流麗なデザインでもない。ましてて、エンジンとかモーターといったパワートレインの種類でもない。彼らがほんとうに思うとすればそれは自由だ。乗る人に移動する自由を与えていることだ。

喜一郎が創業以来、作ってきたのは自由だ。自由こそ人の役に立つと信じたからだ。大勢の人に自由を与えることができるなんて…。

自動車製造はまったく夢のような仕事じゃないか。

（完）

あとがき——同じことを何度も繰り返して、そこから違う結果が出てくると期待するのは狂気だ——

　アメリカ取材の最後にテキサスのプレイノという場所に行った。トヨタの北米新本社がある場所だ。建築中だったから、社屋には立ち入っていない。その代わりにあるディーラーを訪ねた。北部テキサスでナンバーワンのディーラーで、11年間でトヨタ車6万6000台を売っている。社長の名前はパット・ラブ。白髪でがっしりした体形の人だ。

「ナンバーワン・ディーラーなんですね」とお世辞を言ったら、「やめてくれ。それは歴史に過ぎない」と怖い顔をした。真面目な人なんだなと思った。

「ビジネスにおいて、今までの業績は関係ありません。重要なのはこれからどれだけうまくやっていけるか、自分たちはいかに現状を変えられるかです。『今まではよかった』。それは過去形で話すことです。何の意味もありません。

　当社の売り上げのほとんどは今は新車、中古車の販売ですけれど、それは変わりつつあります。アメリカの小売業界はもはやモノを売るだけでは成り立ちません。サービス中心の産業にならなくてはいけない。アマゾンを見ていただくとわかると思います。自動車だって何だってアマゾンで買うことができるようになります。ですけれど、まだ車には修理という分野がある。ですから、私たちはベストなサービスを提供する業者にならなくてはいけません。パーツ販売、修理などのサービスによる利益はいまはまだ全体の半分以下ですけれど、それをもっともっと伸ばしていかなくてはならない。ディーラーは車の販売だけをやっていればいいという業種ではなくなりました。これまた過去形の話ですね」

パットは「過去形ですね」と言った時だけ、盛大に笑った。

「私はシボレーのディーラーでメカニックをやっていました。1969年にトヨタのディーラーに移って、メカニックからセールスの仕事に移り、パーツの勉強をして、デンバー、LAと移りました。トヨタに移って、オーノ（大野）さんのことを知りました。トヨタ生産方式の勉強をして、変化することの重要性を学びました。維持ではいけない。つねに変化することだ、と。トヨタ生産方式を知ったことで、仕事に対してはつねに違う発想しなければならないと肝に銘じました。

アインシュタインは言っています。『同じことを何度も繰り返して、そこから違う結果が出てくると期待するのは狂気だ』と。アインシュタインとオーノさんは同じことを言っています」

日本でトヨタ生産方式というと、在庫をなくすこと、何種類もの「かんばん」の説明ばかりが続く生産方式だと思われている。しかし、本質はパットが言ったことであり、すでにアインシュタインが主張していたことだ。

結果を求めるならば、まず自分が変わらなくてはならない。

「私は1980年代にオーノさんと会う機会がありました。（大野さんが）アメリカにいらしていて、ヒューストンで講演会があったのです。まだ私はディーラーの一セールスマンでした。会場は人でいっぱいだった。何を話されたか覚えていません。握手はしていませんが、近くで見ました。静かな方で、学者のような人だなと思いました。オーノさんに会ったことは私の生き方を変えたと思います。それまでの私は湯のなかにいるカエルでした。お湯の温度が上がっていくのもわからず、ただ浸かっていただけの人間でした。トヨタ生産方式の勉強をして、お湯のなかから飛び出した。それで生きていくことができたのです」

断片的になるけれど、大野耐一についてはもうひとつのエピソードがある。
大野が亡くなった後、しのぶ会が開かれた。幹事のひとりに選ばれたのが現副社長、若い時の友山茂樹である。ホテルのパーティ会場で、大野の部下だった人々が酒を飲み談笑していた。友山がある映像を流した。大野が現場指導している時の記録フィルムだった。大野は現場にいた管理職が間違った指導をしたことに激怒した。現場にあった「仕掛けかんばん」を手で、端からバンバンと大きな音を立てて、叩いて落としにいき、その場から立ち去っていった。怒声を発したわけではない。かんばんを叩いて怒りを示しただけだ…。
それまで、談笑していた各社の幹部たちは映像を見て、青ざめた。誰ひとり声を発する者はなく、大野がかんばんを叩く音を聞いたとたん、耳を抑えてしゃがみこむ人間もいた。映像を流した後、幹部たちは居場所がなくなったようで、早々に帰っていった。大野耐一という人はそれほど厳しいというイメージの男だった。

本書を書く間、日本とアメリカの工場を70回、見学しました。インタビューも現場で行いました。面白かった。ですから、いつも案内してくれたトヨタの現場の方、広報の方たち、ありがとうございます。感謝しています。

野地秩嘉

2018年1月

取材協力（敬称略・五十音順）

浅井隆史、飯島修、池渕浩介、石井渉、石川義之、石﨑寛明、岩内裕二、ウィル・ジェームス、浦野岳人、太田普蕃、岡安理恵、小栗一朗、小田桐勝巳、加賀悠太、河合満、川上晋也、川淵三郎、北井和弘、喜多賢二、木下幹彌、朽木泰博、國松孝次、クリス・ライト、小金井勝彦、斎藤彰徳、酒井直人、佐藤健志朗、佐藤吉郎、スーザン・エルキントン、田知本史朗、タニア・サルダナ、簗城健仁、張富士夫、デイブ・コックス、デニス・パーカー、寺本直樹、友山茂樹、豊田章男、トヨタケンタッキー工場Ｄｏｊｏの皆さん、成田年秀、西村文則、二之夕裕美、橋本博、パット・ラブ、林南八、萬壽幹雄、日高進、フィルズ・クルム、福城和也、藤井英樹、渕上靖、ポール・ブリッジ、堀之内貴司、マイク・ブリッジ、マーサ・レイン・コリンズ、松原秀明、南隆雄、本吉由里香、森木英明、八木輝治、柳井正、矢野将太郎、リック・ヘスターバーグ

参考文献

『トヨタ生産方式――脱規模の経営をめざして』大野耐一（ダイヤモンド社）
『トヨタその実像』青木慧（汐文社）
『軽自動車誕生の記録―自動車昭和史物語』小磯勝直（交文社）
『自動車地球戦争　第三次自動車革命の核心と展開』吉田信美（玄同社）
『あゝ野麦峠―ある製糸工女哀史』山本茂実（朝日文庫）
『値段の明治大正昭和風俗史』週刊朝日編（朝日文庫）
『20世紀全記録　Chronik　１９００-１９８６』講談社編（講談社）

『昭和　二万日の全記録　全19巻』原田勝正（講談社）
『俺の考え』本田宗一郎（新潮文庫）
『豊田紡織45年史』豊田紡織編（豊田紡織）
『本田宗一郎語録』本田宗一郎研究会編（小学館文庫）
『経営に終わりはない』藤沢武夫（文春文庫）
『Next One　もうひとつの「第二の創業」』宮崎秀敏（非売品）
『大いなる夢、情熱の日々　トヨタ創業期写真集』トヨタ自動車編（トヨタ自動車）
『決断―私の履歴書』豊田英二（日経ビジネス人文庫）
『大野耐一の現場経営　新装版』大野耐一（日本能率協会マネジメントセンター）
『トヨタシステムの原点―キーパーソンが語る起源と進化』下川浩一、藤本隆宏（文眞堂）
『ザ・ゴール　企業の究極の目的とは何か』エリヤフ・ゴールドラット（ダイヤモンド社）
『暮しの手帖　保存版Ⅲ　花森安治』暮しの手帖編集部（暮しの手帖）
『挑戦飛躍―トヨタ北米事業立ち上げの「現場」』楠 兼敬（中部経済新聞社）
『ビジュアルNIPPON 昭和の時代』伊藤正直、新田太郎編（小学館）
『大野耐一　工人たちの武士道―トヨタ・システムを築いた精神』若山 滋（日本経済新聞社）
『トヨタ強さの原点　大野耐一の改善魂　保存版』日刊工業新聞社編（日刊工業新聞社）
『「月給百円」のサラリーマン―戦前日本の「平和」な生活』岩瀬 彰（講談社現代新書）
『全図解トヨタ生産工場のしくみ』青木幹晴（日本実業出版社）
『ザ・ハウス・オブ・トヨタ―自動車王 豊田一族の百五十年』佐藤正明（文春文庫）
『TOYOTAビジネス革命　ユーザー・ディーラー・メーカーをつなぐ究極のかんばん方式』神尾 寿、

レスポンス編集部（ソフトバンククリエイティブ）
『新装増補版　自動車絶望工場』鎌田 慧（講談社文庫）
『ぼくの日本自動車史』徳大寺有恒（草思社文庫）
『文明崩壊』ジャレド・ダイアモンド（草思社）
『企業家活動でたどる日本の自動車産業史―日本自動車産業の先駆者に学ぶ』宇田川勝、四宮正親（白桃書房）
『自動車工場のすべて』青木幹晴（ダイヤモンド社）
『トヨタ自動車75年史』75年史編纂委員会編（トヨタ自動車）
『エリヤフ・ゴールドラット　何が、会社の目的を妨げるのか』ラミ・ゴールドラット（ダイヤモンド社）
『現場主義の競争戦略　次代への日本産業論』藤本隆宏（新潮新書）
『美酒一代―鳥井信治郎伝』杉森久英（新潮文庫）
『知恵を出せる人づくり―トヨタ生産方式の原点』好川純一（中経マイウェイ新書）
『トヨタ生産方式の原点』大野耐一（日本能率協会マネジメントセンター）
『ヤナセ１００年の轍』ヤナセ編（ヤナセ）
『勇者は語らず』城山三郎（新潮文庫）
『トヨタ生産方式大全―大野耐一の思想・理論・写真で見る実践　第2版』熊澤光正（大学教育出版）
『世界史としての日本史』半藤一利、出口治明（小学館新書）
『B面昭和史　１９２６-１９４５』半藤一利（平凡社）
『勁草の人　中山素平』高杉 良（文春文庫）

『野菜づくりとクルマづくり―出逢いの風景』全国農業協同組合連合会編（全国農業協同組合連合会）
『ＣＤ　大野耐一のモノづくりの真髄』大野耐一（日本経営合理化協会）
『昭和ニッポン――一億二千万人の映像　第２巻・第13巻』講談社（講談社ＤＶＤ　ＢＯＯＫ）
その他、当時の新聞・雑誌記事等

※本書は『日経ビジネス』２０１６年４月25日号～２０１７年５月29日号に連載した『トヨタ生産方式を作った男たち』を元に加筆・修正したものです。

野地 秩嘉（のじ・つねよし）

ノンフィクション作家
1957年、東京生まれ。早稲田大学商学部卒。出版社勤務などを経て現職。人物ルポルタージュ、ビジネス、食、芸術、海外文化など幅広い分野で執筆。著書は『キャンティ物語』（幻冬舎）、『サービスの達人たち』（新潮社）、『ビートルズを呼んだ男』（小学館）、『高倉健ラストインタヴューズ』（プレジデント社）、『ヤンキー社長』（日経BP社）など多数。『TOKYOオリンピック物語』でミズノスポーツライター賞優秀賞を受賞。

トヨタ物語　強さとは「自分で考え、動く現場」を育てることだ

2018年1月22日　第1版第1刷発行
2018年1月31日　　　　第2刷発行

著　者　　野地 秩嘉

編　集　　坂巻 正伸　日野 なおみ
発行者　　高柳 正盛
発　行　　日経BP社
発　売　　日経BPマーケティング
〒105-8308　東京都港区虎ノ門4-3-12
http://business.nikkeibp.co.jp

制作　　朝日メディアインターナショナル株式会社
印刷・製本　　図書印刷株式会社

ISBN 978-4-8222-5750-7